Hawkings
neues
Universum

Rüdiger Vaas

Hawkings neues Universum

Wie es zum Urknall kam

KOSMOS

Fotos: A. Guth (163), M. Kulyk/Science Photo Library/Agentur Focus (6), A. Linde/D. Linde (176, 177), NASA/STScI (97), NASA/WMAP Science Team (106, 117), L. Nela/AFP/Getty Images (45), picture alliance/dpa (51), R. Vaas (313, 327), A. Zytkow (323).
Illustrationen: Gerhard Weiland nach Vorlagen von G. Ellis/ R. Vaas (265), H. Genz (142, 144), H. Genz/R. Vaas (149), A. Guth (154), S. Hawking (229),A. Linde/R. Vaas (154), V. Petkov (254), R. Vaas (86, 115, 206, 218, 259, 278, 286, 314, 315, 319).

Unser gesamtes lieferbares Programm und viele
weitere Informationen zu unseren Büchern,
Spielen, Experimentierkästen, DVDs, Autoren und
Aktivitäten finden Sie unter **www.kosmos.de**

1. Auflage 2008
© 2008, Franckh-Kosmos Verlags-GmbH & Co. KG, Stuttgart
Dieses Buch wurde auf FSC-zertifiziertem Papier gedruckt.
ISBN 978-3-440-11378-3
Printed in Germany/Imprimé an Allemagne

Inhalt

Das Bekannte ist endlich, das Unbekannte unendlich.
Geistig stehen wir auf einer kleinen Insel inmitten eines
Ozeans von Unerklärlichkeiten. Unsere Aufgabe ist es, in jeder
Generation ein bisschen mehr Land trocken zu legen.

Thomas Henry Huxley (1825–1895),
britischer Biologe und Philosoph

Illustrierte Abstraktion: *Verglichen mit unserem „ursprünglichen naiven*
Weltbild" gewährt das heutige „einen seltsamen, geradezu fremdartig an-
mutenden Anblick", brachte der Physik-Nobelpreisträger und Begründer
der Quantentheorie Max Planck bereits 1941 den revolutionären physikali-
schen Erkenntniswandel auf den Punkt. Und er bedauerte, dass die Proble-
me der Forschung nunmehr bloß noch „mit Hilfe von abstrakten Begriffen,
von mathematischen und geometrischen Symbolen, formuliert werden
können", die „dem Laien oft überhaupt nicht verständlich sind". Den Gipfel
der Abstraktion hat inzwischen die moderne Kosmologie erreicht: andere
Universen oder etwas vor dem Urknall – das überschreitet das menschliche
Vorstellungsvermögen. Aber erforschen und verständlich machen lässt es
sich doch. Und mit künstlerischen Mitteln sogar veranschaulichen, wie
dieses Gemälde eines Multiversums von Mehau Kulyk zeigt. So könnte der
Urknall nicht der Anfang von Allem sein und die Kosmische Inflation –
eine rapide Ausdehnung des Weltraums – ein Ereignis danach, sondern
umgekehrt: In einem inflationär expandierenden „falschen Vakuum" bil-
den sich vielleicht Universen wie Blasen im siedenden Wasser. Der Urknall
wäre dann nur ein Übergang vom falschen zum echten Vakuum unseres
beobachtbaren Universums, und dieses wäre ein winziger Ausschnitt eines
solchen Blasenuniversums. (Mehr hierzu im Teil III: „Inflationäre Zeit".)

Einführung

„Wir sehen uns in einer befremdlichen Welt leben. Wir möchten verstehen, was wir um uns herum wahrnehmen, und fragen: Wie ist das Universum beschaffen? Welchen Platz nehmen wir in ihm ein, woher kommen und wohin gehen wir? Warum ist es so und nicht anders?" Stephen Hawking hat keine Scheu vor den großen und grundlegenden Fragen. Und sein Anspruch klingt auch nicht gerade bescheiden: „Mein Ziel ist einfach: das vollständige Verständnis des Universums – warum es ist, wie es ist, und warum es überhaupt existiert."

Aber man wächst bekanntlich mit seinen Aufgaben. Und die Neugier ist eine der stärksten und konstruktivsten Triebkräfte des menschlichen Handelns. „Es ist sehr wichtig, dass junge Menschen sich das Staunen bewahren und immer wieder nach dem ‚Warum' fragen. Ich bin selbst ein Kind, in dem Sinn, dass ich immer noch suche", sagte Hawking im Jahr 2007. Anlass war die Veröffentlichung seines neuesten Buchs *Der geheime Schlüssel zum Universum*. Verfasst hat er es mit seiner Tochter Lucy, die als Journalistin in London für renommierte englische Zeitungen arbeitet, aber auch als Schriftstellerin erfolgreich ist. Ihr erster Roman, *Fix und alle*, erschien 2004. „Ich wollte ein Buch schreiben, das meinem Sohn William die Chance gibt, das zu verstehen, was mein Vater geleistet hat", erläuterte die studierte Sprachwissenschaftlerin, wie es zur Idee des Kinderbuchs kam.

Eine Studie des britischen Fernsehsender BBC zufolge ist Hawking der berühmteste lebende Wissenschaftler. Das verwundert nicht, wurde sein 1988 veröffentlichtes Buch *Eine kurze Geschichte der Zeit* doch zum internationalen Bestseller schlechthin. Angeblich jeder 750. Mensch hat das populärwissenschaftliche, in über 40 Sprachen übersetzte Kosmologie-Sachbuch erworben (aber bestimmt nicht gelesen).

Doch obwohl der Erfolg Hawkings Bekanntheitsgrad nach oben katapultierte, liegt darin nicht der Grund dafür. Dieser ist in Hawkings schrecklicher Krankheit zu finden, die selbst Boulevard-Bedürfnisse bedient, so dass Berichte über den Physiker sogar immer wieder durch die einschlägigen Massenblätter geistern. Stephen Hawking hat Amyothrophe Lateralsklerose: eine fast vollständige Muskellähmung, die normalerweise innerhalb weniger Jahre zum Tod führt. Mit diesem tragischen Schicksal passt der Kosmologe perfekt zum Klischee des an den Leib gefesselten genialen Geistes, der alle Grenzen zu sprengen trachtet – zumindest die Grenzen der Erkenntnis.

„Mit Stephen W. Hawking hat die Kosmologie ein Gesicht erhalten", beschrieb Klaus Mainzer, der an der Universität Augsburg Philosophie lehrt, das historisch einmalige Phänomen. „Es ist das Bild einer schwerstbehinderten und gebrechlichen Gestalt, stumm und bewegungsunfähig an einen Rollstuhl gefesselt, nur über Computer und Stimmsynthesizer mit der Umwelt verbunden. Der Kopf ist fixiert, und nur noch Augen und Mimik sind zu Reaktionen fähig." Und die französische Philosophin und Anthropologin Hélène Mialet, die am Department of Anthropology der University of California in Berkeley forscht und zurzeit ein Buch über Stephen Hawking fertig stellt, *Hawking Incorporated*, hat die Symbolgestalt des Wissenschaftlers so charakterisiert: „Weder Alter noch Tod fürchtend, wurde Hawking zu einer Art von Engel. Der ist gleichermaßen unsterblich (er lebt immer noch, obwohl er zu einem frühen Tod verurteilt wurde), immateriell (er braucht keinen Körper um zu denken, und kann als reiner Geist betrachtet werden) und allgegenwärtig (er befindet sich überall und nirgends, so dass man schwer wissen kann, wo er sich gerade aufhält)."

Hawking sieht es ähnlich: „Ich bin sicher, dass meine Behinderung eine Rolle spielt, warum ich so bekannt bin. Die

Menschen sind fasziniert von dem Kontrast zwischen meinen sehr eingeschränkten physischen Kräften und der gewaltigen Natur des Universums, mit der ich mich beschäftige. Ich bin der Archetypus des behinderten Genies. Doch ob ich ein Genie bin, kann bezweifelt werden." Seinen Intelligenzquotienten kennt er übrigens nicht. „Ich habe keine Ahnung", sagt er. „Leute, die mit ihrem IQ protzen, sind Verlierer".

Die Kombination von kosmologischer Größe und gravierender Krankheit hat aus Hawking sogar eine Art Filmstar werden lassen. Ein TV-Spielfilm über seine Jugend bis zur Dissertation (*Hawking* von Philip Martin, 2004) und ein Kinofilm über seine Forschungen mit vielen Interviews seiner Weggefährten (*A Brief History of Time* von Errol Morris, 1991) existiert bereits. Für die nahe Zukunft ist außerdem ein großer Kinofilm in Arbeit, *Beyond the Horizon*, der Hawkings Leben und Werk veranschaulichen soll – mit ihm selbst in der Hauptrolle.

Einerseits genießt Hawking die öffentliche Aufmerksamkeit und ist sich der Vorteile und Pflichten auch gut bewusst, die damit verbunden sind, und nutzt sie, um die Wissenschaft fachlich wie didaktisch zu fördern. Andererseits hat er sich vom Ruhm nicht korrumpieren lassen, macht sich sogar darüber lustig. Bernard Carr von der Cambridge University, der bei Hawking promovierte, verdeutlicht das mit einer Anekdote: „Stephen und ich sprachen beim Mittagessen über den Ruhm, und er kam mit der Definition, Ruhm sei ein Zustand, in dem uns mehr Menschen kennen, als uns bekannt seien. Nach dem Essen gingen wir zum Institut zurück, als jemand vorbeikam und sagte: ‚Hallo!' Ich hatte keine Ahnung, wer er war, und fragte deshalb: ‚Wer war das, Stephen?' Stephen sah mich an und meinte: ‚Das war der Ruhm.'" Und wenn Hawking in Cambridge von Touristen angesprochen wird, ob er der berühmte „Steven Hawkins" sei, hat er die Standardantwort parat, dass er immer wieder mit dieser Person verwechselt würde.

Trotz seiner Behinderung ist Hawking keineswegs menschenscheu. Zuweilen spricht er sogar aktiv Leute an. So auch den Autor auf einem Kosmologie-Symposium 2003 an der University of California in Davis während einer Kaffeepause. „Hallo!" tönte Hawkings Computerstimme. Was folgte, war ein naturgemäß etwas einseitiges Gespräch. Doch so ergab sich die Gelegenheit, Stephen Hawking etwas Persönliches zu fragen: Angenommen, eine allwissende Fee würde eine beliebige Frage verständlich beantworten – welche würde Hawking ihr stellen? Er grinste und klickte sich durch die Buchstaben und Wörter seines Sprachprogramms – ein minutenlanger Vorgang, der etwas Orakelhaftes an sich hat. Ob die M-Theorie – der momentan vielleicht aussichtsreichste Kandidat für eine „Weltformel" zur Erklärung aller Kräfte, Materie- und Energieformen im Universum – vollständig sei, wollte Hawking schließlich wissen: „Is M-Theory complete?"

Die Antwort würde Hawking helfen, die schwierigsten Rätsel zu knacken – nicht nur seiner eigenen Forschung, sondern überhaupt: Was hat den Urknall vor 13,7 Milliarden Jahren ausgelöst? Haben Raum, Zeit, Materie und Energie einen Anfang oder sind sie ewig? Ist es überhaupt sinnvoll zu fragen, was vor dem Urknall geschah? Existieren noch weitere Universen, und welche Rolle spielt der Mensch im Kosmos?

Diese letzten Grenzen der menschlichen Erkenntnis wollen Stephen Hawking und seine Kollegen überwinden. Das klingt vielleicht vermessener als es ist. Denn Hawkings bisherige Forschungen zum Urknall waren wegweisend und sind es in jüngster Zeit wieder (davon handelt dieses Buch). Und deshalb ist er nicht nur in der breiten Öffentlichkeit, sondern auch in der wissenschaftlichen Fachwelt weithin bekannt und hoch geachtet. Die fernste Zukunft des Universums, die Stellung des Menschen im Kosmos und die Suche nach einer „Weltformel" beschäftigen ihn ebenso wie Zeitreisen und Wurmlöcher (hypothetische Tunnel durch die Dimensionen). Immer wieder wendet er sich auch den Schwarzen Löchern zu. 1974 berechnete er, dass diese ominösen Schlünde in der Raumzeit, die scheinbar alles verschlucken, aufgrund von Quantenprozessen eine Temperatur besitzen und daher eine extrem schwache Strahlung abgeben, die aber irgendwann so stark wird, dass selbst das massereichste Schwarze Loch eines Tages in einer Explosion verdampft. 1975 folgerte Hawking, dass mit dieser Auflösung auch die physikalischen Informationen der einst verschlungenen Materie und Energie vernichtet wären, was fundamentale Prinzipien wie den Satz von der Erhaltung der Energie verletzen würde. Aber im Jahr 2004 verkündete er, warum Schwarze Löcher doch keine irreversiblen Informationsvernichter sein können. (Über alle diese faszinierenden Erkenntnisse hat der Autor in seinem früheren Buch *Tunnel durch Raum und Zeit* ausführlich berichtet.)

So kann es also nicht verwundern, dass Hawking in vielen Hinsichten eine Ausnahmeerscheinung im bekannten Universum ist – publizistisch, wissenschaftlich, aber auch menschlich. Trotz aller Schwernisse, den persönlichen wie den fachlichen, hat Hawking nicht aufgegeben und sich sogar einen sprühenden Humor bewahrt. Was darf man „heroisch" nennen, wenn nicht dieses?

„Wie allen düsteren Prognosen und Prophezeiungen zum Trotz ein erfülltes Leben möglich ist, hat Stephen Hawking mit seinem Leben gezeigt", schrieb der Philosoph Klaus Mainzer vor einigen Jahren. „Seine Kraft, sein Lebensmut und seine Lebenslust sind sicher eine ebenso wertvolle Botschaft wie seine Leistungen als Wissenschaftler."

Teil I

Lebenszeit

Wir hinterlassen im Universum unsere Spuren, und das alles gehört dazu. Die Erde ist eine Blume, die ihren Blütenstaub aussendet. Dinge gehen von ihr aus, und nun, da wir uns fortentwickeln, werden sie bedeutender und reichen weiter. Und das muss so sein, weil wir uns ins Universum ausdehnen müssen.

Neil Young (geb. 1945),
kanadischer Musiker und Poet

Kindheit: Über die Sterne hinaus

Stephen William Hawking wurde am 8. Januar 1942 geboren, genau 300 Jahre nach dem Tod des berühmten Physikers und Astronomen Galileo Galilei, wie er gerne betont – nicht ohne gleich einzuschränken: „Ich schätze, dass rund 200.000 andere Babys an diesem Tag ebenfalls das Licht der Welt erblickten. Ich weiß aber nicht, wer sich davon später auch für Astronomie interessierte." Obwohl seine Eltern damals in dem Akademikerviertel Highgate wohnten, einem Vorort von London, kam Stephen in Oxford zur Welt – eine nicht gerade einladende Welt, denn es herrschte Krieg. Zwischen August 1940 und Frühjahr 1941 griff die deutsche Luftwaffe immer wieder London und den Süden von England an. Einmal explodierte eine Bombe in der Nachbarschaft des Hauses, in dem Isobel und Frank Hawking lebten. Fenster barsten und Glassplitter schossen wie Pfeilspitzen durch den Raum. Hawkings Eltern wollten daher kein Risiko eingehen, auch wenn die Attacken inzwischen aufgehört hatten, und bevorzugten das sichere Oxford. Wie Cambridge wurde es verschont, weil es einen Pakt gab, wonach die Royal Air Force im Gegenzug keine Angriffe auf Heidelberg und Göttingen flog.

Hawkings Mutter war mit ihren sechs Geschwistern in Glasgow aufgewachsen. Ihr Vater arbeitete als Arzt. Er ermöglichte ihr trotz der Kosten ein Studium an der Oxford University – in den 1930er Jahren für Frauen noch keine Selbstverständlichkeit. Sie studierte Wirtschaftswissenschaften, Politik und Philosophie. Dann arbeitete sie als Finanzbeamtin und in anderen Berufen, die ihr keine Freude machten, und schließlich als Sekretärin in einem medizinischen Forschungsinstitut, dem National Institut of Medical Research. Dort lernte sie ihren späteren Mann kennen. Der Tropenmediziner war in Yorkshire aufgewachsen und hatte ebenfalls in Oxford studiert.

1950, 18 Monate nach Stephen, wurde seine Schwester Mary geboren. „Es heißt, ich sei über diesen Zuwachs nicht sehr erfreut gewesen", erinnert sich Hawking später. „Unsere ganze Kindheit hindurch lag eine gewisse Spannung zwischen uns, die durch den geringen Altersunterschied genährt wurde. Später, als wir erwachsen wurden und verschiedene Wege gingen, hat sich unser Verhältnis gebessert." Zur Freude des Vaters wurde Mary Ärztin. 1946, als Stephen fast fünf war, kam seine zweite Schwester Philippa zur Welt. „Ich weiß noch, dass ich mich auf ihre Geburt freute, wegen der Aussicht, zu dritt spielen zu können. Sie war ein sehr aufgewecktes Kind. Ich habe immer viel auf ihr Urteil und ihre Meinung gegeben." Als Stephen 14 war, kam noch Edward, 1955 geboren, als Adoptivkind in die Familie. Er wurde später Bauunternehmer.

Bis 1950 lebte Stephen mit seinen Eltern in einem viktorianischen Haus in Highgate. Als er mit zweieinhalb Jahren einen Privatkindergarten besuchen sollte, wehrte er sich schreiend – was seine früheste Erinnerung ist –, so dass seine Eltern ihn erst eineinhalb Jahre später wieder dorthin brachten. Statt eine staatliche Grundschule besuchte er dann die private Byron House School, profitierte davon aber wenig. „Die Lehrer glaubten nicht an die damals üblichen Methoden, Kindern den Stoff einzutrichten. Stattdessen sollten sie lesen lernen, ohne zu merken, dass es ihnen beigebracht wurde", erinnerte er sich später. „Schließlich lernte ich doch lesen, aber erst, als ich bereits mein achtes Lebensjahr erreicht hatte."

1950 zog das Forschungsinstitut, in dem Frank Hawking mittlerweile die Parasitologie-Abteilung leitete, nach Mill Hill um, einem Außenbezirk Londons. Deshalb kauften sich die Hawkings ein geräumiges viktorianisches Haus 15 Kilometer weiter nördlich, in der Kleinstadt St. Albans. Sie galten dort als exzentrische Außenseiter – auch weil Frank Hawking sehr sparsam war, das Haus kaum renovierte, keine Zentralheizung einbauen ließ und mit einem alten Londoner Vorkriegstaxi herumfuhr, dem eine Wellblechbaracke als Garage diente. „Die Nachbarn waren schockiert, konnten aber nichts dagegen tun. Wie die meisten Jugendlichen hatte ich ein großes Konformitätsbedürfnis und fand das Verhalten meiner Eltern peinlich. Das hat sie aber nie gestört."

„Ich habe die Hawkings mehrfach zu Hause besucht", erinnerte sich Basil King später, Stephens Mitschüler und Freund. „Wenn man dort zum Abendessen eingeladen war, durfte man sich zwar mit Stephen unterhalten, aber die anderen Familienmitglieder saßen am Tisch und lasen ein Buch – ein Verhalten, das in meinen Kreisen nicht gerade als schicklich galt, das man aber bei den Hawkings hinnahm, weil man ja wusste, wie exzentrisch sie waren – sehr intelligent, sehr klug, aber eben doch ein bisschen spinnert." Das Haus war mit Büchern vollgestopft. In den meisten Regalen standen sie in zwei Reihen hintereinander, und darauf lagen noch andere waagrecht. „Frank Hawking litt unter auffälligem Stottern. Wir glaubten alle, die Hawkings seien so intelligent, dass sie beim Sprechen nicht mit ihren Gedanken Schritt halten konnten." Auch Stephen verfiel manchmal in dieses „Hawkinesisch".

Die Aufnahmeprüfung in die St. Albans School, eine Privatschule, bestand er ohne große Mühe. Doch sein Ehrgeiz war nicht besonders ausgeprägt, so dass er nicht mit überdurchschnittlichen Leistungen glänzte. „In der Schule gehörte ich immer zum Durchschnitt der Klasse (es war eine sehr gute Klasse)", resümierte er. „Meine Arbeiten machte ich sehr unordentlich, und mit meiner Handschrift brachte ich die Lehrer zur Verzweiflung." Dazu Basil King: „Stephen war der einzige mir bekannte Junge an der Schule, der ein Schönschreibheft führen musste, weil seine Schrift so miserabel war." Auch zählte Stephen zu jenen, die als Letzte in die Fußballmannschaften gewählt wurden, aber das machte ihm nicht viel aus. „Er war

nicht sehr gut in der Schule, doch aus irgendeinem Grund galt
er immer als sehr intelligent", erinnerte sich Stephens Mutter.
„Einmal hat er sogar den Preis im Religionsunterricht bekommen. Das war kein Wunder, denn sein Vater hatte ihm von früh
an Geschichten aus der Bibel vorgelesen. Er kannte sie alle."
Und seine Schwester Mary erinnerte sich: „Vaters Spezialität
waren theologische Debatten, und wir machten alle mit. Das ist
eine hübsche, sichere Sache – man kann auf Fakten und ähnlich störendes Zeug verzichten." Unter seinen Klassenkamera-
den erhielt Stephen den Spitznamen „Einstein". „Als ich zwölf
war, wettete einer meine Freunde mit einem anderen um eine
Tüte Bonbons, dass ich es nie zu etwas bringen würde", erzählte er einmal und fügte schmunzelnd hinzu: „Ich weiß nicht, ob
diese Wette jemals entschieden worden ist, und wenn, zu wes-
sen Gunsten." Stephen spielte gerne mit seiner elektrischen
Eisenbahn und baute mithilfe eines Schulkameraden – er selbst
war nie sehr geschickt – Modellflugzeuge und -schiffe. 1958
konstruierten die Freunde sogar einen Computer namens
LUCE, der verschiedene logische Operationen ausführen konnte – und das zu einer Zeit, als Computer noch kaum verbreitet
waren. Mehrere britische Zeitungen berichteten darüber und
die Schulzeitung *The Albanian* prognostizierte sogar, dass in
nicht zu ferner Zukunft jeder einen Computer in der Tasche
haben könnte. Stephen liebte auch Brettspiele, wobei ihm Mo-
nopoly bald zu langweilig wurde, und er erfand zusätzliche
Regeln und zeichnete weitere Felder auf den Spielplan. Dann
entwickelte er neue Spiele. „Da gab es ein Produktionsspiel mit
Fabriken, die verschiedenfarbige Produkte herstellten, Straßen
und Schienenstränge, auf denen sie befördert wurden, und einen Aktienmarkt. Es gab ein Kriegsspiel, das auf einem Brett
mit viertausend Quadraten gespielt wurde, und sogar ein Ritter-
spiel, bei dem jeder Spieler eine ganze Dynastie mit eigenem
Stammbaum repräsentierte", schrieb er in einem autobiogra-

phischen Artikel. Die Spiele dauerten Stunden, manche sogar eine ganze Woche. Später formulierte er eine interessante psychologische Deutung: „Ich glaube, diese Spiele entsprangen, genau wie die Eisenbahnen, Schiffe und Flugzeuge, meinem Drang herauszufinden, wie die Dinge funktionierten, und sie zu beherrschen. Seit ich mit meiner Promotion begann, konnte ich dieses Bedürfnis in der kosmologischen Forschung stillen. Wenn man weiß, wie das Universum funktioniert, beherrscht man es in gewisser Weise."

Mit seinen Freunden führte Stephen lange Diskussionen über Gott und die Welt, „von Radar bis Religion, von Parapsychologie bis Physik. Unter anderem unterhielten wir uns auch darüber, wie das Universum entstanden sein könnte und ob Gott zu seiner Erschaffung notwendig gewesen sei" – Themen also, die ihn alle weiteren Jahrzehnte beschäftigen sollten. „Mein Mann hat Stephens Interesse an der Astronomie geweckt", erzählte Hawkings Mutter einmal. „Oft lagen wir alle im Gras und guckten durch das Fernrohr nach oben, um die Wunder der Sterne zu betrachten. Stephen hatte immer einen ausgeprägten Sinn für das Wunderbare, und mir wurde klar, dass es ihn zu den Sternen zog ... und über die Sterne hinaus."

Studium: Von einem anderen Stern

„Ich habe mich immer sehr dafür interessiert, wie Dinge funktionieren, und baute sie auseinander, um es herauszufinden, aber nur selten ist es mir gelungen, sie wieder richtig zusammenzusetzen. Meine praktischen Fähigkeiten haben nie mit meinem theoretischen Wissensdrang Schritt halten können", schrieb Stephen Hawking in einem autobiographischen Aufsatz. „Mein Vater hat mein Interesse an der Wissenschaft gefördert und mir sogar in Mathematik geholfen, bis ich ihn überholt hatte. Angesichts dieser Voraussetzung und des Berufs meines Vaters war es für mich selbstverständlich, in die wissenschaftliche Forschung zu gehen. In jungen Jahren machte ich keinen Unterschied zwischen den Wissenschaften. Doch seit ich dreizehn oder vierzehn war, wusste ich, dass ich mich der Physik zuwenden wollte, weil sie die fundamentalste Wissenschaft ist. Daran hat mich auch nicht der Umstand gehindert, dass Physik in der Schule das langweiligste Fach war, weil dort alles so leicht und offenkundig ablief. Chemie machte sehr viel mehr Spaß, weil ständig unerwartete Dinge passierten, zum Beispiel Explosionen. Doch von der Physik und der Astronomie erhoffte ich mir die Antworten auf die Frage, woher wir kommen und wohin wir gehen. Ich wollte die fernen Tiefen des Weltalls ergründen."

Hawkings Vater hätte es gern gesehen, dass Stephen Medizin studierte, aber diese erschien seinem Sohn, wie Biologie, „zu deskriptiv und nicht fundamental genug". „Stephen hat sich nie besonders für die Arbeit seines Vaters interessiert. Er konnte der Biologie nichts abgewinnen und hat sich auch keine Tiere gewünscht. Von Anfang an baute er Sachen, dachte über Sachen nach und redete viel", erinnerte sich seine Mutter. Und so bewarb sich Stephen 1959 um ein Stipendium für ein Physik-Studium an der Oxford University, das er auch erhielt und mit 17 begann. Zunächst fühlte er sich dort einsam und wenig motiviert. „Damals gehörte es in Oxford nicht zum guten Ton, fleißig zu sein. Entweder war man ohne irgendwelche Mühe brillant, oder man fand sich mit seinen Grenzen ab und nahm einen drittklassigen Abschluss in Kauf", meinte Hawking rückblickend, der sich vor allem als Steuermann des Achters im Bootsclub auf der Themse mit gewagten Manövern hervortat. „Ich habe einmal ausgerechnet, dass ich in den drei Jahren in Oxford ungefähr tausend Stunden gearbeitet habe, was einem

Durchschnitt von einer Stunde pro Tag entspricht. Ich bin nicht stolz darauf."

Die Praktika kollidierten mit den Trainingszeiten des Bootsclubs, und so schönten oder erfanden die Studenten oft Messdaten und unterzogen sie aufwendigen Datenanalysen. „Wir mussten die Leute, die die Experimente beurteilten, davon überzeugen, dass wir alles Notwendige getan hatten – und das, obwohl sie wussten, dass wir nicht im Labor gewesen waren", erzählte Hawkings Freund und Kommilitone Gordon Berry, der später als Kernphysiker am Argonne National Laboratory forschte und seit 1994 Physik-Professor an der University of Notre Dame in Indiana ist. „Beim Schreiben der Berichte über unsere Experimente mussten wir sehr sorgfältig vorgehen. Wir haben nie geschummelt, sondern nur intensive Interpretationsarbeit geleistet."

Trotzdem wussten viele, das Hawking keine Niete war – im Gegenteil. „Stephen hat nie großes Interesse an dem Stoff gezeigt, den man ihm vorschrieb", berichtete Patrick Sandars, damals Physik-Dozent und einer von Hawkings Tutoren. Einmal sollte sein Schüler ein Kapitel eines Buchs über statistische Physik durcharbeiten und zwei Aufgaben lösen. „Am Ende der Woche hatte er keine der Aufgaben gelöst, sondern nur Fehler im Buch angekreuzt. Er legte es mir vor, und wir führten eine kurze Diskussion über das Thema, wobei sich herausstellte, dass er mehr darüber wusste als ich." Ähnlich urteilte ein anderer Tutor, Robert Berman: „Er war ohne Zweifel der begabteste Student, den ich jemals hatte. Ich bilde mir nicht ein, ihm irgendetwas beigebracht zu haben." Derek Powney, einer von Hawkings Kommilitonen, schilderte folgendes Erlebnis: „Wir sollten ein Kapitel in einem Buch namens *Electricity and Magnetism* lesen. Am Ende folgten 13 Fragen – alles Fragen aus dem Abschlussexamen. Unser Tutor Bobby Berman sagte: ‚Beantwortet so viele, wie ihr könnt.' Also versuchten wir es, und mir wurde sehr bald klar, dass ich keine einzige beantworten konnte. Richard war mein Partner in dem Tutorenkurs. Wir arbeiteten eine Woche zusammen, und es gelang uns mit vereinten Kräften, anderthalb Fragen zu bewältigen, worauf wir sehr stolz waren. Gordon wollte keine Hilfe und schaffte eine Frage aus eigener Kraft. Stephen hatte, wie immer, noch nicht begonnen. Also erklärten wir ihm: ‚So geht das nicht, Hawking, du musst morgen zum Frühstück aufstehen.' Das wäre an sich schon ein Ereignis gewesen, weil er normalerweise nie zum Frühstück aufstand. Er schaute uns nachdenklich an, und am nächsten Morgen stand er tatsächlich auf. Wir machten uns brav auf den Weg zu unseren drei Morgenvorlesungen, während Stephen zurückblieb. Er ging um neun auf sein Zimmer. Wir kehrten gegen zwölf zurück, und Stephen kam zu uns herunter. ‚Ah, Hawking', sagte ich. ‚Wie viele hast du denn geschafft?' ‚Na ja', sagte er, ‚die Zeit hat nur für die ersten zehn gereicht.' Wir brachen in Gelächter aus, das uns aber auf den Lippen gefror, weil er uns so fragend anblickte. Uns wurde plötzlich klar, dass er die Aufgaben tatsächlich geschafft hatte – die ersten zehn. Ich glaube, da begriffen wir, dass er von einem anderen Stern war."

Am Ende des dritten Jahres gab es die viertägige Abschlussprüfung. Hawking hielt sich an die Aufgaben in Theoretischer Physik, wo es am wenigsten auf Faktenwissen ankam. „Ich schnitt nicht besonders gut ab – zwischen Eins und Zwei. Also wurde ich noch einmal zu einem Gespräch gebeten, in dem endgültig über die Examensnote entschieden werden sollte. Sie fragten mich nach meinen Zukunftsplänen. Ich sagte, ich wolle in die Forschung gehen. Wenn sie mir eine Eins gäben, würde ich nach Cambridge gehen, wenn ich eine Zwei erhielte, würde ich in Oxford bleiben. Sie gaben mir eine Eins."

Schock: Das Todesurteil

1961, in seinem dritten Jahr an der Oxford University, bemerkte Hawking, dass er immer ungelenker wurde. Mehrfach stürzte er ohne Grund und konnte nicht mehr richtig rudern. Dann kamen auch Artikulationsprobleme hinzu. Er spürte, dass etwas nicht in Ordnung war, vertraute sich allerdings nicht einmal seiner Familie an, sondern behielt seine Sorgen für sich. Im Sommer 1962, nach dem Abschlussexamen, reiste er mit einem Kommilitonen in den Iran, wo er schwer erkrankte. Seine Bewegungsstörungen wurden danach schlimmer. Im darauffolgenden Winter rutschte er beim Schlittschuhlaufen bei St. Albans aus und konnte nicht mehr selbstständig aufstehen. Kurz nach seinem 21. Geburtstag ging er deshalb ins Krankenhaus, um sich untersuchen zu lassen. „Sie entnahmen meinem Arm eine Muskelprobe, pflanzten mir Elektroden ein, injizierten ein Kontrastmittel in meine Wirbelsäule und beobachteten seine Bewegungen auf dem Röntgenschirm, während sie das Bett kippten. Man diagnostizierte bei mir ALS: Amyotrophe Lateralsklerose."

ALS ist eine irreversible Degeneration der motorischen Neuronen von Gehirn und Rückenmark und des peripheren Nervensystems. Das Absterben dieser Nervenzellen, die die Muskeln steuern, führt meistens zwei bis fünf Jahre nach dem Beginn der Symptome zur vollständigen Lähmung und dann zum Tod durch Ersticken, wenn auch die Atemmuskulatur versagt. Zuvor kommt es zu Nervenschmerzen, oft auch zu Depression und Schlaflosigkeit. 20 bis 50 Prozent der Patienten haben außerdem kognitive Beeinträchtigungen. Lungenentzündungen sind ebenfalls häufig, auch als Todesursache, da die Muskelschwäche zu einer schlechten Belüftung führt und das Schlucken beeinträchtigt ist; außerdem geraten Speisereste in die Atemwege. Allein in Deutschland leben beziehungsweise sterben jährlich rund 6000 Menschen an ALS. Das Risiko zu erkranken liegt bei über 1 zu 1000.

Der eigene Körper als Gefängnis – was aus einem Horrorfilm entsprungen scheint, trifft jedes Jahr ein bis drei von 100.000 Menschen, meistens zwischen 45 und 65 Jahren, Männer etwas häufiger als Frauen. Diese schreckliche Nervenkrankheit wurde erstmals 1869 von dem französischen Arzt Jean-Marie Charcot wissenschaftlich beschrieben. Ihre Ursache ist bis heute völlig ungeklärt. Über Viren, Neurotoxine, Schwermetalle, Enzym- oder Immunsystem-Abnormalitäten wird diskutiert. Fünf bis zehn Prozent der ALS-Erkrankungen sind allerdings erblich bedingt; vier Gene wurden hier bereits identifiziert. ALS ist bislang unheilbar. Nur das Medikament Riluzol kann – wenn früh verabreicht – die Lebenserwartung um ein paar Monate erhöhen.

Prominente ALS-Kranke waren der Baseballspieler Heinrich Ludwig „Lou" Gehrig, der 1941 mit 37 Jahren starb (daher heißt ALS in den USA auch Lou-Gehrig-Syndrom), der Philosoph Franz Rosenzweig, der Maler Jörg Immendorff, der Archäologe und Ötzi-Forscher Konrad Spindler sowie der chinesische Politiker Mao Zedong. Nur etwa zehn Prozent der Erkrankten leben zehn Jahre oder länger nach der Diagnose. Warum Stephen Hawking täglich einen neuen medizinischen Rekord aufstellt, Jahrzehnte nach der Diagnose von 1963, ist den Medizinern ein Rätsel. „Die Erkenntnis, dass ich an einer unheilbaren Krankheit litt, an der ich wahrscheinlich in ein paar Jahren sterben würde, war ein ziemlicher Schock. Wie konnte mir so etwas passieren?", schrieb Hawking später. „Doch während meines Krankenhausaufenthalts wurde ich Zeuge, wie ein Junge, den ich flüchtig kannte, im gegenüberstehenden Bett an Leukämie starb. Es war kein schöner Anblick. Ich fühlte mich zumindest nicht krank. Seither denke ich immer an diesen Jungen, wenn ich versucht bin, mich zu bemitleiden."

Die Ärzte rieten Hawking, mit seiner gerade begonnenen Promotion fortzufahren. Aber er kam nicht gut voran und wusste nicht einmal, ob er lange genug leben würde, um sie abschließen zu können. „Ich fühlte mich als tragische Gestalt. Damals hörte ich viel Wagner, aber die Zeitschriftenberichte, denen zufolge ich unmäßig getrunken habe, sind übertrieben."

Auch für Hawkings Familie war die Diagnose ein Schock. Sein Vater konsultierte andere Ärzte und machte sich kundig, aber dadurch erschien das Todesurteil nur noch unausweichlicher. Seine Schwester Mary erlebte alles aus unmittelbarer Nähe, weil sie an der Klinik arbeitete, als ihr Bruder dort war.

„Bevor meine Erkrankung diagnostiziert worden war, hatte mich mein Leben gelangweilt", erinnerte sich Hawking später. „Nichts schien mir irgendeiner Mühe wert zu sein. Doch kurz nachdem ich aus dem Krankenhaus gekommen war, träumte ich, ich solle hingerichtet werden. Plötzlich begriff ich, dass es eine Reihe wertvoller Dinge gab, die ich tun könnte, wenn mir ein Aufschub gewährt würde. In einem anderen Traum, der sich mehrfach wiederholte, opferte ich mein Leben, um andere zu retten. Wenn ich schon sterben müsste, konnte ich wenigstens noch etwas Gutes tun. Aber ich bin nicht gestorben. Trotz des dunklen Schattens, der über meiner Zukunft lag, stellte ich zu meiner Überraschung fest, dass ich das Leben jetzt mehr genoss als früher."

Wendezeit: Liebe und Physik

Noch vor der ALS-Diagnose hatte Stephen Hawking mit einem Stipendium seine Promotion an der Cambridge University begonnen. In der Theoretischen Physik gab es nur zwei Forschungsgebiete, die ihm als grundlegend genug erschienen:

Kosmologie, die Erforschung des ganz Großen, und Teilchen-physik, die Erforschung des ganz Kleinen. Letztere blühte zwar gerade experimentell ungeheuer auf, weil immer neue Teilchen entdeckt wurden – schließlich sprach man von einem „Teil-chenzoo" mit über 200 Spezies –, aber es gab noch keine um-fassende Theorie. „Bestenfalls konnte man die Teilchen, wie in der Botanik, in Familien einordnen. In der Kosmologie dagegen gab es eine eindeutig definierte Theorie, Einsteins Allgemeine Relativitätstheorie", begründete Hawking seine Wahl. Und weil in Oxford niemand darüber forschte, ging er nach Cambridge, um bei Fred Hoyle zu promovieren. Dieser war damals der be-deutendste britische Astronom, der durch seine Arbeiten zur Entstehung der schweren Elemente in den Sternen durch Kern-fusion und durch seine Beiträge zur Kosmologie hoch geachtet war. Doch weil er häufig im Ausland war und zu wenig Zeit hatte, wurde Dennis Sciama als Hawkings Doktorvater be-stimmt – was Hawking zunächst enttäuschte, rückblickend je-doch einen Glücksfall bedeutete. Sciama war, unter anderem, ein versierter Experte in Allgemeiner Relativitätstheorie und Kosmologie. Neben Hawking promovierte er zahlreiche später ebenfalls berühmt gewordene Kosmologen und Physiker, da-runter George Ellis, Brandon Carter, Martin Rees, Gary Gib-bons, John D. Barrow und David Deutsch.

„Wenn einem ein früher Tod droht, begreift man, welchen Wert das Leben hat", erkannte Hawking und stürzte sich in die Arbeit. Er begann sich in die Relativitätstheorie einzudenken und machte gute Fortschritte. Und er verliebte sich.

Im Januar, kurz vor seiner Diagnose, lernte er auf einer Neujahrsparty in St. Albans Jane Wilde kennen, die gerade ihr Abitur machte und im folgenden Herbst am Westfield College in London Sprachen zu studieren begann. „Die Begegnung mit Jane war ein echter Ansporn", erinnerte sich Hawkings Mutter später. „Er traf den richtigen Menschen zur richtigen Zeit. Das ist ein weiteres Beispiel für das Glück, das Stephen in seinem Leben hatte." Hawking sah es ähnlich: „Ich lernte Jane Wilde kennen, was mein Leben änderte. Das gab mir etwas, wofür es sich lohnte zu leben."

Obwohl Jane von Hawkings Krankheit wusste, verlobten sich die beiden. „Wir glaubten, dass alles möglich sei, trotz allem", sagte sie 2004 in einem Interview. „Dass Stephen seine Physik betreiben konnte, dass wir eine wunderbare Familie und ein nettes Haus haben konnten und ein glückliches Leben." Das lag auch an der spannungsgeladenen Zeit des Kalten Kriegs. „Damals herrschte die Meinung vor, dass unsere Generation sowieso unter einer furchtbaren nuklearen Wolke lebte – dass die Welt nach einer vierminütigen Vorwarnung untergehen könnte. Das gab uns das Gefühl, unseren Teil zu tun, einem idealistischen Lebensweg zu folgen. Das mag heute naiv erscheinen, aber es war genau der Zeitgeist in den 1960er-Jahren, als Stephen und ich versuchten, das Beste aus dem zu machen, was uns gegeben war." Und dieser bekannte: „Ohne sie hätte ich es sicher nicht geschafft. Die Verlobung mit ihr hat mich aus der tiefen Verzweiflung gerissen, in der ich mich befand."

Jane Wilde besuchte Stephen Hawking immer wieder in Cambridge. Um zu heiraten, brauchte er freilich einen Beruf. Daher bewarb er sich um eine Forschungsstelle am Gonville and Caius College in Cambridge und erhielt zu seiner großen Überraschung auch ein Fellowship – eine Auszeichnung. Ein Fellow konnte sich ganz ohne Lehrverpflichtung auf seine wissenschaftliche Arbeit konzentrieren. Daraufhin heiratete das Paar im Juli 1965. „Ich gelangte zu einer Entscheidung und hielt an ihr fest", erinnerte sich Jane Hawking später. „Er befand sich bereits im Anfangsstadium seiner Krankheit, als ich ihn kennen lernte. Deshalb habe ich nie einen gesunden, nicht behinderten Stephen erlebt." Die kirchliche Trauung fand in der Kapelle des Trinity College statt. Ihr schloss sich eine ein-

wöchige Hochzeitsreise nach Suffolk an – für mehr reichte das
Geld nicht –, und dann begleitete Jane Hawking ihren Mann
zu einem Sommerkurs in Allgemeiner Relativitätstheorie an
die Cornell University im US-Bundesstaat New York, wo er
wichtige wissenschaftliche Kontakte knüpfte. Zurück in Cambridge fand das Paar ein winziges Haus in der Little St. Mary's
Lane, nur hundert Meter von Hawkings Arbeitsstätte entfernt.
Das war ein glücklicher Umstand, musste er inzwischen doch
seinen Gehstock gegen Krücken austauschen. Für die schmale
Wendeltreppe ins Schlafzimmer hinauf brauchte er eine Vier-
telstunde.

Während ihr Mann seine Dissertation beendete und in seinen kosmologischen Forschungen erste Erfolge erzielte, schloss
Jane Hawking ihr Studium ab und meisterte die Doppelbela-
stung von Haushalt und Pflege. 1967 kam dann ihr erster Sohn
zur Welt, 1970 die Tochter Lucy und 1979 der zweite Sohn,
Timothy. Da waren die Hawkings schon in eine neue Wohnung
an der West Road umgezogen, die dem Caius College gehörte
und im Erdgeschoss lag, was das Leben erleichterte. Zumal
Hawking im Jahr 1970, nach langem Sträuben, die Krücken
durch einen elektrischen Rollstuhl ersetzt hatte. Damit war er
aber schneller unterwegs als vorher – und konnte sogar wieder
„tanzen", mit schwungvollen Kurven, was er in Studentendis-
cos auch manchmal bis tief in die Nacht hinein tat.

Krisenzeit: Luftröhrenschnitt und Computerstimme

„Oft werde ich gefragt: Was bedeutet für Sie ALS zu haben? Die
Antwort lautet: Nicht sehr viel. Ich versuche, so normal wie
möglich zu leben, nicht über meine Krankheit nachzudenken
oder den Dingen nachzutrauern, die ich ihretwegen nicht tun

kann – es sind im Übrigen gar nicht so viele", begann Stephen Hawking 1987 in Birmingham seinen Vortrag *Meine Erfahrung mit ALS* auf einer Konferenz der British Motor Neurone Disease Association.

Bis 1974 konnte er noch selbstständig aufstehen, essen und ins Bett gehen, aber die fortschreitende Krankheit brachte seine Frau nicht selten an den Rand der Erschöpfung. „Als meine Krankheit sich verschlimmerte, hat Jane mich ganz allein gepflegt. Damals hat uns niemand Hilfe angeboten, und wir hätten uns auf keinen Fall eine Pflegerin leisten können", erinnert er sich. Dann nahmen er und seine Familie einen Studenten bei sich auf. Der erhielt für seine Hilfe freie Unterkunft und Hawkings wissenschaftliche Betreuung. Ab 1980 kam zur Unterstützung eine Krankenschwester morgens und abends für ein bis zwei Stunden.

Anfang August 1985 zog sich Hawking, als er am Kernforschungszentrum CERN bei Genf weilte, eine Lungenentzündung zu, an der er fast gestorben wäre. Er wurde mit Blaulicht ins Genfer Krankenhaus gebracht. Dort erklärte man seiner Frau, es habe keinen Zweck, die Geräte eingeschaltet zu lassen. Doch das akzeptierte sie nicht; daraufhin flog man ihn nach Cambridge. Im Addenbrookes Hospital dort machte der Chirurg Roger Grey einen Luftröhrenschnitt. „Die Operation rettete mir das Leben, raubte mir aber die Stimme", berichtete Hawking in einem Radio-Interview einmal lakonisch. Seither braucht er rund um die Uhr Hilfe. Die Krankenschwestern, inzwischen sind es zehn verschiedene, lösen sich alle acht Stunden ab.

Neben den Krankenschwestern steht Hawking ein Graduate Assistant zur Seite, der jeweils für ein bis zwei Jahre von der Cambridge University angestellt und bezahlt wird, um „dem Professor in allen Bereichen zu helfen, in denen er aufgrund seiner Behinderung Schwierigkeiten hat", wie es in der Stellen-

beschreibung heißt. Dazu gehört hauptsächlich, Hawkings
Computer und Rollstuhl instand zu halten, seine Reisen zu
organisieren, Diagramme für Vorträge vorzubereiten, Hawkings Homepage zu aktualisieren, mit den Medien zu kommu-
nizieren und einen Teil der Leserpost zu beantworten. Letzte-
res tut Hawking fast nie. Aber es gibt Ausnahmen: Als zum
Beispiel ein Verzweifelter sich das Leben nehmen wollte, nachdem bei ihm ALS diagnostiziert wurde, hat Hawking ihm sofort Trost und Rat geschrieben.

Bis 1985 konnte Hawking noch sprechen – wenn auch so
undeutlich, dass ihn nur wenige ihm nahestehende Menschen
verstanden, die seine Worte dann für andere übersetzten. Immerhin war er so in der Lage, Seminare zu halten und per Dik-
tat seine Fachartikel zu verfassen. Nach dem Luftröhrenschnitt
bestand die einzige Kommunikationsform darin, dass er eine
Augenbraue hob, wenn ihm auf einer Karte die gewünschten
Buchstaben gezeigt wurden – ein furchtbar langwieriges und
mühseliges Unterfangen. Als Walt Woltosz, ein Computerex-
perte in Kalifornien, von Hawkings Misere hörte, schickte er
ihm sein Programm *Equalizer* von der Firma Word Plus Inc.,
das mit einem Sprachsynthesizer Texte in Laute umwandelt.
Das Vokabular umfasste anfangs 2500 Wörter und etwa 200
mathematische und physikalische Fachbegriffe. Woltosz hatte
das Programm entwickelt, weil seine Schwiegermutter auch
unter ALS litt.

Später montierte David Mason von der Firma Cambridge
Adaptive Communications einen Computer an den elektrischen
Rollstuhl. Seither kann Hawking wieder sprechen – „bis zu 15
Wörter pro Minute", wie er sagt – mit einer monotonen und
doch eigenartig ätherischen Kunststimme. „Die Stimme ist
sehr wichtig. Wenn man undeutlich spricht, neigen die Menschen dazu, einen zu behandeln, als sei man geistig zurückge-
blieben. Der einzige Nachteil ist, dass der Synthesizer mir einen

amerikanischen Akzent gibt." Übrigens ist Hawkings Computerstimme sogar auf dem Album *The Division Bell* (1994) von Pink Floyd zu hören, bezeichnenderweise in dem Lied *Keep Talking*.

Bis 2005 betätigte Hawking den Computer mit der noch etwas beweglichen linken Hand, indem er Buchstaben oder Wörter aus einem Menü anklickte und speicherte oder satzweise an den Synthesizer schickte. Inzwischen ist seine Hand dafür zu schwach. Nun kommuniziert er mithilfe seines rechten Wangenmuskels: Ein Sensor an der Brille, der durch ein Kabel mit dem Computer verbunden ist, registriert die Muskelanspannung über die Reflexion eines Infrarotstrahls.

Wie die Krankheit weiter verläuft, ist ungewiss. Aber Hawking gibt nicht auf und ist noch voller Pläne. Seine Erfolge geben ihm zusätzlichen Halt und Rückenwind. „Mit einem gewissen Stolz glaube ich, dass ich trotz meiner Krankheit einen bescheidenen, aber wichtigen Beitrag zum Wissen der Menschheit geleistet habe", sagte er in einem Interview. „Natürlich habe ich sehr viel Glück gehabt, aber jeder kann etwas erreichen, wenn er es intensiv genug versucht."

Ehrenplatz: Der berühmteste Lehrstuhl der Welt

„Ich sitze hier auf Isaac Newtons Lehrstuhl", weiß Stephen Hawking über seine Professur in Cambridge. „Aber dieser Stuhl hat sich offensichtlich stark verändert. Er wird jetzt elektrisch betrieben." Dies zeigt einmal mehr, dass der britische Physiker vor seiner schweren Behinderung, die ihn an den elektrischen Rollstuhl fesselt, genauso wenig kapituliert wie vor den Herausforderungen der Kosmologie, und dass er seinen trockenen Humor behalten hat.

1975 war Hawking zum Reader für Gravitationsphysik er-
nannt worden. Nach dieser akademischen Stellung zwischen
Fellow und Professor wurde er 1977 Professor für Gravitationsphysik an der Cambridge University und Professorial Fellow
am Caius College. Im Oktober 1979 dann die große Überraschung: Fast gegen seinen Willen wurde Hawking auf den Lucasischen Lehrstuhl für Mathematik berufen. Finanziell machte die Berufung kaum einen Unterschied, aber die Ehre war
enorm: Der Lehrstuhl gehört zu den berühmtesten der Welt.

Isaac Newton, der die Gesetze der Schwerkraft und Bewegung entdeckte und damit die Physik von Himmel und Erde
vereinigte, hatte ihn von 1669 bis 1702 inne, als Zweiter nach
dem Mathematiker Isaac Barrow. Ein anderer Vorgänger
Hawkings war Charles Babbage. Er wurde 1828 berufen und
entwickelte zwei mechanische Rechenmaschinen, die als Vorläufer des Computers gelten können. Zu seinen Lebzeiten wurden sie zwar nicht gebaut. Die Differenzmaschine, die 1991
nach seinen Plänen entstand, funktionierte aber perfekt. Auch
Paul Dirac, der 1933 – ein Jahr nach seiner Berufung – den
Physik-Nobelpreis erhielt, mehrte den Ruhm des Lehrstuhls
gewaltig. Er vereinigte die Quantentheorie mit der Speziellen
Relativitätstheorie und war damit eine Art zweiter Newton.

Hawking ist sich der Tragweite seines Amts bewusst: „Es ist
nett, dieselbe Position wie Newton und Dirac inne zu haben.
Aber die echte Herausforderung besteht darin, etwas zu leisten,
das auch nur einen Bruchteil so signifikant ist wie ihre Arbeit."

Der Lehrstuhl war der erste für Mathematik in Cambridge.
(Die erste britische Mathematik-Professur gab es bereits seit
1597 am Gresham College in London.) Henry Lucas (1610 bis
1663), der für die Universität 1639 bis 1640 im englischen
Parlament war, hatte ihn 1663 gestiftet. Und King Charles II.
setzte ihn am 18. Januar 1664 offiziell in Kraft. Lucas überließ

der Universität seine 4000 Bücher und ein Landgut, das 100 Pfund jährlich für die Professur abwerfen sollte. Gefordert wurden an zwei Tagen pro Woche zwei Sprechstunden sowie ein wöchentliches Minimum von zehn Vorlesungen, die ausführlich auszuarbeiten und dem Archiv der Universitätsbibliothek zu übergeben waren – andernfalls drohte Gehaltsminderung. Und so finden sich dort heute noch Originalnotizen beispielsweise von Isaac Newton. 1857 wurden die Statuten modernisiert. Auch das Gehalt wurde erhöht und 1914 mit dem anderer Professuren gleichgesetzt.

Lucas hatte gefordert, den Lehrstuhl vom College-Wesen inhaltlich und verwaltungstechnisch weitgehend unabhängig zu halten – trotz der Verbindung mit dem Trinity College – und nicht der Kirche zu unterstellen. Charles II. befreite die Professoren daher von der Anforderung, das Weihesakrament entgegenzunehmen, also ordinierte Kleriker zu sein. „Die Lucasischen Statuten sind ein Schritt in der Entwicklung der Universität von ihren quasimonastischen, mittelalterlichen Wurzeln in die moderne Form", kommentiert dies der bekannte kanadische Mathematiker und Sachbuchautor Ian Stewart. (Erst Mitte des 19. Jahrhunderts wurde Cambridge eine moderne Universität.)

Freilich war die Säkularisierung nur halbherzig. George Stokes – berühmt durch seine Gleichung der Strömungsmechanik – wirkte als evangelikaler Anglikaner sogar noch Ende des 19. Jahrhunderts. Viele der ersten Professoren verfassten theologische Traktate – Newton allerdings nicht, weil seine Nähe zum Arianismus Ketzerei war: Er akzeptierte die christliche Trinitätslehre nicht. William Whiston wurde wegen seines Arianismus sogar vom Lehrstuhl entfernt – der einzige Fall einer Entlassung, alle anderen Professoren bewarben sich entweder auf eine andere Stelle, hörten altershalber auf oder starben.

Fast wirkt der Lehrstuhl als Zeitraffer: Als er gestiftet wurde, regierten Monarchen. Massenvernichtungswaffen, Flugzeuge und Raketen gab es noch nicht. Und die Menschen hatten erst gerade damit begonnen, die Welt zu verstehen. Die chemischen Elemente waren noch nicht bekannt, die Vorstellung von der Existenz der Atome eine Außenseiterspekulation, die Infinitesimalrechnung hatten Newton und Leibniz noch nicht entwickelt und „Computer" waren Menschen, die ihre Rechnungen mit der Hand ausführten.

„Nachdem ich über ein Jahr lang Lucasischer Professor war, wurde bemerkt, dass in dem großen Universitätsbuch meine Unterschrift fehlte", erinnerte sich Hawking später. „Daher brachte man es mir in mein Büro, und ich unterzeichnete mit einiger Schwierigkeit. Das war das letzte Mal, dass ich meinen Namen schrieb." Und 1998 sagte er: „Ich denke, ich wurde zur Überbrückung berufen. Es tut mir leid, dass ich die Wähler enttäuschen muss: Ich bin Lucasischer Professor seit 19 Jahren und habe die Absicht, weitere elf Jahre bis zum Pensionsalter zu überleben. Doch selbst dann hätte ich nicht Dirac erreicht, der 37 Jahre lang Lucasischer Professor war, oder Stokes, der es 54 Jahre lang war."

Hawking hat wacker durchgehalten, und sein Schaffensdrang ist ungebrochen. 2009 wird er emeritiert. Sein Nachfolger, über den schon verhandelt wird, dürfte es nicht leicht haben, aus Hawkings Schatten – besser: Glanz – herauszutreten. Doch wird die University of Cambridge auch künftig keinen Mangel an hochkarätigen Forschern haben. (Sie brachte mehr Nobelpreisträger als irgendeine andere Universität auf der Welt hervor: über 80, wobei rund 70 davon selbst Studenten in Cambridge waren.) Und im Jahr 2395 wird das erste Kunstwesen den Lehrstuhl besetzen: der Android Data. So zumindest hat es die Science-Fiction-Fernsehserie *Raumschiff Enterprise* dargestellt: Stephen Hawking hatte einen Gastauftritt in der Folge *Angriff der Borg, Teil I* von 1993, er pokerte mit Isaac Newton, Albert Einstein und Data im Holodeck – und gewann.

Kluge Köpfe: *Die 17 Inhaber des Lucasischen Lehrstuhls seit 1664 – neben Mathematikern und Physikern auch Antiquare, Alchimisten, Redner, Theologen, Ökonomen, Ingenieure, Politiker und Kirchenmusikkomponisten.*

Name	Lebenszeit	Lehrstuhl-inhaber	Forschungsgebiete und Verdienste
Isaac Barrow	1630–1677	1664–1669	Mitentwicklung der Infinitesimalrechnung, Berechnung von Tangenten an Kurven
Sir Isaac Newton	1642–1727	1669–1702	Gravitationsgesetz, Bewegungsgesetze, Spiegelteleskop
William Whiston	1667–1752	1702–1710	(*Anmerkung:* Mehr Theologe als Mathematiker; als Anhänger des Arianismus vom Lehrstuhl entfernt)
Nicolas Saunderson	1682–1739	1711–1739	Rechenmaschine für Blinde
John Colson	1680–1760	1739–1760	Übersetzung von Newtons Schriften aus dem Lateinischen ins Englische
Edward Waring	1736–1798	1760–1798	Polynominterpolation, „Waringsches Problem" der Darstellung jeder natürlichen Zahl als Summe von höchstens vier Quadratzahlen
Isaac Milner	1750–1820	1798–1820	Mehr Chemiker als Mathematiker; Oxidation von Ammonium zu Salpetersäure
Robert Woodhouse	1773–1827	1820–1822	Verfechtung der mathematischen Schreibweise Leibniz' gegenüber der Newtons
Thomas Turton	1780–1864	1822–1826	(*Anmerkung:* Mehr Theologe als Mathematiker; hat nur religiöse Schriften veröffentlicht)

Name	Lebenszeit	Lehrstuhl-inhaber	Forschungsgebiete und Verdienste
Sir George Biddell Airy	1801–1892	1826–1828	(*Anmerkung:* Erst danach als Astronomer Royal: Greenwich als Nullmeridian, Berechnung von Planetenbahnen und Dichte der Erde)
Charles Babbage	1792–1871	1828–1839	Entwurf der ersten mechanischen Rechenmaschine, Erfindung des Kuhfängers an Lokomotiven, „Babbage-Prinzip" der Aufspaltung von Arbeitsprozessen zur Kostensenkung
Joshua King	1798–1857	1839–1849	(*Anmerkung:* Mitglied in 15 Komitees, aber keine Veröffentlichungen)
Sir George Stokes	1819–1903	1849–1903	Grundgleichungen der Strömungsmechanik, Erklärung der Fluoreszenz, Theorie der Absorption des Lichts
Sir Joseph Larmor	1857–1942	1903–1932	Erstbeschreibung der „Lorentz-Transformation" zwischen Koordinaten sich gegeneinander bewegender Bezugssysteme
Paul A. M. Dirac	1902–1984	1932–1969	Grundlagen zur Quantenmechanik, Vorhersage des Positrons, Fermi-Dirac-Statistik
Sir M. James Lighthill	1924–1998	1969–1980	Beschreibung von chaotischen Systemen (*Anmerkung:* Forschungen zur Aeroakustik früher, zur Concorde später)
Stephen W. Hawking	1942–	1980–2009	Quantengravitation, Kosmologie, Schwarze Löcher

Bestseller: Die kurze Geschichte der kurzen Geschichte ...

... so überschrieb Stephen Hawking einen Aufsatz, den er im Dezember 1988 in der britischen Zeitung *The Independent* veröffentlicht hatte. Darin berichtete er von der Genese seines Buchs *Eine kurze Geschichte der Zeit*, das bereits damals, wenige Monate nach dem Erscheinen in den USA, ein Bestseller ohne Beispiel war. „Dergleichen habe ich nicht annähernd erwartet, als mir 1982 erstmals die Idee kam, ein populärwissenschaftliches Buch über das Universum zu schreiben. Zum Teil trieb mich der Wunsch, das Schulgeld für meine Tochter zu beschaffen. (Als das Buch dann tatsächlich erschien, befand sie sich schon im letzten Schuljahr.) Der Hauptgrund war jedoch, dass ich zeigen wollte, wie weit wir bereits in unserem Bestreben gekommen sind, das Universum zu verstehen", schrieb Hawking. „Ich war von den Entdeckungen begeistert, die in den letzten 25 Jahren gemacht worden sind, und ich wollte den Menschen davon berichten", sagte er später in einem Interview.

Simon Mitton von Cambridge University Press, der schon Hawkings Fachbücher betreut hatte und selbst ein erfolgreicher Sachbuchautor war, hatte immer wieder versucht, Hawking zu einem populärwissenschaftlichen Buch zu überreden. 1983 willigte er ein und verfasste ein erstes Probekapitel. Das war Mitton viel zu mathematisch, was ihn zu der inzwischen als geflügeltes Wort bekannten Aussage bewegte, jede Gleichung würde die Verkaufszahlen halbieren (Hawking nahm daher schließlich nur eine einzige auf: $E = mc^2$).

Nach zähen Verhandlungen hatte der als hartnäckig bekannte Hawking Mitton einen Vorschuss von 10.000 Pfund abgerungen – ein Rekord in der Geschichte des Verlags. Doch inzwischen war auch der Literaturagent Al Zuckerman interessiert, den Hawking kannte, und dem er mitteilte, er wolle, dass sein Buch an Flughafenkiosken erhältlich sein solle. Peter Guzzardi vom amerikanischen Verlag Bantam nahm ebenfalls Kontakt auf, weil er das ökonomische Potential des Kontrasts zwischen dem an den Rollstuhl gefesselten Forscher und der großen weiten Welt witterte. Zuckerman überredete Hawking, Mittons Vertrag nicht zu unterschreiben, und begann auf der Grundlage eines hundertseitigen Rohmanuskripts das Buch unter den größten amerikanischen Verlagshäusern zu versteigern. Am Ende bliebt Guzzardis Angebot von kaum zu glaubenden 250.000 Dollar Vorschuss mitsamt einer großzügigen Gewinnbeteiligung übrig. Hawking unterschrieb, wobei Bantams Zusicherung, das Buch werde in jedem amerikanischen Flughafenkiosk erhältlich sein, ein wesentlicher Faktor war.

Die Zusammenarbeit mit Guzzardi in New York war langwierig. Er hatte keine wissenschaftliche Vorbildung und wollte jede Zeile verstehen. Das war keine einfache Forderung – nicht nur angesichts der sehr komplexen Themen, sondern auch, weil es Hawking gewohnt war, sich sehr knapp auszudrücken, was oft zu für andere schwer nachvollziehbaren Gedankensprüngen führte. „Jedes Mal, wenn ich ihm ein umgeschriebenes Kapitel schickte, bekam ich von ihm eine lange Liste mit Einwänden und Fragen, um deren Klärung er mich bat", berichtete Hawking im Rückblick. „Manchmal dachte ich, das Ganze würde nie ein Ende nehmen. Aber er hatte recht: Zu guter Letzt war ein sehr viel besseres Buch entstanden."

1984 lag eine erste Fassung des ganzen Manuskripts vor und Hawking war damit beschäftigt, sie zu überarbeiten. Dann kam die Lungenentzündung, der Luftröhrenschnitt und die Sprachlosigkeit. Zunächst war an das Buch nicht mehr zu denken, denn es ging ums reine Überleben. Außerdem gestaltete sich die Kommunikation – mit einer Buchstabentafel – als sehr schwierig. Erst der Sprachcomputer verband Hawking wieder mit den Menschen, die nicht zu seinem engsten Umkreis gehörten. Dabei hatte er sich lange geweigert, den Rechner zu benutzen.

„Es war eine innere Abwehr. Er wollte nicht daran glauben, dass er nie wieder würde sprechen können", erinnert sich Brian Whitt, der 1982 bis 1985 bei Hawking promovierte (über ein Thema der Quantengravitation), und noch drei Jahre einen Forschungsauftrag übernahm, bis er sich mit einem Computerunternehmen in Cambridge selbstständig machte. „Das erste, was er eintippte, nachdem er ‚Hallo' gesagt hatte – Stephen ist in diesen Dingen immer sehr höflich –, war: ‚Hilfst Du mir, mein Buch zu beenden?'" Brian Whitt tat es, und er genoss es, mit Hawking Analogien auszuhecken, um abstrakte Sachverhalte und Begriffe zu veranschaulichen. „Stephen war nicht zu den geringsten Abstrichen in punkto Genauigkeit bereit", erinnert er sich. „Natürlich muss man manche Dinge vereinfachen, und natürlich kann man nicht jede Einzelheit erklären. Aber wenn man eine Analogie verwendet, dann darf sie nicht gleich an der ersten Hürde scheitern. Beispielsweise haben wir mit einer Analogie zu erklären versucht, wie es kommt, dass Teilchen, die bei niedrigeren Energieniveaus verschieden sind, bei höheren Niveaus identisch sind. Die Analogie war eine Kugel, die in einem Roulette kreist. Solange sich das Roulette dreht, kann sie auf jeder Zahl landen. Jede Kugel, die in irgendeinem Zahlenfach des Roulettes zur Ruhe kommt, gleicht jeder anderen Kugel."

Ohne das Computerprogramm hätte Hawking sein Buch nicht vollenden können. „Es ging ein bisschen langsam, aber ich bin auch kein schneller Denker, und deshalb passt es zu mir", notierte er später. „Mit Hilfe dieses Systems schrieb ich, den Kommentaren und Fragen Guzzardis folgend, den ersten Entwurf fast völlig um."

1986 starb Frank Hawking – aber er hatte die Rohfassung des Manuskripts seines Sohnes noch interessiert gelesen. Die

Veröffentlichung von *Eine kurze Geschichte der Zeit* – Guzzardi setzte den Titel gegen Hawkings Bedenken durch – war für April 1988 vorgesehen. Al Zuckerman kümmerte sich um die internationale Lizenzvergabe. Schon aus der Sowjetunion und Südkorea waren Vorbestellungen eingetroffen. Dann verließ Guzzardi überraschend den Verlag, um einen anderen Job anzunehmen. Sein Nachfolger reduzierte die Startauflage als erstes auf 40.000 Exemplare. Aber auch diese wurden sofort wieder eingestampft. Denn sie war voller Fehler, wie ein Wissenschaftler bemerkte, dem ein Vorabexemplar für eine Rezension in der renommierten Fachzeitschrift *nature* geschickt worden war. „Fotos und Diagramme standen am falschen Platz oder waren falsch beschriftet", erinnert sich Hawking. „Drei Wochen fieberhafter Korrektur- und Lektoratsarbeiten waren nötig, um das Buch doch noch rechtzeitig zum angekündigten Erscheinungstermin in die Buchhandlungen zu bringen". Der Rest ist Geschichte ... Die verkaufte Auflage bisher beträgt rund 10 Millionen Exemplare.

„Zweifellos hat der menschliche Aspekt – dass es mir gelungen ist, trotz meiner Behinderung als Theoretischer Physiker zu arbeiten – zum Erfolg des Buchs beigetragen", räumt Hawking ein. „Doch die Leser, die es gekauft haben, um darüber etwas zu erfahren, dürfen enttäuscht worden sein, denn es enthält nur wenige Hinweise auf meine Lebensumstände. Ich wollte ein Buch über die Geschichte des Universums schreiben, nicht über mich."

Dies ist Hawking gelungen. Und manches, was er beschrieb, war zuvor in Buchform noch nicht populärwissenschaftlich aufgearbeitet worden – eine Pionierleistung also auch hier. Angesichts der Schwierigkeit des Stoffes, schließlich geht es dabei buchstäblich ums Ganze, verwundert es nicht, dass viele Leser an der einen oder anderen Passage kapitulierten. Tatsächlich ist das Buch für Laien sogar stellenweise kaum nachvollziehbar –

was Hawking dazu bewog, 2005 zusammen mit dem Physiker und Drehbuchautor Leonard Mlodinow eine aktualisierte und teils stark vereinfachte Version herauszubringen, *Die kürzeste Geschichte der Zeit.* Sie verkaufte sich allerdings schlechter und ließ viele interessante Details des Vorgängerwerks weg. Mlodinow hatte Physik studiert und in der Quantentheorie geforscht, aber auch Drehbücher verfasst – unter anderem für die TV-Serien *Star Trek: The Next Generation* und *MacGyver.* Zurzeit arbeitet er mit Hawking an einem weiteren Buch, das den missverständlichen Arbeitstitel *The Grand Design* trägt. Es soll sowohl die Existenz des Universums zum Thema haben als auch die tiefgründige Frage, warum die Naturgesetze so sind, wie sie sind. „Es ist als Fortsetzung von *Eine kurze Geschichte der Zeit* gedacht", sagt Mlodinow, der im kalifornischen South Pasadena lebt. „Es behandelt die wichtigen Entdeckungen, die seither gemacht wurden, aber sein Hauptziel ist es, die Existenz und Bedeutung eines Großen Designs für das Universum zu erkunden." Ursprünglich war das Buch schon für 2008 angekündigt, im Augenblick ist der Herbst 2009 anvisiert.

Aber auch *Eine kurze Geschichte der Zeit* hat Hawking lesenswert gehalten, indem er das Buch vor einigen Jahren ergänzte und mit großartigen Illustrationen versehen ließ. Inhaltlich stark überschneidet sich damit *Das Universum in der Nussschale*, die 2001 erschienene erste Fortsetzung. Ein Band mit Essays (*Einsteins Traum*), die (auch mathematisch) anspruchsvollen Vorlesungen *Raum und Zeit* (mit Roger Penrose veröffentlicht), mehrere kommentierte Sammlungen klassischer wissenschaftlicher Texte und einige TV- und Videoproduktionen komplettieren das Repertoire für „Hawking-Fans". Der Kosmologe ist gewissermaßen auch eine Marke geworden, mit Erfolgsgarantie. Trotzdem geht es dabei nicht primär um Personenkult. Es sind schon die Themen und Fragestellungen, die die Leser letztlich interessieren – sonst würden sie nicht durchhalten. Aber selbst jene, die an *Eine kurze Geschichte der Zeit* scheiterten, und dazu gehören auch Freunde und Verwandte von Hawking selbst, haben ihren Horizont erweitert. „Sie haben es vielleicht nicht ganz zu Ende gelesen oder nicht alles verstanden, was sie gelesen haben", bemerkte Hawking einmal. „Aber zumindest haben sie die Vorstellung gewonnen, dass unser Universum von rationalen Gesetzen bestimmt wird, die wir entdecken und verstehen können."

Privatleben: Musik und die Frauen

Der Alltag Hawkings ist, abgesehen von dem großen, krankheitsbedingten Aufwand, halbwegs normal. Er muss oder möchte zuweilen shoppen gehen – genauer: fahren. Mit seinem Sohn Tim hat er Formel-1-Rennen besucht. Eines seiner Hobbys ist die Geschichte. Und gefragt, was er tun würde, wenn er einen Tag lang in einem gesunden Körper verbringen könnte, sagte er: „Die Antwort wäre nicht jugendfrei."

Auch in Discos wurde er schon gesehen und hat sich mit seiner Kunststimme bei einem Karaoke-Refrain beteiligt. Meist hört er jedoch klassische Musik: Bach und Wagner zum Beispiel. Hawking hat – ähnlich wie Albert Einstein und andere Physiker – Musik und Physik als seine „beiden größten Leidenschaften" bezeichnet. „Wenn ich beide auf einer einsamen Insel haben kann, möchte ich nicht gerettet werden", sagte er in der BBC-Radiosendung *Desert Island Discs* 1992, in der er acht seiner Lieblingsalben vorstellte. Das *Requiem* von Wolfgang Amadeus Mozart war dabei sein persönlicher Favorit. „Die Musik ist sehr wichtig für mich", sagte er, doch die Freude an einer physikalischen Erkenntnis sei viel intensiver, wenn naturgemäß auch viel seltener. Trotzdem setzt er die Forschung nicht absolut: „Die Physik ist wunderbar, aber völlig kalt. Ich käme mit meinem Leben nicht zurecht, wenn ich nur die Physik hätte. Wie jeder andere Mensch brauche ich Wärme, Liebe und Zuneigung."

Zwischen dem öffentlichen Bild, der von den Medien inszenierten, scheinbar weit über allen Niederungen schwebenden Ikone, und dem realen Menschen klafft also ein – das Wortspiel drängt sich auf – durchaus himmelweiter Unterschied. Hawking ist keineswegs so weltabgeschieden, wie manche Berichte glauben machen wollen. Wie jeder Mensch hat auch er seine alltäglichen Freuden und Sorgen, kleine und große.

Im Privatleben wohl am tragischsten sind seine beiden gescheiterten Ehen. Jane Hawking, geborene Wilde, mit der er 26 Jahre verheiratet war und drei Kinder hat, ist fast an den schweren Belastungen zerbrochen, die mit der zunehmenden Hilflosigkeit und dem gleichzeitig wachsenden Ruhm ihres Mannes einher gingen – ihre Autobiographie *Music to Move the Stars* (1999) gibt ein tragisches Zeugnis von den tiefen Zerwürfnissen, die sich in den 1980er-Jahren auftaten.

Ein Aspekt betraf die Religion, der Jane Hawking stets sehr zugetan war, ihr Mann jedoch nicht. Sie warf ihm sogar Hybris vor und meinte ihm sagen zu müssen, dass er nicht Gott sei – obwohl er das ganze Universum zu erklären beabsichtigte und dafür die Hypothese eines Schöpfers nicht nötig hatte. Ein anderer Aspekt betraf die Beziehung selbst. „Er wollte nicht als ein normales Familienmitglied behandelt werden, sondern betrachtete den ihm zustehenden Platz auf einem Podest mitten im Zentrum", schrieb sie in ihrer Autobiographie. Dass Hawking – nicht nur in der wissenschaftlichen Arbeit – ein großer Sturkopf sein kann, ist zumindest unumstritten, das Bild eines Haustyranns in Anbetracht seiner völligen Hilflosigkeit jedoch ziemlich abwegig. Gleichwohl stand Jane Hawking unter starkem psychischem Druck, auch in gesellschaftlicher Hinsicht. „Ich konnte ihn nicht verlassen, ich wäre die egoistische, untreue Ehefrau gewesen. Ich versuchte loyal zu ihm zu sein. Aber es gab Zeiten, da dachte ich, ich könnte es nicht schaffen. Was sollte ich tun? Mich in einen Fluss stürzen? Aber ich konnte meine Kinder nicht alleine lassen. Ich fühlte, in der Falle zu sitzen." Eine Art Rettung war Jonathan Hellyer Jones, ein Musiklehrer, mit dem sie sich anfreundete und mit Stephen Hawkings freiwillig-unfreiwilliger Duldung diskret eine Beziehung führte. Doch mit der Rund-um-die-Uhr-Pflege wurde das schwierig. Auch fand sie in Hawking wenig emotionale Unterstützung oder Verständnis, als sie etwa eine Doktorarbeit über mittelalterliche spanische Poesie abschloss – auch, um ein eigenes Stück Identität zu bewahren. „Seine Geringschätzung war unerbittlich." Hinzu kamen Konflikte mit ihrer Schwiegermutter und die immer belastendere Dichotomie zwischen Hawkings intellektuellem Ruhm und seiner körperlichen Hinfälligkeit. „Außerdem kam jemand, die ihn verehrte", schrieb Jane Hawking verbittert in ihrer Autobiographie.

Diese Verehrerin war Elaine Mason, eine seiner Krankenschwestern und die Ex-Frau von David Mason, dem Hawking seinen Sprachcomputer verdankt. Die Konflikte kulminierten, mitunter beschallte Hawking das ganze Haus mit Wagner-Klängen. Und am 17. Februar 1990 zog er plötzlich aus und mit Elaine Mason zusammen, die er im September 1995 heiratete. „Trotz seines Intellekts hatte er keinen Widerstand gegen emotionalen Druck", kommentierte Jane Hawking dies später. Doch inzwischen ist auch diese Ehe Vergangenheit. Es kursierten sogar Gerüchte von Misshandlungen; polizeiliche Untersuchungen wurden jedoch abgebrochen. Inzwischen ist Hawkings Verhältnis mit Jane, die Jonathan Hellyer Jones geheiratet hatte, wieder besser. Wozu auch der Enkel William beitrug, den Lucy 1997 geboren hatte.

Arbeitszeit: Wie Hawking forscht

„Obwohl ich Pech hatte und ALS bekam, hatte ich sonst in fast allem Glück", sagt Hawking. „Ich bin froh, mit der Theoretischen Physik begonnen zu haben, eines der wenigen Forschungsfelder, bei dem die Behinderung kein ernstes Handicap ist." Hawking sieht sogar Vorteile seiner Krankheit. „Ich muss keine Vorlesungen halten und mich nicht auf den vielen Sitzungen langweilen." Auch von anderen lästigen Pflichten ist er entbunden, Geschirrspülen und Rasenmähen zum Beispiel, so dass er mehr Zeit zum Denken hat, wie er sagt.

Doch Denken allein reicht nicht aus. Wie arbeitet Hawking, wie bereichert sein Denken die Wissenschaft?

Typischerweise fährt er gegen 11 Uhr in sein Büro und bleibt bis 19 Uhr. Dort arbeitet er an seinen Forschungen und Vorträgen, liest neue Artikel in den elektronischen Archiven, beantwortet E-Mails und telefoniert über eine spezielle Computerverbindung. Der alle zwei Jahre mit neuen Programmen aufgerüstete Computer ist seine Schnittstelle zur Welt – mehr noch: „I'm Intel inside", sagt Hawking im Hinblick auf den Chip, der seine kommunikative Identität maßgeblich prägt. Auch mathematische Texte kann er verfassen. „Ich schreibe meine Artikel mit dem Programm TeX. Ich kann die Gleichungen mit Wörtern ausdrücken, und das Programm übersetzt sie in Symbole."

Die Mathematik selbst ist aufgrund seiner Behinderung freilich extrem mühsam. Aber Hawking hat seine Tricks entwickelt, um so effektiv wie möglich vorzugehen. Er bekennt, „kein intuitives Gefühl für Gleichungen" zu haben. „Ich denke in Bildern." Hier lässt er sich von seiner Vorstellungskraft und Phantasie leiten, auch wenn er nicht sofort alles überblicken kann. „Ich verlasse mich sehr oft auf die Intuition und versuche, ein Ergebnis zu erraten, doch dann muss ich es beweisen.

Werkstatt des Denkers: *Stephen Hawking in seinem Büro im Department of Applied Mathematics and Theoretical Physics in Cambridge.*

Und in dieser Phase stelle ich sehr häufig fest, dass die Dinge, so wie ich sie mir vorgestellt haben, nicht stimmen oder dass eine ganz andere Situation vorliegt, an die ich nie gedacht habe. So habe ich festgestellt, dass Schwarze Löcher nicht vollständig schwarz sind. Dabei wollte ich etwas ganz anderes beweisen."

„Stephen macht die mathematische Seite seiner Forschung im Kopf. Er verwendet geometrische Techniken, mit denen er Bilder anstelle von Gleichungen manipulieren kann", beschreibt Kip Thorne, Professor am California Institute of Technology, die Arbeit seines Freundes. „Er findet Wege, die Fragen auf eine geometrische Weise neu zu definieren. Er vermag diese Art von Problemen, die sich geometrisch formulieren lassen, besser zu lösen und zu verstehen als jeder andere." Er machte sich auch Mnemotechniken – spezielle Merkhilfen –

zu eigen, mit denen er Dutzende von Termen in den Gleichungen behalten konnte. Überdies entwickelte er Verfahren, die kaum einer so gut beherrscht, wie er selbst. „Wenn man bestimmte Fähigkeiten einbüßt, schafft man sich unter Umständen neue, und mit denen kann man andere Probleme angehen als mit den alten Methoden. Wenn Sie als einziger Mensch auf der Welt diese neuen Denkwerkzeuge beherrschen, dann gibt es bestimmte Arten von Problemen, die nur Sie lösen können und niemand sonst", sagt Thorne.

Aber nicht nur Hawkings Denkstil, auch seine Herangehensweise hat sich mit der Zeit verändert. Kip Thorne charakterisiert dies folgendermaßen: „Wenn man an den äußersten Grenzen der Physik arbeitet, muss man sich in hohem Maß auf sein Gefühl verlassen. Mir ist aufgefallen, dass es seit Anfang der 1970er-Jahre eine deutliche Veränderung in Stephens Forschungsstil gegeben hat, eine Veränderung, die er charakterisierte, als er um 1980 zu mir sagte: ‚Ich möchte lieber recht haben, als exakt sein.' Exaktheit ist ein Ziel, das sich Mathematiker setzen – sie suchen nach einem zuverlässigen, klaren mathematischen Beweis für die Richtigkeit ihrer Ergebnisse. Um diese Art von Exaktheit ging es Stephen in den 1960er- und Anfang der 1970er-Jahre. Er versuchte, alles total abzusichern. In den letzten Jahren ist er sehr viel spekulativer geworden. Er sucht nach der Wahrheit, versichert sich, dass er, sagen wir, zu 95 Prozent recht hat, und geht dann schnell weiter. Das Streben nach Gewissheit, das ihm Anfang der 1970er-Jahre offenbar so wichtig gewesen ist, hat er zugunsten hoher Wahrscheinlichkeiten aufgegeben. Heute geht es ihm um rasche Fortschritte auf dem Weg zum letzten Ziel: das Wesen des Universums zu verstehen."

Freilich muss Hawking die detaillierte Ausarbeitung seiner Ideen oft anderen überlassen. „Komplizierte Berechnungen kann Stephen nicht mehr selbst ausführen, aber oft braucht er

nur ein paar Sätze, um einen wesentlichen Punkt zu erläutern", sagt Thomas Hertog, der bei Hawking promoviert hat
und noch immer eng mit ihm zusammenarbeitet. „Er strengt
sich sehr an, um ein möglichst normales Leben zu führen. Für
die Forscher um ihn herum ist er einer der ihren. Doch je weniger die Menschen mit ihm persönlich zu tun haben, desto
mehr sind sie von ihm fasziniert." Hawking sieht das ähnlich:
„Für meine Kollegen spielt meine Behinderung keine Rolle –
abgesehen von praktischen Zwängen, wenn sie etwa auf eine
Antwort von mir warten müssen." Und: „Es ist Zeitverschwendung, über meine Behinderung ärgerlich zu sein. Die Leute
haben keine Zeit für einen, wenn man dauernd klagt."

Auf soziale Beziehungen legt Hawking großen Wert. Einmal wöchentlich, am Mittwoch, isst er mit seinen Doktoranden
zu Mittag, und einer aus der Gruppe berichtet von seiner Arbeit. Auf wissenschaftlichen Konferenzen lauscht Hawking
möglichst vielen Vorträgen – seine Anwesenheit ist dann nicht
zu überhören, weil sein Computer bei bestimmten Eingaben
immer wieder piepst –, und beim Essen sitzt er mit am Tisch
und verfolgt aufmerksam die Diskussionen, während er von
einer Krankenschwester gefüttert wird.

Aber Hawking engagiert sich auch in der Förderung des
wissenschaftlichen Nachwuchses, und zwar weit über die Betreuung von Doktorarbeiten hinaus. Ende 2007 hat er dafür
einen formalen Rahmen geschaffen.

Förderzeit: Hawkings Stiftung

„Dies ist eine aufregende Zeit in der Kosmologie, denn neue
Beobachtungsdaten werden in großen Mengen gewonnen und
große Experimente auf der Erde und mit Satelliten sind geplant
und laufen an", sagte Stephen Hawking am 19. Dezember

2007 in Cambridge. Das geschah während der von ihm mitor-
ganisierten Jubiläumskonferenz *The Very Early Universe – 25
Years on*, die den berühmten Nuffield-Workshop ein Viertel-
jahrhundert zuvor feierte (zu diesem bedeutenden Ereignis
später mehr). „Ich möchte sicherstellen, dass dieser Fortschritt
auch weiterhin auf der theoretischen Seite eine Entsprechung
hat." Deshalb eröffnete er Hawking das Centre for Theoretical
Cosmology (CTC) am Centre for Mathematical Sciences. Finanziert von der Stephen Hawking Foundation mit 20 Millionen Pfund für zunächst fünf Jahre, wird es vor allem mehrere
Forschungsstellen und Gastprofessuren ermöglichen sowie
Workshops und Konferenzen, um führende Theoretiker und
talentierte junge Wissenschaftler anzuziehen und zu fördern.
Wenn sich das Konzept bewährt, wird das CTC zu einem größeren, permanenten Institut für fortgeschrittene theoretische
Forschung umgestaltet. Das Geld stammt zum einen von
Hawking selbst, dessen populärwissenschaftliche Bücher sich
weltweit millionenfach verkauft haben. Hinzu kommen mehrere große Spenden von kosmologisch faszinierten Privatleu-
ten. Erster wissenschaftlicher Direktor des CTC war Hawkings
früherer Mitarbeiter Neil Turok. Nachdem dieser im Oktober
2008 überraschend die wissenschaftliche Leitung des Perimeter Institute in Kanada übernommen hatte, sprang Paul Shellard ein. Geschäftsführender Direktor ist Macolm Perry.

Das CTC ist das jüngste einer Reihe kosmologischer For-
schungsinstitute. Erst wenige Wochen vorher, am 1. Oktober
2007, war in Japan das Institute for the Physics and Mathematics of the Universe (IPMU) an der Universität Tokio eröffnet
worden. Über zwei Dutzend neue Stellen sind gleich mit aus-
geschrieben worden, einige auch für Nichtjapaner. Und am 4.
Dezember wurde die Gründung des Berkeley Center for Cos-
mological Physics im kalifornischen Berkeley bekannt gegeben, dessen Direktor George Smoot ist. Ausgestattet mit zu-

nächst acht Millionen Dollar an Spendengeldern werden die nächsten Jahre mehrere junge Wissenschaftler im Bereich der Kosmologie, Teilchenphysik und Stringtheorie gefördert sowie wissenschaftliche Seminare und Symposien abgehalten. Ebenfalls noch nicht sehr lange existieren mehrere Kavli-Institute für Astrophysik, Kosmologie und Teilchenphysik an den Universitäten Cambridge, Chicago, Peking, Stanford und am Massachusetts Institute of Technology, die von dem norwegischen Physiker und Technologiefirmeninhaber Fred Kavli gefördert werden. All das sind Beispiele für das wachsende Interesse sowie die zunehmende Bedeutung und Wertschätzung der theoretischen und beobachtenden Kosmologie.

„Das CTC wird zur Entwicklung von Theorien über das Universum beitragen, die sowohl mathematisch konsistent als auch durch Beobachtungen überprüfbar sind", freut sich Hawking. „Mit Glück wird es bei der Beantwortung einiger der ultimativen Fragen zum Universum und unserer Existenz mithelfen." Zu diesen Fragen zählt: Hat die Zeit einen Anfang? Wenn ja, auf welche Weise? Was geschah beim Urknall? Wie bildeten sich Galaxien? Woraus besteht das Universum? Was bewirkt seine gegenwärtige Ausdehnung? Welche Eigenschaften haben Schwarze Löcher? Was sind die ultimativen Naturgesetze?

Diese grundlegenden Themen beschäftigen die Physiker und Kosmologen schon lange. Aber es gibt auch viele Fortschritte. Auf dem Nuffield-Workshop hatte Frank Wilczek vom Massachusetts Institute of Technology, der 2004 den Physik-Nobelpreis für seine Beiträge zum Standardmodell der Elementarteilchen erhielt, sieben Hauptfragen zusammengestellt. Einige sind inzwischen beantwortet: etwa zu den kosmologischen Kennziffern wie der kritischen Dichte und den Neutrinomassen. Die Lösung der anderen Rätsel, etwa die Natur der Dunklen Materie und Energie, steht dagegen nach wie vor aus oder erscheint heute sogar schwieriger als damals. Dass die Forscher am CTC dazu beitragen können, diese Geheimnisse zu lüften, ist Hawkings Hoffnung, wie er bei der Eröffnung im neu eingerichteten Gemeinschaftsraum sagte.

Der CTC-Startschuss war neben der Feier des Nuffield-Workshop-Jubiläums der zweite Anlass der Konferenz. Eine hochkarätigere Eröffnung hätte sich Hawking kaum wünschen können. Mit Smoot und Wilczek sprachen sogar gleich zwei Nobelpreisträger Grußworte. Im Gemeinschaftsraum, der den Forschern eine behagliche Atmosphäre zu informellen Gesprächen bietet – ganz wichtig für das Brainstorming und die ungezwungene Diskussion und Entwicklung neuer Ideen –, hat Alison Richard, die Vizekanzlerin der Cambridge University, bei der CTC-Einweihung eine Überraschung enthüllt: Eine knapp einen Meter große Hawking-Skulptur. Es ist die letzte Arbeit des englischen Künstlers Ian Walters, der 2006 an Krebs gestorben war.

Losgelöst: Geist im Höhenflug

„Space, here I come", tönte Stephen Hawkings Computerstimme im Mai 2007. Damals startete er an Bord einer modifizierten Boeing 727 vom Kennedy Space Center in Florida. In einer Höhe zwischen 2400 und 3400 Meter flog das Flugzeug acht Parabeln, bei denen im freien Fall, wie es schon Einstein erklärt hatte, knapp 30 Sekunden Schwerelosigkeit herrschte (was mit fast der doppelten Schwerkraft davor und danach „bezahlt" werden musste). „It was amazing", freute sich Hawking anschließend über diese Art von Raumfahrt des kleinen Mannes.

Aber es war nicht nur das grandiose Erlebnis der Schwerelosigkeit. (Der Autor weiß, wovon er schreibt, hat er doch mit

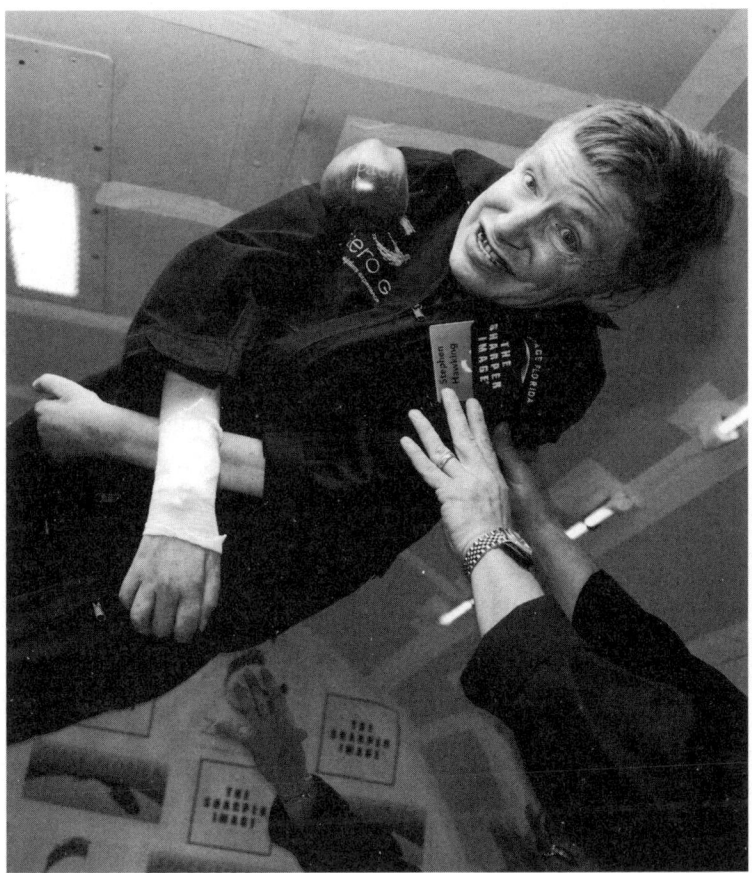

Freier Geist: *Nach Jahrzehnten im Rollstuhl genoss Stephen Hawking am 26. April 2007 acht Parabelflüge mit jeweils 30 Sekunden Schwerelosigkeit. In wenigen Jahren möchte er sogar Weltraumtourist werden. Denn im All sieht er langfristig die Zukunft der Menschheit. (Auch Newtons Apfel schwebte frei.)*

62 22-Sekunden-Parabeln bei Kampagnen der Europäischen Raumfahrtagentur ESA und des Deutschen Zentrums für Luft- und Raumfahrt DLR die sehr erträgliche Leichtigkeit des Seins ebenfalls genossen und war dabei mit über 20 Minuten sogar

länger schwerelos als der erste amerikanische Astronaut.) Für ein paar Sekunden war Hawking von einem immobilen Leben erlöst.

„Ich war fast vier Jahrzehnte lang an den Rollstuhl gefesselt. Und die Chance, frei in der Schwerelosigkeit zu schweben, wird wundervoll sein", sagte er vor dem Flug, den ihm die Firma Virgin Galactic gesponsert hatte. Mit Suborbitalflügen will diese demnächst das Geschäft mit dem Weltraumtourismus beginnen – und ein über 100 Kilometer hoher vorgesehener „Hüpfer" würde die Passagiere für zunächst 200.000 Dollar definitionsgemäß in den Weltraum bringen.

Doch Hawking, der auch zu einem solchen Flug eingeladen wurde, hatte selbst eine ganz andere „Werbebotschaft": Er betont die Notwendigkeit für den Menschen, den Weltraum zu kolonisieren. Denn nur dies kann langfristig das Überleben der Menschheit gewährleisten. Doch es besteht die Gefahr, wegen irdischer Querelen diesen Schritt, der mit den bemannten Mondlandungen und den Raumstationen begonnen hat, nicht oder zu spät fortzusetzen. „Das Leben auf der Erde hat ein steigendes Risiko, von einer Katastrophe ausgelöscht zu werden – etwa einem plötzlichen Temperaturanstieg, einem Atomkrieg, genetisch modifizierten Viren oder anderen Gefahren", sagte Hawking. „Ich möchte deshalb das öffentliche Interesse am Weltraum unterstützen. Ein Parabelflug ist der erste Schritt."

Besonderheit: Ist Hawking eine Singularität?

Hawking als „Genie" zu bezeichnen, ist längst zur einfallslosen Floskel geworden. Damit kann und muss er leben – zumal es schlimmere Vorurteile gibt. Freilich ist „Genie" oft eine abgedroschene Phrase. Aber das ist nichts Neues. Schon 1931 hatte

Robert Musil in seinem – fast wäre man versucht zu sagen: genialen – Roman *Der Mann ohne Eigenschaften* beschrieben, wie sein Protagonist nach guten Leistungen in der mathematischen Forschung keinen Sinn mehr in dieser enormen Anstrengung des Geistes sah. Denn: „Es hatte damals schon die Zeit begonnen, wo man von Genies des Fußballrasens oder des Boxrings zu sprechen anhub, aber auf mindestens zehn geniale Entdecker, Tenöre oder Schriftsteller entfiel in den Zeitungsberichten noch nicht mehr als höchstens ein genialer Centrehalf oder großer Taktiker des Tennissports." Doch dann erschien „in einem Bericht über einen aufsehenerregenden Rennbahnerfolg" die Formulierung „das geniale Rennpferd", und der Protagonist, der dem heiligen Tier der Kavallerie und dem ganzen Geschwätz darüber entflohen war, „um ein bedeutender Mensch zu werden", musste sich, „nun nach wechselvollen Anstrengungen der Höhe seiner Bestrebungen" näher gekommen zu sein, bitter eingestehen, dass ihn dort oben bereits das Pferd begrüßte, „das ihm zuvorgekommen war". Was zählte da noch die Wissenschaft? Denn man darf, wie Musil schrieb, „nicht unterschätzen, wie viele bedeutende Eigenschaften ins Spiel gesetzt werden, wenn man über eine Hecke springt" – und die berühmten Hürdenpferde machen das vor. „Nun haben aber noch dazu ein Pferd und ein Boxmeister vor einem großen Geist voraus, dass sich ihre Leistung und Bedeutung einwandfrei messen lässt und der Beste unter ihnen auch wirklich als der Beste erkannt wird, und auf diese Weise sind der Sport und die Sachlichkeit verdientermaßen an die Reihe gekommen, die veralteten Begriffe von Genie und menschlicher Größe zu verdrängen."

Musils sarkastischer Spott hat den Genie-Begriff – oder genauer: seine inflationäre Verwendung und somit Entleerung – geradezu abgeschlachtet. Wer davon weiß, wird das Wort kaum mehr benutzen wollen. Und so braucht man es auch

Hawking nicht anzuheften. Zumal sich dieser selbst nicht als Genie fühlt. Trotzdem bleibt die berechtigte Frage: Ist Hawking die absolute Ausnahmeerscheinung, zu der er immer wieder hochstilisiert wird? (Und damit lässt sich ja auch gut Geld verdienen, schließlich müssen die Medien um die Aufmerksamkeit der allenthalben überreizten Konsumenten buhlen.) Die Antwort lautet zugleich ja und nein.

Ja, insofern kein Mensch auf der Welt bekannt ist, der so lange mit dieser schrecklichen Krankheit gelebt hat, zudem kontinuierlich produktiv blieb und intellektuelle Spitzenleistungen erbrachte. Mit rund 200 wissenschaftlichen Publikationen, davon ein signifikanter Anteil als Alleinautor, hat Hawking eine Bibliographie, die umfangreicher ist als die vieler kerngesunder Forscher. In der Scientific Community ist Hawking hoch respektiert – aber kein Halbgott, wie es Medien zuweilen ohne oder wider besseres Wissen darstellen. Und manche Forscher sind auf Hawkings Publicity sogar neidisch.

Und nein, er ist keine Ausnahmeerscheinung, insofern seine Forschungen nicht singulär sind, sondern im Kontext vieler anderer gesehen werden müssen, teilweise auch in Konkurrenz zu diesen. Selbst Isaac Newton, der wohl größte Naturwissenschaftler aller Zeiten, hat betont: „Wenn ich weiter gesehen habe als andere, so deshalb, weil ich auf den Schultern von Riesen stehe." (Und nicht einmal dieses Bonmot hat er selbst erfunden.) „Diese Bemerkung gilt noch mehr für Einstein, der auf den Schultern Newtons stand", ergänzt Hawking. Deshalb lehnt er auch Vergleiche mit Einstein ab, die oft zu lesen sind. „Ich achte nicht darauf, wie mich Journalisten beschreiben. Ich weiß, dass ich Teil eines Medien-Hypes bin. Sie brauchen eine Figur wie Einstein. Aber ein Vergleich mit ihm ist lächerlich. Sie verstehen weder Einsteins Arbeit noch meine."

Hawkings Erkenntnisse wären ohne die Leistungen seiner Kollegen kaum möglich gewesen. Viele Artikel hat er zusammen mit anderen verfasst – zum Urknall beispielsweise mit Roger Penrose, George Ellis und James Hartle, die seit Langem ebenfalls einen „großen Namen" in der Kosmologie haben. Auch beruhen Hawkings Forschungen, wie das in der Physik fast immer der Fall ist, auf den Ergebnissen anderer Wissenschaftler. Selbst die spektakuläre Entdeckung, dass Schwarze Löcher Strahlung abgeben müssen, wäre Hawking 1974 nicht geglückt, hätte er nicht die Überlegungen des israelischen Physikers Jacob Bekenstein gekannt, der zwei Jahre zuvor Schwarzen Löchern eine Entropie zugeschrieben hat, das thermodynamische Maß für Unordnung.

Überhaupt steht Hawking mit vielen Kollegen in regem Gedankenaustausch und ist sehr reisefreudig. Bei der Auswahl seiner Doktoranden und anderen Institutsangehörigen achtet er darauf, dass verschiedene Forschungsgebiete hochkarätig besetzt sind. Das erweitert nicht nur sein Wissen, sondern hilft ihm auch, mehrere Themen gleichzeitig anzugehen. „Es ist nicht gut, sich zu ärgern, wenn man stecken bleibt. Ich denke weiter über die Probleme nach, arbeite aber inzwischen an etwas anderem. Manchmal dauert es Jahre, bis ich die Fortsetzung des Wegs erkenne. Beim Informationsverlust-Paradoxon der Schwarzen Löcher waren es 29."

Nobelpreis:
Warum ihn Hawking nicht bekommt

Dass Stephen Hawking für seine bemerkenswerten Verdienste den Physik-Nobelpreis erhält, ist unwahrscheinlich. Wahrscheinlich weiß er das selbst, sonst würde er nicht so viele Scherze darüber machen. Zwar wurden immer wieder Theoretische Physiker mit der begehrten Medaille ausgezeichnet – früher allerdings häufiger als in den letzten Jahren, man denke nur

an den Preis-Reigen für die Quanten- und Elementarteilchen-
physiker in den 1920er- und 1930er-Jahren. Doch für Kosmologen und Relativitätstheoretiker sieht die Bilanz schlecht aus.
Nicht einmal Einstein wurde dafür geehrt – er erhielt den Preis
1921 für seinen Beitrag zur Quantenphysik. Zwar gab es zwei
Preise für die Entdeckung und Erforschung der Kosmischen
Hintergrundstrahlung – 1978 und 2006 –, doch die Theoretiker, die deren Existenz schon 1948 prognostiziert hatten, gingen leer aus. Ebenso alle Physiker – Hawking ist einer von ihnen –, die in den Siebziger- und Achtzigerjahren die winzigen
Temperaturschwankungen im Nachleuchten des Urknalls korrekt vorausgesagt hatten. Die Fluktuationen wurden 1992 vom
Satelliten COBE (Cosmic Background Explorer) erstmals
gemessen und der leitende Wissenschaftler des Entdecker-
teams, George Smoot, erhielt 2006 die Einladung nach Stock-
holm. Fazit: Das Nobelpreis-Komitee scheint die Theoretische
Kosmologie nicht besonders zu schätzen.

Auch Klaus Mainzer sieht im Mangel an konkreten Beob-
achtungsergebnissen einen Grund für die ablehnende Haltung
Stockholms. „Das scheint mir aber eher ein Grund, über die
altmodische Definition von wissenschaftlicher Entdeckung
nach Alfred Nobel nachzudenken", kritisiert der Augsburger
Wissenschaftstheoretiker. „Von der völlig überholten und an-
tiquierten Fächereinteilung der Nobelpreise, bei der zum Beispiel Mathematik oder Informatik nicht berücksichtigt sind, sei
bei dieser Kritik ganz abgesehen. Jedenfalls ist Einsteins Beitrag, für den er den Nobelpreis erhielt, nicht zu vergleichen mit
seiner genialen Allgemeinen Relativitätstheorie."

Sicherlich wären die Singularitätstheoreme von Hawking
und Penrose preiswürdig. Aber sie lassen sich nicht experimentell bestätigen, zumal sie ja „nur" eine fundamentale Grenze
der Allgemeinen Relativitätstheorie markieren. Und vier Deka-
den nach der Veröffentlichung scheint das Thema ohnehin aus

dem Blickfeld des Komitees geraten zu sein. Auch die jüngeren kosmologischen Arbeiten Hawkings lassen sich in absehbarer Zeit kaum hieb- und stichfest überprüfen. Außerdem gibt es einige andere Forscher, deren Beiträge dann genauso preiswürdig wären. Bleibt allenfalls die Entdeckung der Hawking-Strahlung explodierender Schwarzer Löcher. Ihr Nachweis ist durchaus möglich:

- Winzige Schwarze Löcher sind vielleicht mit dem Urknall entstanden, und ihre Auflösung könnte jetzt mit empfindlichen Gammastrahlen-Observatorien aufgespürt werden. Doch die bisherigen Messungen sprechen dagegen.

- Die Minilöcher könnten auch in Teilchenbeschleunigern erzeugt werden, vielleicht demnächst im Large Hadron Collider bei Genf. Aber dafür wären unwahrscheinliche exotische Zusatzbedingungen nötig: mindestens zwei submillimetergroße Extradimensionen. Andernfalls würde die Energie der Teilchenkollision nicht ausreichen, um daraus ein Miniloch zu erzeugen.

- Ereignishorizonte, die äußeren Grenzen beziehungsweise „Oberflächen" Schwarzer Löcher, mit Hawking-Strahlung lassen sich auch in anderen Medien simulieren: etwa durch Laserstrahlen in optischen Fasern oder durch überschallschnelle Bewegungen im Bose-Einstein-Kondensat, einer ultrakalten Quantenmaterie aus Atomen mit kollektivem Verhalten. Experimente von Ulf Leonhardt, University of St. Andrews, und Computersimulationen von Iacopo Carusotto, Universität Trient, fanden 2008 erste Indizien. Doch selbst im günstigsten Fall wäre die Bestätigung nur indirekt.

„Hawking hat großartige Arbeit geleistet, aber wir sind uns noch nicht sicher, ob sie wirklich in Beziehung zur Natur steht", hat denn auch Anders Barany, Sekretär des Nobel-Komitees, bereits vor einigen Jahren alle Erwartungen gedämpft.

Und als im Jahr 2000 das britische Institute of Physics 250 führende Wissenschaftler nach dem größten Physiker aller Zeiten befragte, erhielt Hawking lediglich zwei Stimmen – Einstein kam mit 119 auf den ersten Platz. Aber das hat nicht viel zu sagen. Würde der Nobelpreis, so groß diese Anerkennung auch wäre, Hawking überhaupt noch viel bringen? Mit Ehrungen wurde er bereits überhäuft. So ernannte ihn 1989 die britische Königin zum Compagnion of Honor (eine der höchsten Auszeichnungen Großbritanniens), und im selben Jahr verlieh ihm Prinz Philip, der Rektor der Cambridge University, die Ehrendoktorwürde seiner eigenen Fakultät. Auch eine große Zahl wissenschaftlicher Preise erhielt Hawking. Darunter ist der Wolf-Preis, den er 1988 zusammen mit Roger Penrose erhielt, die wohl angesehenste Auszeichnung für einen Physiker nach dem Nobelpreis – und oft dessen Vorstufe.

Teil II

Kosmische Zeit

Der Mensch ist untrennbar mit der gesamten Wirklichkeit verwoben, der erkannten und der unerkennbaren. Plankton, eine schimmernde Phosphoreszenz im Meer und die sich drehenden Planeten und das expandierende Universum, sie alle sind durch das elastische Band der Zeit miteinander verknüpft. Es ist ratsam, von den Tümpeln der Gezeiten zu den Sternen zu blicken und dann wieder zu den Tümpeln der Gezeiten.

John Steinbeck (1902–1968),
amerikanischer Schriftsteller

Das größte Abenteuer

„Wir haben das Glück, in einem Zeitalter zu leben, in dem noch immer Entdeckungen gemacht werden. Es ist wie mit der Entdeckung Amerikas – man kann es nur einmal entdecken. Das Zeitalter, in dem wir leben, ist das Zeitalter, in dem wir die fundamentalen Naturgesetze entdecken." Stephen Hawking zitiert diese Worte gern, weil er völlig mit ihnen übereinstimmt. Der Quantenphysiker Richard Feynman hat sie schon 1965 gesagt – das Jahr, in dem er den Physik-Nobelpreis erhielt –, aber sie haben nichts an Aktualität verloren. Hawking, der 1974/75 ein Forschungsjahr am California Institute of Technology im kalifornischen Pasadena verbrachte, hatte dort oft mit Feynman diskutiert. Und dessen sogenannte Pfadintegral-Methode in der Quantenphysik sollte sich einige Jahre später als essenziell für Hawkings kosmologische Arbeiten erweisen.

„Wir leben in einem seltsamen und wunderbaren Universum. Um es in seinem Alter, seiner Größe, seiner Kraftentfaltung und seiner Schönheit zu würdigen, bedarf es einer außerordentlichen Vorstellungskraft", begann Hawking sein Buch *Die kürzeste Geschichte der Zeit*. Diese Vorstellungskraft wird von den Entwicklungen der modernen Kosmologie und Physik aufs Äußerste beansprucht, ja überstrapaziert. Schon die Größe und das Alter des beobachtbaren Universums sprengen jeden Maßstab des Alltagsverstands – auch der Astronomen. Diese können zwar mit „astronomischen Zahlen" rechnen und jonglieren, das erfordert ja ihr Beruf, aber die kosmischen Ausmaße wirklich zu begreifen, das übersteigt ihr Fassungsvermögen. Und dabei sehen wir selbst beim Blick mit den leistungsfähigsten Teleskopen bis an den Rand des beobachtbaren Weltraums nur einen winzigen Ausschnitt des Universums, in dem wir leben. Und wahrscheinlich ist dieses Universum – womöglich unendlich groß – nur eines unter Myriaden.

Umso erstaunlicher, vielleicht sogar anmaßend, erscheint es, dass einige kleine Kohlenwasserstoff-Aggregate auf der Kruste einer Felskugel, die um einen mittelprächtigen Stern kreist, der sich durch einen entlegenen Winkel einer spiralförmigen Zusammenballung aus Gas und Sternen in einer großen Leere bewegt, diesen gewaltigen Kosmos auszuloten und sogar zu erklären versuchen. Dabei machen diese Kohlenwasserstoff-Aggregate, die sich Menschen nennen, subtile Messungen, die ihre natürlichen Sinne weit übertreffen. Und sie denken sich Theorien aus, die den Kleinmut und -geist, der auf ihrem bunten Planeten herrscht, sowie die kindischen Märchen, die allzu oft der Angst, der Sehnsucht oder dem Machtwillen geschuldet sind, weit hinter sich zurücklassen. Diese kühnen Konstruktionen, nicht selten selbst Verzweiflungstaten eines nach Ordnung strebenden Denkens, führen häufig in die Irre. Aber sie sind kein bloßes Glasperlenspiel oder ein beliebiges Geschwätz, denn sie müssen sich am Universum selbst bewähren. Darin besteht auch der Triumph der wissenschaftlichen Rationalität: nicht blindlings den Dogmen und Ideologien zu folgen, sondern in beständiger kritischer Reflektion das Wechselspiel von Erfahrung und Hypothesen voranzutreiben und aus den Fehlern zu lernen.

Dieser Gegensatz von der Winzigkeit im Kosmos und der Größe des Anspruchs, diesen zu durchschauen, hat auch Murray Gell-Mann fasziniert, der für seine Arbeiten zum heutigen Standardmodell der Materie mit dem Physik-Nobelpreis ausgezeichnet wurde. „Die Suche nach dem Geheimnis des Universums, wie es funktioniert und entstand, ist das längste und größte Abenteuer in der Geschichte der Menschheit", meint er. „Es ist kaum zu fassen, dass sich ein paar Bewohner eines kleinen Planeten, der einen unbedeutenden Stern in einer kleinen Galaxie umkreist, vorgenommen haben, das gesamte Universum vollständig zu verstehen. Da glaubt ein winziges Körnchen der Schöpfung wirklich und wahrhaftig, es sei fähig, das Ganze zu begreifen."

Die kosmische Vertreibung

Die menschliche Kulturgeschichte kann ohne Übertreibung als eine der kosmischen Vertreibung gelesen werden. Der Mythos von der Vertreibung aus dem Paradies ist ein früher und besonders charakteristischer Prototyp für alles, was dann kam. Er drückt auch die ersehnte und nun verloren gewähnte Geborgenheit und Einheit aus, die der Mensch in teilweise aberwitzigen intellektuellen Verrenkungen und irrationalen Glaubenssystemen herbeizubeschwören versucht hat und immer noch versucht.

Die kosmologische Variante des Einheitsverlusts, von dem Psychoanalytiker Sigmund Freud sogar als die erste große Kränkung der Menschheit bezeichnet, ist das Ende des Geozentrismus – der freilich mitunter bloß Ausdruck und Folge eines anthropozentrischen Mittelpunktswahns war. Die Vorstellung von Paralleluniversen, die mittlerweile ernsthaft diskutiert wird, ist gleichsam das äußerste Ende dieser Vertreibung und der Relativierung der menschlichen Stellung im All. Doch was dem Größenwahn als Demütigung vorkommen muss, ist auch eine Erfolgsgeschichte der Wissenschaft – ein Zeugnis der menschlichen Horizonterweiterung von der engen Perspektive der terrestrischen Wälder und Savannen bis zum Einblick in ein sich immer schneller ausdehnendes, womöglich unendlich großes Universum. Insofern sind die Spekulationen über andere Universen gleichsam Höhe- und Schlusspunkt der Entwicklung eines kühnen Denkens und Naturverständnisses, das die Fesseln einer notwendigerweise provinziellen Herkunft zu sprengen vermocht hat.

Gott wird obdachlos

Das geozentrische Weltbild, wonach die Erde im Mittelpunkt
des Weltalls steht, ist uralt – aber selbst eine intellektuelle Er-
rungenschaft, setzt sie doch bereits ein gewisses Verständnis
voraus, um sich vorzustellen, dass die Erde nicht alles, sondern
eine Einheit ist, eine Welt für sich inmitten anderer. Es war der
Philosoph Anaximander, der im 6. Jahrhundert v. Chr., vor
über 2500 Jahren behauptete, die Erde ruhe nicht auf etwas,
sondern schwebe frei. Anaximander kam wie sein Lehrer
Thales aus Milet, einer Stadt an der Westküste Kleinasiens in
der heutigen Türkei. Sie gilt als Geburtsstätte der Wissenschaft.
Dort begann Thales, der erste bekannte abendländische Philosoph, sich von den Weltdeutungen der Mythologien zu lösen
und nach rationalen Erklärungen zu suchen. Die Erde sei eine
Kugel, um die der Mond kreist, lehrten später Pythagoras und
Parmenides. Und der Mond leuchte nicht selbst, sondern re-
flektiere das Licht der Sonne, ergänzte Anaxagoras, der sie für
einen riesigen glühenden Stein hielt. Diese (und viele andere)
Gedanken machten die sogenannten vorsokratischen Philosophen zu echten Naturphilosophen, die die Natur der Dinge
nicht durch überweltlichen Hokuspokus oder allerhand Gott-
heiten zu erklären versuchten und insofern als Vorläufer der
modernen Naturwissenschaft gelten können.

Dass die Erde der Mittelpunkt des Alls sei, haben bereits
Eudoxos von Knidos und Apollonios von Perge im 4. und 3. Jahrhundert v. Chr. gelehrt. Im mathematisch ausgearbeiteten
Weltmodell von Claudius Ptolemäus (vor 140 v. Chr.) fand das
geozentrische Weltbild dann seinen endgültigen und über tausend Jahre bestehenden Niederschlag. Dabei hatte schon Aristarch von Samos im 3. Jahrhundert v. Chr. behauptet, nicht die
Erde, sondern die Sonne stünde im Mittelpunkt des Universums. Er war es auch, der sich erstmals an kosmische Entfer-

nungsbestimmungen wagte und schätzte, dass die Sonne zwanzig Mal so weit entfernt sei wie der Mond und sechs bis sieben Mal so groß sei wie die Erde. (Tatsächlich ist sie knapp vierhundertmal so weit weg und mehr als hundertmal so groß.)

Doch erst in den Jahren 1514 und 1543 wurde mit den Schriften von Nikolaus Kopernikus, der Aristarch würdigte, das heliozentrische Weltbild ein ernsthafter Konkurrent zum irdischen Mittelpunktsglaube. Und mit Johannes Keplers Erkenntnis von 1609, dass die Planeten nicht auf Kreis-, sondern Ellipsenbahnen die Sonne umrunden, war auch die mathematische Beschreibung exakt erfolgreich. Damit wurden die kristallenen Sphären, die – in der auf Aristoteles zurückgehenden Vorstellung – als Ort der Planetenbahnen die Erde kugelschalenförmig umgaben, gleichsam zerschlagen, und die Erde taumelte ruhelos durchs All.

Was zunächst bloß als besseres Rechenmodell gedacht war, setzte sich allmählich und trotz heftiger kirchlicher Widerstände als das angemessenere Weltmodell durch. Die kosmische Vertreibung hatte nicht nur weitreichende anthropologische, sondern auch theologische Konsequenzen: Sie betraf nicht nur den Menschen, sondern auch den Gott, den er sich ersonnen hatte – galt die ruhende Erde bis dahin doch als Fußschemel Gottes. Weil Gott Aristoteles zufolge sein eigentliches Heim hinter der äußersten Kristallsphäre hatte, der Fixsternsphäre, wurde er nun gleichsam obdachlos.

(Selbstverständlich ist religiöser Glaube keineswegs an solche Vorstellungen gebunden, und später wurde von Theologen sogar argumentiert, wenn auch selten, dass die Annahme einer Vielzahl der Welten weitaus besser zur unbeschränkten Allmacht des Schöpfers passe. Und der Kardinal Nikolaus von Kues hatte in seiner Schrift *De docta ignorantia* schon 1440 behauptet: „Das Universum ist eine ‚Kugel‘, deren Mittelpunkt überall und deren Umkreis nirgends ist." Das könnte man fast als eine ahnende Vorwegnahme eines nichteuklidischen, gekrümmten Raums mit sphärischer Metrik ansehen, wie er in der modernen Kosmologie seit Einsteins Weltmodell eines finiten Universums von 1917 nach wie vor diskutiert wird.)

Inseln im Leeren

Dass die Sterne nicht auf einer Kugelschale verteilt sind, hat 1632 erstmals Galileo Galilei nachgewiesen. Aber schon viel früher besaßen vorsokratische Philosophen die gedankliche Kühnheit, ein unendliches Weltall anzunehmen – in dem sich dann eigentlich auch die Frage erübrigte, ob die Erde oder die Sonne im Mittelpunkt stünden. Es waren die Atomisten Leukipp und Demokrit im 5. und 4. Jahrhundert v. Chr., die behaupteten, die Materie ließe sich nicht beliebig klein zerteilen. Ihnen zufolge „gibt es nur die Atome und das Leere" – die verschiedenen Atomsorten fallen gleichsam durch den unendlichen leeren Raum und verbinden sich mal hier, mal dort zu größeren Objekten, und überall sind es die gleichen Arten von Atomen mit dem gleichem Verhalten. Diese Grundannahmen, später von Epikur und seinen Schülern geteilt, standen in direkter Opposition zur Auffassung des Aristoteles, wonach unsere Welt einzigartig sein muss und es keine andere geben kann. Und noch 1584 sorgte der italienische Theologe und Philosoph Giordano Bruno (der nach sieben Jahren Kerkerhaft am 17. Februar 1600 auf dem Scheiterhaufen der Inquisition in Rom verbrannt wurde) für einen großen Skandal, als er behauptete, es gäbe unendlich viele Sterne und auch andere seien belebt.

Philosophische Behauptungen und Spekulationen sind das eine, naturwissenschaftliche Indizien etwas anderes. Ob der Weltraum wirklich unendlich ist, wird man wohl niemals sicher wissen und schon gar nicht beobachten – denn das Licht braucht Zeit, und nach dem heutigen Kenntnisstand kann man nicht weiter als 46 Milliarden Lichtjahre ins All hinaus blicken. (Ein Lichtjahr ist die Strecke, die das knapp 300.000 Kilometer pro Sekunde schnelle Licht in einem Jahr im Vakuum zurücklegt: 9,46 Billionen Kilometer, die 63.240-fache Entfernung der Erde von der Sonne.) Vielleicht wird es eines Tages aber eine physikalische Fundamentaltheorie geben, die verrät, ob das Universum unendlich ist oder nicht – und ob andere Universen existieren. Dass der Weltraum sehr groß ist, haben Astronomen jedenfalls in den letzten Jahrhunderten nach anfänglich frustrierenden Messungen hinreichend deutlich demonstriert.

Dass die Sonne nur ein Stern unter vielen ist, geht als Idee auch wieder auf die Vorsokratiker Leukipp, Demokrit und Pythagoras zurück. Denn sie glaubten, die Milchstraße bestünde aus Sternen – was Galileo Galilei mit seinem Fernrohr im Jahr 1609 dann tatsächlich sehen konnte. Wie weit die Sterne entfernt sind, wurde aber nach vielen mühsamen Anstrengungen erst 1838 klar, als es Friedrich Wilhelm Bessel im ostpreußischen Königsberg mit 3000 einzelnen Beobachtungen gelang, die Parallaxe eines Sterns zu messen – also eine scheinbare Positionsveränderung am Himmel bedingt durch die Bewegung der Erde um die Sonne, welche in einem halben Jahr eine um 300 Millionen Kilometer verschobene „Perspektive" zur Folge hat. Bessel errechnete, damals, dass der Stern 61 Cygni im Sternbild Schwan 10,2 Lichtjahre entfernt ist (ein gutes Ergebnis, tatsächlich sind es 11,3). Damit war erwiesen: Unsere Sonne ist nur ein Stern unter vielen. Tatsächlich gibt es allein in unserer Milchstraße über 100 Milliarden davon – etwa so viele wie Nervenzellen im menschlichen Gehirn, das sowohl diese Sterne, als auch sich selbst zu ergründen versucht.

Dass die Milchstraße eine gigantische Scheibe aus Sternen sei, hat der nach England ausgewanderte Astronom Friedrich

Wilhelm Herschel schon 1785 aus seinen Beobachtungen geschlossen. Und dass viele unscheinbare Lichtfleckchen am
Himmel andere Galaxien seien, hatte bereits 1755 der Königsberger Philosoph Immanuel Kant vermutet. Doch noch 1920
fand in Washington „die Große Debatte" zwischen den amerikanischen Astronomen Harlow Shapley und Heber Curtis
statt. Streitpunkt war, ob unsere Milchstraße im Universum
dominiert und womöglich das einzige Sternsystem ist („Big
Galaxy"-Hypothese) oder aber nur eine Weltinsel unter unzähligen bildet („Island Universe"-Hypothese). Diese Kontroverse
hielt nicht lange an: 1924 gelang es Edwin Powell Hubble vom
Mount Wilson Observatory und anderen, den Andromeda-Nebel in einzelne Sterne aufzulösen und seine ungefähre Entfernung zu bestimmen. In den 1950er-Jahren verbesserte Walter
Baade die Methoden der kosmischen Entfernungsbestimmung
so weit, dass alle Zweifel an einem Milliarden Lichtjahre großen Universum verstummten.

Damit war auch klar, dass das Universum aus Myriaden von
Galaxien besteht. Und ebenso wenig wie die Erde oder die Sonne das Zentrum des Universums ist, steht unsere Galaxis im
Mittelpunkt oder ist außergewöhnlich. Allein im beobachtbaren, das heißt den Teleskopen zugänglichen Bereich des Weltalls gibt es ungefähr so viele Galaxien wie Sterne in der Milchstraße. Sie sind nicht gleichförmig verteilt, sondern bilden
Gruppen und Haufen aus Dutzenden bis Hunderten von Mit-
gliedern. Und diese Ansammlungen schließen sich zu noch
größeren Strukturen zusammen: Superhaufen von Galaxien.
Im großen Maßstab gleicht das Weltall einem Seifenblasen-
schaum. Dabei bilden die Superhaufen aus Zehntausenden
von Galaxien die Seifenhäute, die typischerweise 40 bis 400
Millionen Lichtjahre große Leerräume umschließen, in denen
fast keine Materie existiert. Diese Leeräume machen etwa
95 Prozent des Gesamtvolumens aus. Die Galaxien sind also

wirklich nur kleine leuchtende Inselchen im unermesslichen Ozean der Leere. Einen Mittelpunkt des Universums gibt es nicht.

Große Welt und kleiner Geist

Die kosmischen Größenverhältnisse sind für unseren Alltagsverstand nicht fassbar – und die intergalaktischen, ja sogar interstellaren Distanzen, die in Science-Fiction-Romanen und -Filmen so leicht und hurtig überbrückt werden, sprengen, wenn man ernsthaft darüber nachdenkt, unsere Vorstellungskraft völlig.

Daran würde sich wenig ändern, wenn man das Weltall um den Faktor eine Milliarde verkleinern könnte. Dann wäre die Erde eine ein Zentimeter große Erbse, die in 150 Meter Abstand einen knapp eineinhalb Meter großen Wasserball umkreist, die Sonne. Der Zwergplanet Pluto wäre ein sechs Kilometer entferntes Sandkorn. Der nächste Stern würde mit einer Distanz von 40.000 Kilometern die Anschaulichkeit dieses Maßstabs schon wieder sprengen. Und der Durchmesser der Milchstraße wäre in dieser Miniaturwelt bereits so groß, eine Milliarde Kilometer, dass das Licht eine Stunde vom einen Ende zum anderen bräuchte. Zum Vergleich: In der wirklichen Welt benötigt es eine Sekunde vom Mond zur Erde und gut acht Minuten von der Sonne. Das beobachtbare Universum, das fast 100 Milliarden Lichtjahre groß ist, hätte auch in der milliardenfach verkleinerten Spielzeugwelt einen Durchmesser von mehr als der zwanzigfachen Entfernung der Sonne zu ihrem Nachbarstern Proxima Centauri.

Die Erde als Staubkorn in dieser kosmischen Unermesslichkeit zu bezeichnen, wäre also eine ziemliche Übertreibung. Angesichts dieser Größenverhältnisse verwundert es, wie wichtig die Menschen ihr Besitz- und Machtstreben und all die anderen Kleinigkeiten auf der Erde nehmen und sich deshalb nicht selten bis aufs Blut bekämpfen.

Raumschiff Erde

„Heimat. Das war die Erde. Von dort kamen die Menschen her", heißt es in dem Roman *Contact*, den der amerikanische Astronom und Wissenschaftspopularisierer Carl Sagan 1985 veröffentlicht hat, der auch das Vorwort zur Erstauflage von *Eine kurze Geschichte der Zeit* verfasste. Erst die Raumfahrt hat uns den Blick auf und für die Erde als Heimatplanet geöffnet. Mit Satelliten sowie aus Orbitalschiffen und -stationen wurde seine Schönheit, Vielgestaltigkeit und Fragilität offenkundig – und inzwischen zeigt sich auch immer deutlicher, wie der Mensch ihn verändert und malträtiert, als sei er eine planetarische Hautkrankheit.

Vor allem die Apollo-Flüge zum Mond waren es, die das Bewusstsein für den Blauen Planeten schärften – eine glänzende Murmel im tiefschwarzen All. Mit der Daumenkuppe des ausgestreckten Arms lässt sich dieser „third stone from the sun" (Jimi Hendrix), der dritte Stein der Sonne, vollständig abdecken, wenn man ihn – wie bislang lediglich zwölf Männer zwischen 1969 und 1972 es konnten – von der staubigen Oberfläche seines kraternarbigen Trabanten aus betrachtet. Bei noch größerer Entfernung ist der „pale blue dot" (Carl Sagan), das blassblaue Pünktchen, ein fahl schimmerndes Gestirn unter Myriaden von anderen. Diese Perspektive haben erst Raumsonden ein- und aufgenommen, die zu den äußeren Planeten im Sonnensystem reisten.

Die Erde ist ein Leben spendendes Raumschiff, das mit 29,78 Kilometer pro Sekunde (107.200 Kilometer pro Stunde!)

um die Sonne rast, mit dieser beim über 220 Millionen Jahre dauernden Umlauf um das Zentrum der Milchstraße mit knapp 220 Kilometer pro Sekunde in Richtung eines Punkts südwestlich der Wega im Sternbild Leier zustrebt, mitsamt der Milchstraße und ihren Nachbargalaxien mit rund 600 Kilometer pro Sekunde in Richtung des Großen Attraktors gezogen wird, eines 200 Millionen Lichtjahre entfernten gewaltigen Galaxiensuperhaufens in den Sternbildern Wasserschlange und Zentaur, und sich relativ zur Kosmischen Hintergrundstrahlung, dem „Restleuchten des Urknalls", mit 390 Kilometer pro Sekunde in Richtung Sternbild Löwe bewegt – das alles eingebettet in die seit dem Urknall anhaltende und sich inzwischen sogar beschleunigende kosmische Expansion, die Ausdehnung des Weltraums.

Diese kosmische Dynamik hat, wie die Größenverhältnisse im All und die Vertreibung aus dem vermeintlichen Nabel der Welt, auch eine existenzielle Dimension. „Seit Kopernikus scheint der Mensch auf eine schiefe Ebene geraten", heißt es in *Also sprach Zarathustra* von Friedrich Nietzsche, „er rollt immer schneller nunmehr aus dem Mittelpunkt weg, wohin, ins Nichts, ins durchbohrende Gefühl seines Nichts?"

Gefangen zwischen Unendlichkeiten

„Was taten wir, als wir diese Erde von ihrer Sonne losketteten? Wohin bewegt sie sich nun? Wohin bewegen wir uns? Fort von allen Sonnen? Stürzen wir nicht fortwährend? Und rückwärts, seitwärts, vorwärts, nach allen Seiten? Gibt es noch ein Oben und ein Unten? Irren wir nicht wie durch ein unendliches Nichts? Haucht uns nicht der leere Raum an? Ist es nicht kälter geworden? Kommt nicht immerfort die Nacht und mehr Nacht?" Auch diese Worte stammen von dem Philosophen

Friedrich Nietzsche (aus *Die fröhliche Wissenschaft* von 1882), der damit die radikale Veränderung des Weltbilds in poetischer Wucht zum Ausdruck gebracht hat.

Schon Blaise Pascal hat die existenzielle Dimension der kosmischen Horizonterweiterung klar erkannt: „Ringsum sehe ich nichts als Unendlichkeiten, die mich wie ein Atom, wie einen Schatten umschließen, der nur einen Augenblick dauert ohne Wiederkehr", schrieb der französische Philosoph und Mathematiker in seinen *Gedanken* bereits um 1669. „Bedenke ich die kurze Dauer meines Lebens, aufgezehrt von der Ewigkeit vorher und nachher; bedenke ich das bisschen Raum, den ich einnehme, und selbst den, den ich sehe, verschlungen von der unendlichen Weite der Räume, von denen ich nichts weiß und die von mir nichts wissen, dann erschaudere ich und staune, dass ich hier und nicht dort bin; keinen Grund gibt es, weshalb ich grade hier und nicht dort bin, weshalb jetzt und nicht dann." Und weiter: „Die ganze sichtbare Welt ist nur ein unmerklicher Zug in der weiten Höhlung des Alls. Keinerlei Begreifen kommt ihr nahe. Wir können unsere Vorstellungen von ihr aufblähen über die letzt denkbaren Räume hinaus, was wir zeugen, sind, verglichen mit der Wirklichkeit der Dinge, Winzigkeiten. [...] was ist zum Schluss der Mensch in der Natur? Ein Nichts vor dem Unendlichen, ein All gegenüber dem Nichts, eine Mitte zwischen Nichts und All. [...] er ist gleich unfähig, das Nichts zu fassen, aus dem er gehoben, wie das Unendliche, das ihn verschlingt."

Die gigantischen Größenordnungen der modernen Kosmologie mögen mit Unglauben, Verstörung oder Melancholie aufgenommen werden. Aber sie haben noch eine weitere Facette, die man begrüßen sollte: Denn aus Bescheid wissen kann Bescheidenheit erwachsen, und nicht nur angesichts der Ewigkeit, sondern konkreter auch angesichts der kosmischen Winzigkeit unseres Planeten müssten selbst die größten Egomanen und Ideologen erkennen, würden sie (es) denn erkennen, dass die Erde „viel zu klein ist, um sich auf ihr oder um sie zu streiten" (Clark Darlton), und dass wir alle Terraner sind – Erdlinge (was weniger großspurig klingt als Weltbürger oder Kosmopoliten, ohne dem zu widersprechen).

Auch dies kann sich aber ändern: Vielleicht werden Menschen ihre engere kosmische Heimat verlassen – so wie sie ihr Dorf, ihr Land, ihren Kontinent verlassen – und sich zu anderen Welten aufmachen (zunächst zu Mond und Mars), zu anderen Sternen und womöglich darüber hinaus. Denn die Erde ist die Wiege der Menschheit – doch wer will ewig in der Wiege bleiben?

Zigeuner am Rand des Universums

„Das Universum ist ein großer Ort, vielleicht der größte", scherzte der amerikanische Science-Fiction-Autor Kurt Vonnegut. Die moderne Kosmologie hat gezeigt, dass diese Ansicht womöglich provinziell und antiquiert ist, und dass die Wissenschaft die Science-Fiction zuweilen überholt. Das hat Konsequenzen nicht nur für unser Welt-, sondern auch für unser Selbstverständnis.

Dass die Welt für den Menschen da sei, war in Antike und Neuzeit ein weit verbreiteter Gedanke (etwa bei Aristoteles, Cicero, Laktanz, Origines, Francesco Petrarca und Giovanni Pico della Mirandola, um nur einige zu nennen). „Denn Zweck der Welt und jeglichen Geschöpfs ist der Mensch", war auch Johannes Kepler überzeugt. Und selbst der Kopernikaner Galileo Galilei glaubte, „dass ein ungeheurer sternenleerer Raum zwischen den Planetenbahnen unnütz und zwecklos sei und müßig, dass es überflüssig sei, eine unermessliche, alle Fassungsgabe übersteigende Größe den Fixsternen als Behausung zuzuweisen." Und weiter: „Nicht aber dürfen wir zugeben, dass irgend etwas umsonst geschaffen und müßig im Weltall sei."

Der aus Frankreich nach Holland geflohene Philosoph René Descartes dagegen mahnte, wir hätten „uns davor zu hüten, dass wir uns selbst überschätzen". Dies sei der Fall, „wenn wir annehmen, alle Dinge sind bloß unseretwegen [...] geschaffen. Der französische Essayist Michel de Montaigne dachte ähnlich: „Wer hat ihm [dem Menschen] in den Kopf gesetzt, dass dieser bewundernswürdige Reigen des Himmelsgewölbes [...] zu seiner Annehmlichkeit und zu seinen Diensten geschaffen und so viele Jahrhunderte in Gang gehalten wurde? Lässt sich etwas Lächerlicheres ausdenken, als wenn dieses elende und erbärmliche Geschöpf [...] sich für den Meister des Alls ausgibt, von dem auch nur den geringsten Teil zu überschauen, geschweige denn zu beherrschen, nicht in seiner Macht steht?" Und der englische Dichter Alexander Pope brachte es auf den Punkt: „Frag, wozu scheinen Himmelssterne hier? Wem dient die Erde? Hochmut sagt: Nur mir."

Nachdem rationale Menschen die kosmische Vertreibung zu akzeptieren lernten, wurde die Hoffnung auf eine Sonderstellung des Menschen trotzdem nicht aufgegeben, sondern woanders gesucht – im Geist des Menschen. Keiner hat dies klarer formuliert als Blaise Pascal, nachdem er zuvor die raumzeitliche Nichtigkeit des Menschen diagnostizieren musste. „Das Denken macht die Größe des Menschen. [...] Die ganze Würde des Menschen liegt im Denken", schrieb Pascal und formulierte sein berühmtes Schilfrohr-Gleichnis: „Nur ein Schilfrohr, das zerbrechlichste in der Welt, ist der Mensch, aber ein Schilfrohr, das denkt. Nicht ist es nötig, dass sich das All wappne, um ihn zu vernichten: ein Windhauch, ein Wassertropfen reichen hin, um ihn zu töten. Aber, wenn das All ihn vernichten würde, so wäre der Mensch doch edler als das, was ihn zerstört, denn er weiß, dass er stirbt, und er kennt die Übermacht des Weltalls über ihn; das Weltall aber weiß nichts davon. [...] Nicht im Raum habe ich meine Würde zu suchen, sondern in der Ordnung meines Denkens [...]. Durch den Raum erfasst mich das Weltall und verschlingt mich wie einen Punkt, durch das Denken erfasse ich es."

Die im Denken, Selbstbewusstsein, in der Vernunft oder gar als unsterblich erhofften Seele begründete angebliche Sonderstellung des Menschen hat sich bis in die Gegenwart gehalten und war beispielsweise auch dem Philosophen Max Scheler in seiner berühmten Schrift *Die Stellung des Menschen im Kosmos* (1928) das Gütesiegel unserer Existenz – obwohl er ganz richtig diagnostizierte, „dass zu keiner Zeit in der Geschichte der Mensch sich so *problematisch* geworden ist wie in der Gegenwart".

Die Zersplitterung von Welt und Subjekt hat ein Ausmaß erreicht, wie es nie zuvor der Fall war. Denn früher herrschten in aller Regel überschaubarere und konstantere Lebensbedingungen, was Umfeld und eigene Stellung betrifft. Ferner verstand man sich eingebunden in eine göttliche Ordnung; wenigstens von diesem Gesichtspunkt aus blieb die Welt sinnvoll und das Absurde unbekannt. Industrialisierung, Technisierung, Kollektivierung, Normierungen und die geistesgeschichtlichen Umwälzungen änderten dies radikal, die evolutionsbiologische und neurowissenschaftliche Uminterpretierung des klassischen Menschenbilds kam hinzu, und der erkenntnistheoretische Skeptizismus erschütterte die metaphysischen Himmelsgedankenpaläste.

Gott starb, wie Nietzsche schrieb, und man begann den leeren Himmel über sich zu erahnen. Das fand später seinen Ausdruck in der Metapher vom Menschen als „Zigeuner am Rande des Universums" (was selbstverständlich nicht als Kosmogeographie zu lesen ist, denn so wenig das Universum ei-

nen Mittelpunkt hat, so wenig gibt es einen Rand). So formulierte es der Molekularbiologe und Physiologie-Nobelpreisträger
Jaques Monod in seinem Buch *Zufall und Notwendigkeit* (1970),
in dem auch die „totale Verlassenheit" und „radikale Fremd-
heit" des Menschen konstatiert wird. „Der Alte Bund ist zerbrochen; der Mensch weiß endlich, dass er in der teilnahmslosen
Unermesslichkeit des Universums allein ist, aus dem er zufällig hervortrat. Nicht nur sein Los, auch seine Pflicht steht nirgendwo geschrieben."

Da verwundert es nicht, dass Monod seinem Buch ein Zitat
des *Mythos von Sisyphos* (1942) vorangestellt hat. In diesem
Essay schrieb der französische Schriftsteller und Philosoph
Albert Camus: „In einem Universum, das plötzlich der Illusionen und des Lichts beraubt ist, fühlt der Mensch sich fremd.
Aus diesem Verstoßen-Sein gibt es für ihn kein Entrinnen,
weil er der Erinnerungen an seine verlorene Heimat oder der
Hoffnung auf sein gelobtes Land beraubt ist. Dieser Zwiespalt
zwischen dem Menschen und seinem Leben, zwischen dem
Schauspieler und seinem Hintergrund ist eigentlich das Ge-
fühl der Absurdität."

Nichtigkeit, nicht Wichtigkeit

„Unendlichkeit, Gleichgültigkeit und Schweigsamkeit der kosmischen Weiten rufen zusammen einen ‚horror vacui' hervor
und lassen das beklemmende Gefühl der Weltangst entstehen", konstatierte der Philosoph Franz Josef Wetz in seinem
Buch *Die Kunst der Resignation* (2000). „Das Gefühl der Weltangst und die Erfahrung der Weltvergeblichkeit gehen demnach von einer gegensätzlichen Einschätzung des Menschen
aus: dort erfährt er sich als kosmische Nichtigkeit, hier versteift
er sich auf seine kosmische Wichtigkeit, eine Mittelpunktstel-

lung, und erfährt gerade deshalb den unermesslichen Weltraum als unwichtig, überflüssig, vergeblich."

Die Astronomie und Kosmologie mag zu diesem für viele betrüblichen Weltbild beigetragen haben, auch wenn eine Bescheidenheit aus Bescheid-wissen dem Menschen gar nicht so schlecht bekäme. „Die Vorstellung, dass wir ein besonderes Verhältnis zum Universum haben, dass unser Dasein nicht bloß eine Farce ist, die sich aus einer mit den ersten drei Minuten beginnenden Kette von Zufällen ergab, sondern dass wir irgendwie von Anfang an vorgesehen waren – dieser Vorstellung vermögen wir Menschen uns kaum zu entziehen", schrieb der Kosmologe und Physik-Nobelpreisträger Steven Weinberg 1977 am Ende seines berühmten Sachbuchs *Die ersten drei Minuten*. „Je begreiflicher uns das Universum wird, umso sinnloser erscheint es auch." Damit lässt es Weinberg aber nicht bewenden. Und in gewisser Weise kehrt Pascals Schilfrohr-Gleichnis wieder, wenn auch auf einer bescheideneren und gerade deshalb tragfähigeren Basis. Weinberg: „Doch wenn die Früchte unserer Forschung uns keinen Trost spenden, finden wir zumindest eine gewisse Ermutigung in der Forschung selbst. Die Menschen sind nicht bereit, sich von Erzählungen über Götter und Riesen trösten zu lassen, und sie sind nicht bereit, ihren Gedanken dort, wo sie über die Dinge des täglichen Lebens hinausgehen, eine Grenze zu ziehen. Damit nicht zufrieden, bauen sie Teleskope, Satelliten und Beschleuniger, verbringen sie endlose Stunden am Schreibtisch, um die Bedeutung der von ihnen gewonnenen Daten zu entschlüsseln. Das Bestreben, das Universum zu verstehen, hebt das menschliche Leben ein wenig über eine Farce hinaus und verleiht ihm einen Hauch von tragischer Würde."

Die Wissenschaft von der Welt als Ganzes

Stephen Hawking macht sich über den Rang des Menschen ebenfalls keine Illusionen und relativiert damit sogar seine schwere Krankheit. „Die menschliche Spezies ist so mickrig verglichen mit dem Universum, dass eine Behinderung keine kosmische Bedeutung hat." In *Die kürzeste Geschichte der Zeit* beschränkt er sich auf einen Satz: „Die Stellung, die wir Menschen in diesem riesigen Kosmos einnehmen, erscheint eher unbedeutend" – was gleichermaßen britisches Understatement ist und eine Andeutung davon, dass diese Bedeutungslosigkeit vielleicht doch relativiert werden muss.

„Ich könnte in einer Nussschale eingesperrt sein und mich für einen König von unermesslichem Gebiete halten", heißt es in William Shakespeares *Hamlet*. „Obwohl wir Menschen physischen Einschränkungen unterworfen sind, können unsere Gedanken frei und ungebunden das Universum erforschen", interpretiert Hawking dies in seinem Buch *Das Universum in der Nussschale*. Er steht damit ebenfalls in der Tradition von Pascals Schilfrohr-Gleichnis. Und so wird auch Hawkings reger Geist – in seinen gelähmten Körper selbst wie in eine Nussschale eingesperrt – nicht müde, Raum und Zeit zu erkunden. „Ich lebe gern. Es gibt so viel zu tun und zu entdecken."

Vielleicht hat diese Einstellung – und die Faszination für seine Forschung – mit dazu beigetragen, dass Hawking allen ALS-Statistiken und medizinischen Sterbeprognosen trotzte. Und diesen „Aufschub" hat er fulminant genützt. Wie jeden und alles wird auch ihn die Ewigkeit aufzehren, und der Raum wird ihn verschlingen, wie Pascal schrieb. Aber seine Forschungen haben ihn doch bereits unsterblich gemacht – jedenfalls im begrenzten irdischen Maßstab. Denn so lange es Physik und Kosmologie gibt, werden Hawkings Arbeiten über die Schwarzen Löcher und den Urknall Bestand haben.

Spätestens seit dem 20. Jahrhundert ist die Kosmologie – die wissenschaftliche Beschreibung und Erklärung der Beschaffenheit, Entstehung, Entwicklung und Zukunft des Kosmos – eine nicht nur theoretische, sondern auch empirische naturwissenschaftliche Disziplin. Ihr Name leitet sich ab von griechisch „kosmos" = Ordnung und „logos" = Lehre, Wissenschaft. Ihre Wurzeln reichen in die prähistorische Zeit zurück. Denn vermutlich haben Menschen, seit sie zu sprechen und denken begannen, über den Ursprung und die Natur der Welt nachgedacht. Und die Astronomie stand aufgrund der leicht beobachtbaren Regelmäßigkeiten des Himmelsgeschehens am Anfang der Wissenschaft.

Die moderne Ausformung der Kosmologie begann freilich erst 1917 mit Albert Einsteins Anwendung seiner Allgemeinen Relativitätstheorie auf das Weltall als Ganzes. Die Relativistische Kosmologie beruht auf den Annahmen der Homogenität und Isotropie, wonach das Universum überall und in allen Richtungen im Großen und Ganzen gleich beschaffen ist. Beobachtungen haben in den letzten Jahrzehnten gezeigt, dass dies für sehr großräumige Maßstäbe tatsächlich im Wesentlichen zutrifft. Das ist das entscheidende Indiz dafür, dass die Erde – zumindest im Rahmen des den Teleskopen zugänglichen Volumens – keine räumliche Sonderstellung hat. Insofern haben Demokrit und Epikur gegen Aristoteles Recht behalten.

Der Bedeutungskosmos des Kosmos

„Für die Sehenden ist der Kosmos eine Einheit", behauptete der vorsokratische Philosoph Heraklit aus Ephesos, einer Nachbarstadt von Milet. Dies ist eine metaphysische und symbolische Aussage, denn auch vor 2500 Jahren glaubte niemand, den Kosmos ganz überblicken oder durchschauen zu können.

Und bis heute ist der Kosmos ein Gegenstand der Metaphysik geblieben – also jener philosophischen und spekulativen Untersuchung des Seins gleichsam vor und jenseits der physikalischen sowie erfahrbaren Wirklichkeit – und nicht nur ein weites Feld für die Naturwissenschaft. Als Teil der speziellen Metaphysik (im Gegensatz zur allgemeinen: der Ontologie oder Seinslehre) wurde die Kosmologie zwar erst seit 1728 klassifiziert, durch den vor allem in Halle und Marburg lehrenden Philosophen Christian Wolff. Aber schon zu Beginn der abendländischen Philosophie, bei Vorsokratikern wie Heraklit, war der Kosmos ein Gegenstand des Nachdenkens – und im mythischen und religiösen Denken noch viel früher.

Dabei hat der Begriff „Kosmos" eine mehrfache Bedeutungsveränderung und -erweiterung erfahren. Aus der indoeuropäischen Wortwurzel „kos" für „(an)ordnen" ist das griechische „kosmos" abgeleitet, das ursprünglich „Anordnung" meinte, und zwar im militärisch-politischen Kontext: Gehorsam, Durchsetzung von Befehlen, Eingliederung Einzelner in größere Strukturen (etwa in ein Heer). Bei den griechischen Geschichtsschreibern Herodot und Thukydides wurde damit auch die Staatsverfassung bezeichnet, bei dem Philosophen Platon sogar Lebensordnung, Brauch und Sitte. Darüber hinaus stand der Begriff alsbald auch allgemein für Ordnung, Wohlgeordnetheit sowie speziell für Schmuck, Ehre und Tugend.

Aber schon bei dem griechischen Dichter und Gelehrten Hesiod erfolgte der Brückenschlag zur Naturordnung, indem er beschrieb, wie Zeus eine neue Rang- und Rechtsordnung unter den Göttern herstellte und mit deren Hilfe die Welt gleichsam durch eine Gesetzgebung ordnete. Freilich stand im Gegensatz dazu nicht die Unordnung der Natur, sondern das Chaos: Nacht, Finsternis und Leere. In der Naturphilosophie der Vorsokratiker wurde „Kosmos" mehr und mehr säkularisiert, das heißt der Begriff stand für die Welt, das Weltsystem, das

Weltall und – zuerst wohl bei Heraklit – das Weltganze. Galt für Anaximander der Kosmos noch mythisch-religiös als eine Rechtsgemeinschaft der Dinge, die göttlicher Anordnung unterstellt war, sah der Pythagoreer Philolaos den Ordnungszustand des Weltganzen bereits durch Harmonieprinzipien bedingt und ihnen gehorchend, also gleichsam unpersönlich, rational und somit verstehbar. Bei Platon kam es zu einer synthetischen Rückwendung: Der Kosmos als Synonym zum Olymp, Himmel und All war die einheitliche Ordnung des Weltganzen: das vollkommenste und schönste Lebewesen, das alle anderen umfasst, das einzigartig, beseelt, göttlich, unvergänglich und ziel- und zweckgerichtet nach Vernunftprinzipien organisiert ist und durch einen Demiurgen, einen „Baumeistergott", nach mathematisch-harmonischen Prinzipien hergestellt worden war. In der philosophischen Strömung der Stoa und der Schule Epikurs dagegen galt „Kosmos" überwiegend als Bezeichnung für das Weltall oder Universum, wie dann das lateinische „mundus" auch bei den römischen Philosophen Lukrez und Cicero gebraucht wurde und das mittelalterliche „cosmos" oder „cosmus". (Als Nebenbedeutung gab es, schon bei dem aus Kalabrien stammenden Poeten Quintus Ennius, freilich immer wieder auch die Wortfelder „Reinheit", „Sauberkeit" und „Schmuck", besonders auch „Himmelsschmuck".)

Mit der Entstehung der modernen Naturwissenschaft im 17. Jahrhundert wurde der Begriff „Kosmos" dann zugeschnitten auf die bis heute dominierende physikalische Perspektive aufs Weltganze, ohne den mystisch-religiösen Ballast. Aber das Weltganze galt weiterhin als etwas Geordnetes, wobei sich diese Ordnung in den Naturgesetzen manifestiert oder ausdrückt (ob nur als abstrakte Beschreibung oder als fundamentale, womöglich eigenständige Struktur ist bis heute umstritten und eine metaphysische, keine physikalische Frage). Insofern haben sich das vorsokratische Bedeutungstrio von Weltganzem,

Ordnung und Gesetzlichkeit und die damit einhergehende Annahme einer rationalen Verständlichkeit bis zur Gegenwart
gehalten.

Aber nicht nur der Begriff, sondern auch die konkreten
Vorstellungen vom Kosmos waren und sind einer umgreifen-
den Entwicklung unterworfen: Von der Erde als Scheibe zur
Kugel im Zentrum von allem (geozentrisches Weltbild) zu einem Planeten unter vielen, die die Sonne umlaufen, zur Vorstellung von Myriaden anderer Sonnen mit (womöglich beleb-
ten) Planeten, von ganzen Sternsystemen (Galaxien) und einem
vielleicht unendlichen Universum mit unzähligen Galaxien bis
hin zu einem Multiversum aus unterschiedlichen einzelnen
Universen oder sogar einem Kosmos aus unendlich vielen voneinander unabhängigen Multiversen oder überhaupt allen Re-
alisierungen mathematischer, metaphysischer oder physikalischer Möglichkeiten ...

Ein Luftballon und die Dunkelheit der Nacht

Ein Luftballon in der Tasche ist immer nützlich – besonders
dann, wenn es darum geht, die schwierigen Fragen der Kosmologie zu veranschaulichen. Mario Livio hat deshalb meistens
einen dabei. Und wer genau hinschaut, sieht kleine schwarze
Punkte auf der Gummihaut. Die hat der Leiter der wissenschaftlichen Abteilung des Hubble-Weltraumteleskop-Instituts
in Baltimore, Maryland, eigenhändig aufgemalt. Doch bevor er
den Luftballon aufbläst, stellt er gerne noch eine der berüchtigten „einfachen" Fragen: Warum ist es nachts dunkel?

Über diese Frage hatte schon der Bremer Astronom und
Arzt Heinrich Wilhelm Olbers (1823) nachgedacht, und vor
ihm unter anderem die Astronomen Johannes Kepler (1610),
Edmond Halley (1720) und Jean-Philippe Loys de Chéseaux

(1744). Die Antwort, dass die Sonne hinter dem Horizont steht und somit diesen nächtlichen Teil der Erdoberfläche nicht beleuchten kann, ist unzureichend. Denn wenn, wie viele Wissenschaftler und Philosophen lange angenommen haben, das Universum ewig und unendlich wäre und es überall Sterne gäbe, müssten diese gleichsam an jeder Stelle des Himmels zu sehen sein. Dann wäre der aber überall so gleißend hell wie die Sonne – wir könnten vor lauter Sternen die Sterne nicht mehr sehen.

Livio versucht, diese verblüffende Schlussfolgerung zu veranschaulichen: „Stellen wir uns vor, wir stünden mitten in einem Wald, dessen Baumstämme allesamt weiß angestrichen wurden. Wenn der Wald nicht sehr groß ist, kann man vielleicht in einigen Richtungen durch die Lücken zwischen den Baumstämmen einen Blick auf die Dinge erhaschen, die außerhalb des Waldes sind. Wenn der Wald jedoch sehr viel ausgedehnter ist, erscheint er gleichförmig weiß. In welche Richtung man auch schaut, immer trifft der Sehstrahl auf einen Baumstamm." – Man sieht gewissermaßen vor lauter Wald die Bäume nicht mehr.

Da dieser Effekt unabhängig von der Distanz ist, spielt es keine Rolle, dass Sterne unvorstellbar weit entfernt sind, viel weiter als Bäume. Auch können die vielen Staubwolken im Weltraum nicht die Dunkelheit des Nachthimmels bewirken, indem sie das Licht der Sterne dahinter verschlucken. Denn in einem ewigen Universum wäre genügend Zeit dafür, dass das Licht die Wolken aufheizt und diese somit selbst zu leuchten beginnen. Für die allnächtliche Erfahrung muss es also eine andere Ursache geben. Tatsächlich verrät die Dunkelheit des Nachthimmels einiges über die Natur des Universums und spielt eine große Rolle für die wissenschaftliche Kosmologie. Doch das ist eine lange Geschichte …

Die Flucht der Galaxien

„Wir sind schon recht weit in den Weltraum vorgedrungen",
hatte der Astrononom Edwin Powell Hubble in seinem letzten
wissenschaftlichen Artikel geschrieben. „Unsere nächste Nachbarschaft kennen wir gut. Aber mit zunehmender Entfernung
schwindet unser Wissen, bis wir am fernsten, dunklen Horizont unter schrecklichen Messfehlern nach Wegzeichen suchen, die auch nicht viel aussagekräftiger sind. Die Suche wird
weitergehen. Dieser Drang ist älter als die Geschichte. Er ist
noch nicht gestillt, und er wird sich auch nicht unterdrücken
lassen."

Diese Worte haben nichts an Aktualität verloren. Hubbles
Forschungen haben ein Universum enthüllt, das viel größer
war, als viele glaubten. Nicht nur war er an der Erkenntnis beteiligt, dass andere Galaxien Sternzusammenballungen sind
wie die Milchstraße. Er hatte 1929 auch entdeckt, dass das
Weltall buchstäblich auseinanderfliegt.

Schon um 1914 hatte Vesto Melvin Slipher am Lowell Observatory in Arizona erste Indizien dafür aufgespürt, dass sich
die Galaxien voneinander entfernen. (Carl W. Wirtz in Deutschland, Knut E. Lundmark in Schweden und Ludwik W. Silber-
stein in den USA fanden 1924 sogar Anzeichen dafür, dass
besonders kleine und deshalb wohl fernere Spiralnebel sich
schneller von der Milchstraße entfernten als größere.) Freilich
war die Existenz anderer Galaxien außerhalb der Milchstraße
damals noch Spekulation und wurde erst 1924 von Hubble
nachgewiesen. Er war es auch, der zusammen mit Milton Humason dank des neuen 100-Zoll-Teleskops auf dem Mount
Wilson ab 1929 Sliphers Vermutungen bestätigte: Die Spektren anderer Galaxien (ihr in die Regenbogenfarben zerlegtes
Licht) sind größtenteils in den langwelligen, roten Bereich verschoben, und zwar umso stärker, je weiter diese Galaxien von

uns entfernt sind. Das bedeutet, dass sie sich von der Milchstraße fortbewegen, und zwar bei wachsendem Abstand mit zunehmender Geschwindigkeit. Die Milchstraße ist aber nicht
das imaginäre Zentrum einer ungeheueren Explosion, sondern von jeder anderen Galaxie wäre derselbe Effekt zu beobachten. Er ist die Folge eines Zuwachses an Raum zwischen
den Galaxienhaufen. Diese bewegen sich alle voneinander fort
wie Rosinen in einem aufgehenden Kuchenteig. Der Weltraum
ist also nicht statisch, sondern er dehnt sich aus, als würde
überall ein Maßband auseinander gezogen. Das gilt allerdings
nicht innerhalb der Galaxien, weil dort die Schwerkraft der
Massen die Ausdehnung verhindert. (Schlemmer können also
ihren wachsenden Leibesumfang nicht mit der Ausdehnung
des Universums erklären oder rechtfertigen, und die Zunahme
an Raum hilft auch nicht bei der Parkplatzsuche in überfüllten
Innenstädten.)

Um diese 1929 von Edwin Hubble erkannte kosmische Expansion zu veranschaulichen, benutzt Mario Livio seinen Luftballon. Die zweidimensionale Oberfläche der Gummihaut
steht dabei für den dreidimensionalen Weltraum, und die auf-
gemalten Punkte sind die Galaxienhaufen. Verschmitzt bläst
Livio Luft in den Ballon. Der beginnt sich auszudehnen. Die
Punkte entfernen sich dabei immer weiter voneinander. Jeder
Beobachter in einem solchen Punkt käme sich als Zentrum der
Expansion vor. Doch dies ist eine optische Täuschung, denn
die Ausdehnung erfolgt überall. „Es gibt keinen Mittelpunkt
auf der Oberfläche des Ballons", sagt Livio. „Die Oberfläche hat
auch keinen Rand. Wenn wir zweidimensionale Lebewesen
wären, die auf ihr lebten, würden wir doch nie an ein Ende
kommen." Analog verhält es sich auch mit unserem Weltraum.

Allerdings hinkt dieser Vergleich: Der Weltraum hat keinen
Mittelpunkt „außerhalb" von sich wie die Ballonhülle. Und er

dehnt sich auch nicht in einen anderen Raum hinein aus, sondern wächst gleichsam „innerlich" – eine Vorstellung, die den Alltagsverstand wieder einmal überstrapaziert.

Trotzdem oder gerade deswegen ist die kühne Voraussage der kosmischen Expansion und ihre Bestätigung durch die astronomischen Beobachtungen ein Triumph des menschlichen Geistes. Jahrtausende lang haben die intelligentesten Denker über das All räsoniert, aber niemand war wohl auf die Idee gekommen, seine Stabilität zu hinterfragen. Dass der Raum keine feste (und womöglich ewige und unendliche) Bühne ist, sondern aus sich selbst heraus wächst, war schlicht unvorstellbar. Und doch hätte schon Isaac Newton auf diese Idee kommen können. Denn er hatte erkannt, dass die gegenseitigen Anziehungskräfte der Materie keine langfristig stabilen Strukturen erlauben, so dass alles irgendwann unweigerlich kollabieren müsste. Und da er an ein ewiges Weltall glaubte, hätte das längst geschehen müssen. Deshalb brauchte er die Annahme eines Gottes, der die kosmische Ordnung aufrecht erhielt, als würde er immer wieder eine mechanische Uhr aufziehen müssen. Die Entdeckung des gleichsam explodierenden Weltraums hat eine solche Vorstellung nun förmlich zersprengt.

Kosmologische Konkurrenz

Bevor die Flucht der Galaxien beobachtet wurde, haben Albert Einstein, Willem de Sitter, Alexander Friedmann, Georges Lemaître und anderen Kosmologen eine mögliche Ausdehnung des Alls schon mit Hilfe der Allgemeinen Relativitätstheorie beschrieben. Diese erklärt, wie Raum, Zeit, Materie und Energie zusammenhängen und ist der theoretische Rahmen für das Verständnis der Struktur und Entwicklung des Universums als

Urknall-Modell

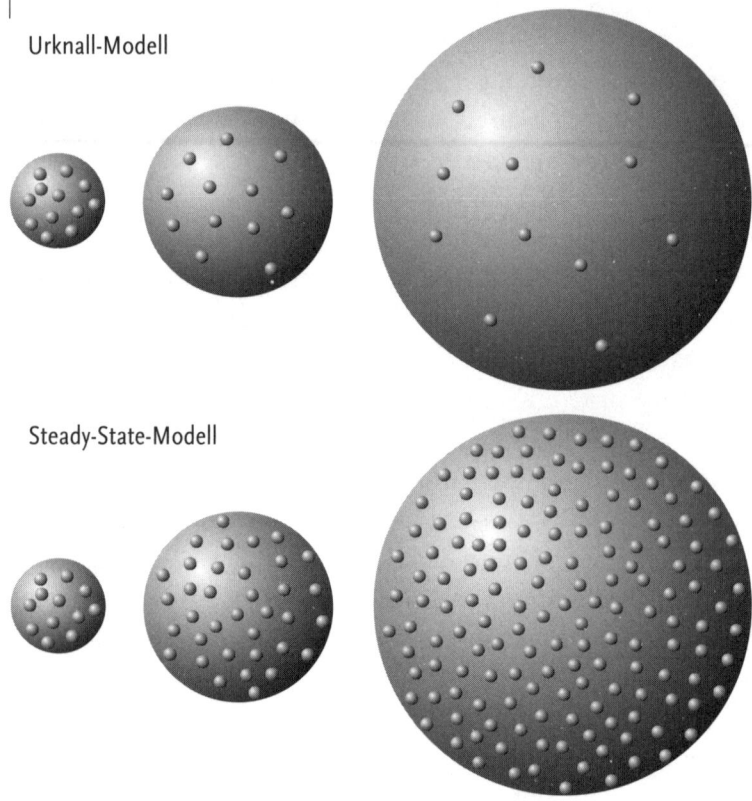

Steady-State-Modell

Universale Konkurrenz: *Der Weltraum dehnt sich aus und die Galaxien entfernen sich voneinander ähnlich wie Punkte, die auf die Oberfläche eines Luftballons gemalt sind, der aufgeblasen wird. Im Urknall-Modell war die Materie im Universum einst dicht beisammen und verdünnt sich durch die Expansion. Dem Steady-State-Modell zufolge soll hingegen kontinuierlich neue Materie entstehen, so dass die Dichte im Lauf der Zeit gleich bleibt.*

Ganzes. Sie ist zusammen mit der Quantentheorie, die die Elementarteilchen und ihre Wechselwirkungen beschreibt, die wichtigste Grundlage der Physik und zugleich die am besten bestätigte naturwissenschaftliche Theorie überhaupt.

Aber die Gleichungen der Relativitätstheorie reichen allein nicht aus, um das Universum zu beschreiben. Sie charakterisieren nämlich Myriaden von ganz unterschiedlichen Universen. Am Schreibtisch lässt sich daher nicht entscheiden, welche der vielen möglichen Lösungen der Gleichungen relevant ist. Dazu muss man gleichsam den Kopf heben, in die Nacht hinaus schauen und astronomische Messungen machen. Denn die Gleichungen der Relativitätstheorie enthalten einige freie Parameter, die bestimmt werden müssen. Dazu gehören beispielsweise die mittlere Materiedichte im All und die Ausdehnungsrate. Erst die astronomischen Beobachtungen können also aus dem Reigen der theoretischen Angebote jenes Weltmodell aussuchen helfen, das eine gute und nützliche Beschreibung des Universums ist, in dem wir leben.

Bis in die 1960er-Jahre, als Stephen Hawking in Cambridge Physik studierte, konkurrierten zwei völlig konträre Klassen kosmologischer Modelle miteinander. Und das wurde gerade in Cambridge besonders offenkundig. Der einen Klasse zufolge, Steady-State-Modelle genannt, war das Universum ewig, unendlich und im Großen und Ganzen unveränderlich. Die Urknall-Modelle hingegen postulierten einen heißen Anfang der Welt und eine Abkühlung und Entwicklung seitdem.

Kontinuierliche Schöpfung

Inspiriert von dem britischen Horrorfilm *Dead of Night* (1945) mit seinem Wiederkehr-Plot hatten die Kosmologen Fred Hoyle, Thomas Gold und Hermann Bondi 1948 das Steady-State-Modell entwickelt und in den darauffolgenden Jahren immer wieder verbessert und modifiziert.

Die Grundannahme war neben der Expansion des Weltraums das Vollkommene Kosmologische Prinzip. Gemäß dem schon von Einstein eingeführten Kosmologischen Prinzip sieht das Universum im sehr großen Maßstab überall und in jeder

Richtung ungefähr gleich aus. Mit der Entdeckung der schaumartigen Materie-Verteilung – Superhaufen von Galaxien und große Leerräume – ist dieses Prinzip durch Beobachtungen auf Skalen von Milliarden Lichtjahren inzwischen gut bestätigt. (Ob es in ganz großem Maßstab gilt, wird in jüngster Zeit aber wieder kontroverser diskutiert.) Das Kosmologische Prinzip ist die Voraussetzung dafür, die komplizierten Gleichungen der Allgemeinen Relativitätstheorie durch Symmetrie-Bedingungen soweit zu vereinfachen, dass überhaupt eine handhabbare kosmologische Beschreibung möglich wurde. Das Vollkommene Kosmologische Prinzip geht noch einen Schritt weiter: Es postuliert nicht nur die räumliche, sondern auch die zeitliche Gleichförmigkeit des Alls – der Weltraum hat demzufolge auch zu jeder Zeit ähnlich ausgesehen wie heute.

Eine Konsequenz des Steady-State-Modells ist die Annahme eines kontinuierlichen Materie-Nachschubs. Andernfalls hätte nämlich die kosmische Expansion eine stetige Ausdünnung bewirkt. Hoyle & Co. postulierten daher ein ominöses C-Feld („creation field"), das die wachsende Leere mit neuen Atomen auffüllte. Diese Annahme stand nicht mit den Beobachtungen im Widerspruch, weil der nötige Nachschub außerordentlich gering sein konnte – nur etwa ein Wasserstoff-Atom pro Kubikmeter und Jahrmilliarde.

Trotz anfänglicher Erfolge ließ sich das Steady-State-Modell aber in den 1960er-Jahren nicht länger halten: Astronomische Beobachtungen zeigten, dass das Universum einst ganz anders aussah und sich entwickelt hat – also keineswegs unveränderlich ist. Das war ein Ergebnis der aufsehenerregenden Entdeckung der Kosmischen Hintergrundstrahlung (dazu gleich mehr) sowie ferner Radiogalaxien und Quasare (die hellen Zentren junger Galaxien). Maßgeblich daran beteiligt war der Astronom Martin Ryle von der Cambridge University, der für seine Forschungen 1974 mit dem Physik-Nobelpreis ausge-

zeichnet wurde. Außerdem gab es auch theoretische Widersprüche in den Steady-State-Modellen, wie Hawking in seiner
allerersten wissenschaftlichen Veröffentlichung nachwies, im
Jahr 1965.

Der große Knall

Der große Rivale des Steady-State-Modells war schon früher
entstanden, hat aber kurioserweise von Fred Hoyle seinen Namen bekommen: „Big Bang" (Urknall). Hoyle prägte diese Bezeichnung in Rundfunkvorträgen der BBC, zuerst am 28. März
1949 in der Sendung *The Nature of Things*, in denen er das Szenario vom heißen Start des Universums vehement kritisierte.

Im Gegensatz zur in der Naturwissenschaft des 19. und frühen 20. Jahrhunderts weit verbreiteten und schon in der antiken Naturphilosophie populären Annahme einer ewigen Welt,
bei der sich die Frage nach ihrem Anfang erübrigt, geht die
Urknall-Theorie von einer Entstehung des Universums vor end-
licher Zeit aus. Als Albert Einstein die Allgemeine Relativitätstheorie 1917 erstmals auf die Beschreibung des Weltalls insgesamt anwendete, musste er erkennen, dass sich ein statischer
Kosmos mit der neuen Auffassung von Raum, Zeit, Materie
und Energie kaum vereinbaren ließ. Einstein versuchte es, indem er einen Term hinzufügte, die Kosmologische Konstante,
die den Raum gleichsam ruhig halten sollte. Bezeichnet wurde
sie mit dem griechischen Buchstaben Lambda (Λ). Aber schon
die kleinste Störung, ein Räuspern etwa, hätte eine Instabilität
zur Folge gehabt. Dies vor Augen, schrieb Einstein schon 1923
in einem Brief an den Mathematiker Hermann Weyl: „Wenn es
keine quasi-statische Welt gibt, dann weg mit dem kosmologischen Term!" Und nach Hubbles Entdeckung der Galaxien-
flucht glaubte er, ohne die Kosmologische Konstante auszu-

kommen. 1931 schrieb er: „Es lässt sich zeigen, dass die statische Lösung nicht stabil ist, schon abgesehen von Hubbles Beobachtungsresultaten. Unter diesen Umständen muss man sich die Frage vorlegen, ob man den Tatsachen ohne die Einführung des ohnedies unbefriedigenden Λ-Gliedes gerecht werden kann." Ebenfalls 1931 soll er, so hat es jedenfalls der Kosmologe George Gamow berichtet, sogar gesagt haben, dass die Einführung von Λ in seine Gleichungen „vielleicht die größte Eselei" in seinem Leben gewesen sei. (Später wurde freilich klar, dass der Term nicht einfach gestrichen werden kann, sondern als eine Art Integrationskonstante in den Gleichungen unverzichtbar ist, auch wenn ihr Wert null ist oder fast null – eine neue Naturkonstante, deren Wert gemessen werden muss. Und inzwischen gibt es gute Indizien, dass die Kosmologische Konstante einen positiven Wert hat, doch das ist eine andere Geschichte und hat auch nichts mit einem statischen Raum zu tun, sondern führt vielmehr zu einer Beschleunigung der Expansion.)

1922 und 1924 konnte der russische Mathematiker Alexander Friedmann zeigen, dass sich das Universum entweder immer weiter ausdehnen muss oder wieder in sich zusammenstürzen wird. Voraussetzung dafür ist, dass es in sehr großem Maßstab gleichförmig und isotrop ist, dass es also keinen irgendwie ausgezeichneten Standpunkt gibt (Kopernikanisches oder Kosmologisches Prinzip). Zunächst schenkten die Astronomen Friedmanns Arbeiten keine Aufmerksamkeit. Erst nachdem der belgische Astronom und Priester Abbé Georges Edouard Lemaître 1927 das Problem erneut aufgriff, fand Friedmanns Leistung allmählich die gebührende Beachtung. Allerdings war dieser bereits 1925 an Typhus gestorben. Lemaître machte auch als erster deutlich, dass sich alles quasi aus einem Punkt heraus entwickelt haben könnte. Er postulierte sogar ein zerfallendes Uratom und wurde damit zu einem Vorreiter der Quantenkosmologie, wie sie von Stephen Hawking und anderen Forschern erst ab den 1970er- und 1980er-Jahren zu einer Erklärung des Urknalls wieder in Angriff genommen wurde.

Obwohl sich Lemaître mit theologischen Deutungen sehr zurückhielt, wurde das Urknall-Modell im 20. Jahrhundert kurzfristig sogar als neuer Gottesbeweis begriffen, schien es mit einer „creatio ex nihilo", einer Schöpfung aus dem Nichts doch gut zusammenzupassen. Für den britischen Kosmologen Fred Hoyle waren diese religiösen Hintertüren sogar ein Grund, die Urknall-Theorie insgesamt abzulehnen: „Der plötzliche Beginn wird freimütig als metaphysisch angesehen – also außerhalb der Physik liegend. Für viele Leute klingen solche Überlegungen sehr befriedigend, weil sich so ‚Etwas' außerhalb der Physik annehmen lässt. Mit einem semantischen Manöver kann das ‚etwas' dann durch ‚Gott' ersetzt werden." Der britische Astrophysiker und Kosmologe blieb bis zu seinem Tod 2001 ein Gegner der Urknall-Theorie und hatte nach der Widerlegung des Steady-State-Modells mit seinen Kollegen Jayant Narlikar, Geoffrey Burbidge und anderen das Szenario zu „Quasi-Steady-State"-Modellen abgewandelt und eine periodische, lokale Materieerzeugung im Universum durch immer wiederkehrende „Mini-Big Bangs" postuliert. Dem Siegeszug der Urknall-Theorie tat dies aber keinen Abbruch.

Hoyles Wortschöpfung „Big Bang", obwohl spöttisch gemeint, setzte sich bei den Befürwortern der Urknall-Theorie rasch durch. Spätere Versuche, einen besseren Begriff zu finden, blieben erfolglos. Missverständnisse waren damit freilich programmiert. Denn „geknallt" hat eigentlich nichts. Und der Urknall war auch keine Explosion in einem Raum, sondern eher schon die Explosion beziehungsweise Entstehung des Raums. „Das expandierende Universum gleicht nicht einer Explosion, die von einem Punkt im Raum ausgeht. Es existiert kein bestehender Raum in den hinein das Universum sich ausdehnt", wird Hawkings Kollege John Barrow von der University of Cambridge nicht müde zu betonen. „Es gibt auch keinen Rand. Man kann nicht vom Rand des Universums herunterfallen." Die Frage, wo denn der Urknall stattgefunden habe, ist ebenfalls irreführend. Denn: „Es gibt keinen Punkt im Weltall, von dem ich sagen kann: Hier hat alles begonnen, hier lasst uns ein Denkmal setzen", spottet Rudolf Kippenhahn, ehemals Direktor des Max-Planck-Instituts für Astrophysik in Garching. „Nirgendwo war eine Mitte." Vielmehr sind Raum und Zeit überall entstanden, also auch direkt vor unserer Nasenspitze.

Das Weltalter und die Suche nach zwei Zahlen

„Wir messen Schatten, wir suchen mit gespenstischen Messfehlern", sagte Hubble im Jahr 1935. Er wusste genau, wovon er sprach. Denn aus seinen Messungen hatte er ein Alter des Universums von zwei Milliarden Jahren errechnet – im krassen Widerspruch zur Existenz der Erde und der Sterne, die viel älter sind.

Die dem Astronomen zu Ehren genannte Hubble-Konstante H_0 – die aktuelle Expansionsrate des Weltraums – ist zugleich ein Maß für das Alter des Universums. Würde dieses überhaupt keine Materie enthalten, wäre der Kehrwert von H_0, also $1/H_0$, das Weltalter. Dieser Wert ist jedoch zu hoch, weil unser Universum nicht materiefrei ist und seine Expansion seit dem Urknall deshalb abgebremst wurde. Die Hubble-Konstante war früher also größer – folglich ist sie gar nicht konstant, sondern strenggenommen ein zeitabhängiger Parameter. Hätte das Universum die kritische Dichte, das heißt gerade so viel Materie, dass die Raumausdehnung in unendlicher Zeit zum Stillstand käme, aber niemals zu einer Umkehr führen würde, die das Universum schließlich in einen Endknall kollabieren ließe, dann betrüge das Weltalter nur zwei Drittel des Kehrwerts der heutigen Hubble-Konstante, $2/3H_0$. Noch komplizierter wird es, wenn die Kosmologische Konstante nicht null ist.

Kosmologie: die Suche nach zwei Zahlen lautete der Titel eines wissenschaftlichen Artikels aus dem Jahr 1970. Verfasst hat ihn Allan Sandage von den im kalifornischen Pasadena gelegenen Observatorien der Carnegie Institution in Washington. Er war Hubbles Nachfolger am Mount Palomar-Observatorium, dem damals größten Teleskop der Welt. Sandage hat einen beträchtlichen Teil seiner Forscherlaufbahn diesen beiden Zahlen gewidmet: der Ausdehnungsrate des Weltalls und ihrer Veränderung im Lauf der Zeit. Bis in die 1990er-Jahre gab es teils heftige Kontroversen über den Wert von H_0. Das Hubble zu Ehren benannte Weltraumteleskop war nicht zuletzt deshalb gebaut worden, um die kosmische Expansionsrate genauer zu messen. Das letzte Wort ist zwar noch nicht gesprochen, aber die meisten Bestimmungen von H_0 konvergieren inzwischen bei etwa 70 Kilometer pro Sekunde und Megaparsec. Das bedeutet: heute dehnt sich der Weltraum zwischen den Galaxienhaufen um rund 70 Kilometer pro Sekunde aus bezogen auf eine 3,26 Millionen Lichtjahre lange Strecke. Im Gegensatz zu Sandages Artikel spielen inzwischen freilich weit mehr als zwei Zahlen eine Hauptrolle in der Kosmologie. Dazu gehört, wie erwähnt, auch die Kosmologische Konstante Λ (oder, genauer gesagt, der Wert der mysteriösen Dunklen Energie, hinter der Λ stecken könnte, aber nicht muss).

Um eine lange Geschichte kurz zu machen: Alle relevanten kosmologischen Parameter sind in den letzten Jahren so genau bestimmt worden, dass die „gespenstischen Messfehler", von denen Hubble noch sprach, inzwischen weitgehend verschwunden sind. Und so lässt sich auch das Alter der Welt, in guter Übereinstimmung mit dem Alter der ältesten Sterne und

anderen Daten, sehr genau angeben: 13,7 Milliarden Jahre.
Streng genommen können es die Astronomen inzwischen so
genau sagen: Der Urknall hat nicht vor 14 und auch nicht vor
13,5 Jahrmilliarden stattgefunden, sondern vor 13,7.

Urgalaxien auf der Spur

Die Urknall-Theorie besagt, dass das Universum nicht immer
gleich war, sondern sich aus einem einfachen heißen Zustand
im Lauf der Jahrmilliarden entwickelt hat. Weil das Licht nicht
unendlich schnell ist, sondern Zeit braucht, um Entfernungen
zurückzulegen, ist ein Blick hinaus in den Raum zugleich ein
Blick zurück in die Vergangenheit: Je weiter Astronomen also
ins All spähen, desto älter ist der beobachtete Teil des Weltraums. Und tatsächlich sah er vor Jahrmilliarden anders aus:
Die Materie war dichter; die Galaxienhaufen begannen sich
erst zu entwickeln; die Galaxien kollidierten immer wieder,
wuchsen und setzten während ihrer feurigen Jugend unge-
heure Energiemengen frei.

Blickt man noch weiter hinaus – und das ist selbst mit den
größten Teleskopen und empfindlichsten Detektoren erst im
Ansatz möglich –, dann nimmt die Leuchtkraft des Alls wieder
ab. Wann sich die ersten Sterne aus zufälligen Dichteschwankungen im einst fast gleichförmigen Urgas durch die Kraft der
Gravitation – und vermutlich unterstützt von „Kristallisations-
keimen" aus Dunkler Materie, aus noch unbekannten Elementarteilchen – gebildet haben, ist noch nicht ganz klar. Wahrscheinlich geschah das bereits 400 Millionen Jahre nach dem
Urknall. Zuvor war es finster. Astrophysiker sprechen vom
Dunklen Zeitalter.

Wie Paläontologen immer weiter graben, um die ältesten
Relikte aus der Vorzeit zu finden, schauen Astronomen immer

tiefer in den Raum hinaus, um die ältesten Objekte im All aufzuspüren. Denn aufgrund der Endlichkeit der Lichtgeschwindigkeit ist ein Blick in große Distanzen zugleich einer in die
ferne Vergangenheit. Die Teleskope werden gleichsam zu Zeitmaschinen und stoßen inzwischen in die frühesten Epochen
des Kosmos vor. Das Ziel: die Erforschung der ersten Sterne
und Galaxien.

„Das Hubble-Weltraumteleskop bringt uns fast einen Stein-
wurf entfernt an den Urknall heran", sagt HUDF-Projektleiter
Massimo Stiavelli vom Space Telescope Science Institute
(STScI) in Baltimore, Maryland. HUDF steht für „Hubble Ultra
Deep Field" – und damit hat das Weltraumteleskop sich selbst
übertroffen. Bereits 1995 und 1998 hatte es mit zwei Langzeit-
aufnahmen, die als „Hubble Deep Field" (HDF) und „HDF-
South" bezeichnet werden, Astronomiegeschichte schrieben.
Mit dem 2004 veröffentlichten, viel weitreichenderen HUDF-
Bild ist Hubble dann fast an die Grenze zwischen dem Dunk-
len Zeitalter und der Kosmischen Renaissance herangerückt.
Diese Namen – angelehnt an Epochen der europäischen Geschichte – bezeichnen den Übergang von der Finsternis ins
Licht, als die ersten Sterne und Galaxien entstanden sind. Dieses Territorium der Raumzeit ist noch immer weitgehend un-
bekanntes Neuland in der Kosmologie.

Insgesamt eine Million Sekunden lang starrte Hubble auf
eine winzige Stelle am Himmel im Sternbild Chemischer Ofen
(Fornax) „unterhalb" des berühmten „Himmelsjägers" Orion.
Nie zuvor hatte das Teleskop mehr Zeit für eine einzige Aufgabe zugeteilt bekommen. Das geschah nicht an einem Stück,
sondern verteilt über 400 Erdumläufe im Zeitraum zwischen
dem 24. September 2003 und dem 16. Januar 2004 – und war
dennoch so lange, dass Steven Beckwith seine ihm als STScI-
Direktor zustehende eigene Beobachtungszeit dafür gespendet
hat. Und dies bereute er nicht: „Die Qualität der Daten ist besser

als alles, was wir mit dem Weltraumteleskop je erreicht haben."

Das Ergebnis kann sich buchstäblich – und in dieser Tiefe erstmals – sehen lassen: Auf einer Fläche von einem Siebenundsechzigstel des Vollmond-Durchmessers, die selbst mit mittelgroßen Teleskopen quasi „leer" erscheint, spürte Hubble rund 10.000 Objekte auf. Die meisten davon sind Urgalaxien. Sie sind so fern, dass Hubble nur etwa ein Photon (ein Lichtteilchen) pro Minute von ihnen erhaschen konnte – im Vergleich zu Millionen Photonen pro Minute von näheren Galaxien. Ihre Distanz lässt sich nur schätzen: Bis zu zwölf oder 13 Milliarden Lichtjahre. „Während die HDF-Aufnahmen die Galaxien zeigten, als sie kleine Burschen waren, enthüllt HUDF sie als Krabbelkinder in einem Stadium rascher Entwicklungssprünge", kommentierte Stiavelli.

Doch selbst mit dem HUDF ist nicht das Ende des kosmischen Panoptikums erreicht. Tatsächlich gelang es Astronomen, noch weiter in Richtung Dunkles Zeitalter vorzustoßen. Die hochgezüchtete Teleskoptechnik macht freilich nur einen Teil des Erfolgs aus. Den anderen Teil verdanken die Forscher der Unterstützung der Natur.

Unter bestimmten Umständen können nämlich die Gesetze der Relativitätstheorie die Lichtgier der Himmelsforscher befriedigen. Das Erfolgsgeheimnis besteht in dem schon von Albert Einstein berechneten Gravitationslinseneffekt. Bei dieser kosmischem Fata Morgana lenkt ein massereiches Vordergrundobjekt – typischerweise eine Galaxie oder ein Galaxienhaufen – das Licht eines viel weiter entfernten Objekts dahinter ab und spaltet es gleichsam in viele geisterhafte Einzelbilder auf oder zieht es gar zu einem Ring auseinander. Seit 1979 haben Astronomen zahlreiche solcher Gravitationslinseneffekte entdeckt. Aber nicht nur zu einer „Verbiegung" der Lichtbahnen kommt es, sondern auch zu einer Lichtverstärkung

Galaktische Fata Morgana: *Die Schwerkraft des zwei Milliarden Lichtjahre entfernten Galaxienhaufens Abell 2218 im Sternbild Drache verbiegt und verstärkt das Licht von noch viel ferneren Urgalaxien hinter ihm. Ursache dieser optischen Täuschung im All ist der schon von Albert Einstein beschriebene Gravitationslinseneffekt.*

oder scheinbaren Vergrößerung des Hintergrundobjekts um einen Faktor von bis zu 100. Gravitationslinsen können also Urgalaxien sichtbar machen, die sonst selbst den empfindlichsten Teleskopen entgehen würden.

So gelang es Astronomen um Jean-Paul Kneib vom Observatoire Midi-Pyrenées und dem California Institute of Technology, den Lichtschimmer von Urgalaxien bei Abell 2218 zu analysieren. Das Hubble-Teleskop hatte schon 1995 rund 120 Bögen um den zwei Milliarden Lichtjahre entfernten Galaxienhaufen im Sternbild Drache fotografiert – die verzerrten Schemen von Hintergrundgalaxien, deren Licht Abell 2218 auf krumme Touren gebracht hatte. Kneibs Spektralanalyse einiger der Bögen – gemessen mit den beiden 10-Meter-Keck-Teleskopen auf dem Mauna Kea in Hawaii – ergaben Rotverschiebungen zwischen 6,6 und 7,1. Das bedeutet: Eine der Urgalaxien, deren Licht vom Gravitationslinseneffekt verstärkt wurde, ist rund 13 Milliarden Lichtjahre entfernt. Als ihr Licht sich auf den Weg machte, hatte unser beobachtbares Universum nur Prozent seines gegenwärtigen Alters und ein Siebtel seiner heutigen Größe.

„Ohne die 25-fache Vergrößerung durch Abell 2218 im Vordergrund hätten wir dieses weit entfernte, junge Objekt nicht identifizieren können, jedenfalls nicht mit den gegenwärtigen Teleskopen", sagt Kneib. Aus dem Lichtschimmer schließt er, dass die Galaxie nur etwa 2000 Lichtjahre groß ist, aber eine extrem hohe Sternentstehungsrate besitzt – rund drei neue Sonnen pro Jahr bildeten sich damals. Dieser kosmische Youngster ist also ein Paradebeispiel für ein galaktisches „Aufwachsen".

Weitere Beobachtungen anderer Forscher haben diesen Entfernungsrekordhalter mit Hilfe des Gravitationslinseneffekts noch überboten. So hat eine Urgalaxie namens Abell 1835 IR1916 im Sternbild Jungfrau eine Entfernung von über 13,2 Milliarden Lichtjahren (mit $z \approx 10$ war sie das erste bekannte Objekt mit einer zweistelligen Rotverschiebung). Die Strahlung wurde bereits 460 Millionen Jahre nach dem Urknall freigesetzt, als das Alter des Universums gerade drei Prozent seines heutigen betrug. Würde man die gegenwärtige Lebensdauer des Alls mit der eines 80-Jährigen gleichsetzen, wäre sie nur 2,5 Jahre alt.

Trotz des spärlichen Lichts fanden die Astronomen heraus, dass die Urgalaxie einen Durchmesser von weniger als 3000 Lichtjahren hatte, höchstens ein Zehntausendstel der heutigen Masse unserer Milchstraße besaß und eine Phase intensiver Sternentstehung durchlief. Es handelt sich eindeutig um einen frühen Baustein der Galaxienbildung.

„Diese Entdeckung öffnet den Weg zur künftigen Erforschung der ersten Sterne und Galaxien im frühen Universum", freut sich Daniel Schaerer vom Genfer Observatorium, der zusammen mit Roser Pelló vom Observatoire Midi-Pyrénées die Forschungen geleitet hat. Und dieser ergänzt: „Direkte Beobachtungen ferner Galaxien am Rand des Dunklen Zeitalters sind schon jetzt mit den besten erdgebundenen Teleskopen möglich."

Die ältesten Galaxien im Universum werfen auch ein neues Licht auf die Entwicklung der kosmischen Strukturen. Zu Beginn waren die Galaxien noch weit davon entfernt, sich zu den majestätischen Spiralen und Ellipsen entwickelt zu haben, die heute den Weltraum dominieren. Stattdessen waren sie kleine, unregelmäßig geformte Sternansammlungen, die dicht beieinander standen und im Lauf der Jahrmilliarden häufig miteinander wechselwirkten oder verschmolzen. Dafür sprechen auch die neuen Daten. „Die Galaxien haben sich wohl vom Kleinen zum Großen geformt, und die Beobachtungen stützen diese Vorstellung", kommentiert Richard Ellis vom California Institute of Technology das HUDF. Dieses zeigt seltsam geformte Urgalaxien.

„Wir blicken zurück in eine Zeit, als das Universum chaotisch war. Fast alles auf dem Bild sind Galaxien oder Objekte, die zu Galaxien wurden. Aber wir sehen eine Vielzahl ungewöhnlicher Formen, die wir noch nicht identifizieren können", sagt Steven Beckwith. Die Galaxien ähneln mitunter Zahnstochern oder Halsketten und scheinen teilweise gravitativ miteinander zu wechselwirken oder gar zu kollidieren. Das passt gut zu den vorherrschenden „bottom-up"-Modellen der Galaxienentwicklung. Danach bildeten sich zuerst die kleineren Strukturen – von den Sternen „aufwärts" –, die Galaxienhaufen und -superhaufen kamen zuletzt. HUDF hat einen Blick auf die chaotische Frühphase des Universums erhascht, in dem die Materie erst allmählich Gestalt annahm. Es war ein langer Selbstorganisationsprozess bis zum heutigen Bild der Welt.

Die ersten Sterne

„Sterne sind die goldenen Früchte eines unerreichbaren Baumes", heißt es in einem Gedicht von George Eliot. Unerreichbar sind sie in den größten Entfernungen – zumindest für die Astronomen, zu deren wichtigsten Zielen zurzeit gehört, das Licht der ersten Sterngeneration zu finden.

„Wir wissen, dass es sie gab", sagt Alexander Heger von der University of California in Santa Cruz. „Aber welche Massen sie hatten, ist gegenwärtig wohl die heißeste Frage. Und wie haben sich die Massen im Lauf der Zeit verändert? Wie viele Sterne bildeten sich unabhängig von anderen? Wann beeinflussten die ersten von ihnen die spätere Sternentstehung – und wie?" fasst er die Grundfragen zusammen. Und weiter: „Welche Rolle spielte dabei die ionisierende Strahlung, die kinetische Rückkopplung und die Freisetzung schwerer Elemente? Welchen Beitrag lieferten die ersten Sterne zur Reionisierung des Urgases? Woraus besteht ihre Asche, und wo können wir diese finden?"

Das sind viele Fragen auf einmal – und sie zeigen, welch große Lücken noch in unserem Wissen klaffen. Hauptgrund ist die weite Entfernung dieser Sterne, so dass sie sich selbst mit den empfindlichsten Teleskopen bislang nicht erblicken lassen. Und in der Nähe der Milchstraße gibt es keine mehr von ihnen, da sie zu kurzlebig sind.

Alle Sterne, die wir kennen, gehören also mindestens der zweiten Generation an. Und sie unterscheiden sich beträchtlich von den Pionieren des Lichts, weil sie sich im kosmischen Materiekreislauf deren Trümmer einverleibt haben. Mit dem Urknall entstanden nämlich nur die leichtesten Elemente: Wasserstoff, Helium und Spuren von Lithium. Alle schwereren wurden erst im Inneren der Sterne erbrütet, bei Kernfusionsprozessen: Kohlenstoff, Stickstoff, Sauerstoff und all die

anderen, aus denen auch der Mensch besteht – gleichsam le-
bender Sternenstaub. Es stimmt also: „We are stardust, billion
year old carbon", wie Crosby, Stills, Nash & Young 1969 im
Lied *Woodstock* sangen. (Stephen Hawkings Kollege Martin
Rees spricht hingegen weniger romantisch von „stellarem
Atommüll".)

Die schwersten Elemente, jenseits von Eisen, sind sogar erst
in den mächtigen Sternexplosionen – den Supernovae – entstanden, mit denen massereiche Sterne ihren furiosen Abtritt
von der kosmischen Bühne geben. Durch sie, und durch die
schon vorher mit Sternwinden und bei Pulsationen ins All
geblasene Materie, wird der Weltraum mit schwereren Elementen angereichert – der Rohstoff für neue Sterne.

Die Sterne der ersten Generation bestanden also nur aus
Wasserstoff und Helium. Da ihnen Kohlenmonoxid fehlte, ein
effektives „Kühlmittel", waren sie im Durchschnitt wesentlich
heißer und massereicher als spätere Sterngenerationen. Heger
und andere Experten gehen von Ungetümen mit über 200
Sonnenmassen aus. Sie lebten nur zweieinhalb Millionen Jahren – Sterne mit 20 Sonnenmassen leuchteten auch nur etwa
zehn Millionen Jahre. Zum Vergleich: die Sonne scheint schon
mehr als 4,5 Milliarden Jahre, und wird dies noch weitere 7,5
Milliarden Jahre tun.

Die Entwicklung der ersten Sterne verlief zum Teil anders
als die der heutigen massereichen Sterne. Heger hat mit Stan
Woosley von der University of California in Santa Cruz und
weiteren Forschern die Entwicklungsszenarien erstmals genauer berechnet – zahlreiche Details sind aber noch ungeklärt.

Unumstritten ist, dass das Schicksal massereicher Ein-
zelsterne hauptsächlich von der Masse ihrer zentralen Heliumkerne abhängt, und davon, ob sie eine äußere Hülle aus
Wasserstoff haben. Diese kann durch Sternwinde nämlich ab-
gestoßen werden. Verantwortlich dafür sind hauptsächlich die

schwereren Elemente. Sterne der ersten Generation haben einen geringen Masseverlust, ausgeprägte Wasserstoffhüllen und große Heliumkerne, wenn sie sterben. Wie auch heute alle Sterne, blähen sie sich am Ende ihrer Entwicklung zu einem sogenannten Roten Riesen auf und verenden entweder als planetengroßer Weißer Zwerg aus entarteter Materie oder explodieren als Supernova. Von dieser bleibt ein ultradichter Neutronenstern oder ein Schwarzes Loch übrig, das sich – wiederum abhängig von der Ausgangsmasse des Sterns und vom Anteil der schweren Elemente – durch einen direkten Kollaps bildet oder erst binnen eines Tages durch den Rücksturz von zunächst weggesprengter Materie auf den Neutronenstern. Eine Besonderheit der ersten Sterne ist, dass sie bei Anfangsmassen von etwa 140 bis 260 Sonnenmassen vollständig zerrissen werden können, ohne dass ein Neutronenstern oder ein Schwarzes Loch übrig bleibt. Dieses Schicksal ereilte vielleicht ein Prozent der ersten Sterne.

Ursachen sind die Brennprozesse im Sternkern, in dem Neon, Sauerstoff und Silizium gebildet wurden, und dass die Massen- und Energiedichten im Gegensatz zu anderen Sternen so hoch werden können, dass sich Elektronen-Positronen-Paare bilden, die sich gegenseitig wieder vernichten. (Positronen sind die Antimaterie-Partner der Elektronen.)

Die Suche nach den ersten Himmelslichtern hat bereits begonnen. „Es ist wahrscheinlich, dass einige Sterne ohne schwere Elemente an der Grenze der Nachweisbarkeit gegenwärtiger Himmelsdurchmusterungen liegen. Das Ziel ist es, ein Merkmal zu finden, das sie eindeutig identifiziert", meinen Woosley und Heger. Bestimmte Spektraleigenschaften sind solche Identifikationsmerkmale, aber gemessen wurden sie bislang noch nicht.

Doch vielleicht wurde das erste Sternlicht ja bereits indirekt nachgewiesen. Mit der Meldung verblüffte zumindest ein amerikanisches Astronomenteam um Alexander Kashlinsky vom Goddard Space Flight Center der NASA im November 2005. Mit dem 85-Zentimeter-Teleskop und der Infrared Array Camera an Bord des NASA-Infrarotteleskops Spitzer hatten die Forscher zehn Stunden lang ein Himmelsareal im Sternbild Drachen bei Wellenlängen zwischen 3,6 und 8 Mikrometern abgelichtet. Nach der Subtraktion aller Vordergrundquellen – Sterne und Galaxien – blieb ein schwaches Hintergrundleuchten übrig, dessen Eigenschaften mit Vorhersagen der Signaturen der ersten Sterne ganz gut in Einklang stehen. „Wir glauben, dass wir das kollektive Licht von Millionen der ersten Sterne sehen", sagt Kashlinsky. Die Messungen passen zu denen des NASA-Satelliten COBE, der schon in den 1990er-Jahren einen Infrarot-Hintergrund entdeckte, der als mögliches Relikt der ersten Sterne interpretiert worden war.

Viele Astronomen sind freilich noch skeptisch. So weist Richard Ellis vom California Institute of Technology in Pasadena darauf hin, dass selbst kleine Fehler bei der Subtraktion der Vordergrundquellen das Ergebnis des Spitzer-Teleskops drastisch verfälscht haben würden. Und theoretische Abschätzungen von Ruben Salvaterra und seinen Mitarbeitern an der italienischen Universität in Como ergaben, dass höchstens ein kleiner Teil des Infrarot-Hintergrunds von den ersten Sternen stammen kann. Mehr als 60 Prozent ist demnach von Sternen der zweiten Generation in jungen, weit entfernten Galaxien erzeugt worden.

Doch bis die ersten Sterne ins Visier der Astronomen geraten, ist es wohl nur eine Frage der Zeit. Bereits die Weltraumteleskope der nächsten Generation dürften dazu in der Lage sein. Große Hoffnungen setzen die Forscher auf das James Webb Space Telescope mit seinem entfaltbaren 6,5-Meter-Hauptspiegel. Dieser Nachfolger des Hubble-Weltraumteleskops soll frühestens 2013 starten. Es ist speziell im nahen Infrarot empfindlich, in dem die ersten Sterne – bedingt durch die Rotverschiebung aufgrund der kosmischen Expansion des Weltraums – heute am besten zu beobachten sind. Vielleicht können also die ehrgeizigen Astronomen bald schon im übertragenen Sinn sagen, was Dante in seiner *Göttlichen Komödie* schrieb: „Dann traten wir hinaus und sahen die Sterne."

Das Echo des Urknalls

Vor der Erfindung des Kabelfernsehens konnte jeder nach Sendeschluss etwas vom Echo des Urknalls erhaschen: Zwar stammte der Großteil des Rauschens auf der Mattscheibe von irdischen Störquellen, doch ein Prozent wurde von der Kosmischen Hintergrundstrahlung erzeugt, die im Mikrowellenbereich den gesamten Weltraum erfüllt.

Die Kosmische Hintergrundstrahlung ist das älteste Leuchten im Kosmos, viel älter als das Licht der ersten Sterne. In ihr zeigt sich das Universum, wie es einst gewesen ist – nämlich dichter und heißer als das Zentrum der Sonne, und zwar überall. Die Elektronen bewegten sich einst frei zwischen den Atomkernen, und das Licht wurde ständig an der Materie gestreut oder von ihr verschluckt und wieder ausgespien. Dieser Zustand der Materie – freie Atomkerne und Elektronen – heißt Plasma. Er kennzeichnet heute die Sterne, die deshalb nicht durchsichtig sind, denn erst von ihrer Oberfläche kann Licht auf einem geraden Weg entweichen. Atome oder gar Moleküle gab es im frühen Universum nicht, die Hitze war allgegenwärtig und allumfassend. Doch nicht von Dauer. Aufgrund der Ausdehnung des Weltraums hat die Temperatur des Kosmos ständig abgenommen. Bei ungefähr 4000 Grad Celsius konnten die Atomkerne Elektronen einfangen – die ersten Atome bildeten sich: größtenteils Wasserstoff. Dadurch bekam das

Licht freie Bahn – das Universum wurde durchsichtig. Das geschah etwa 380.000 Jahre nach dem Urknall, also lange bevor die Sterne und Galaxien entstanden sind.

Inzwischen, 13,7 Milliarden Jahre später, hat die kosmische Expansion den Weltraum auf 2,725 Grad über dem absoluten Nullpunkt abgekühlt – also auf rund minus 270 Grad Celsius – und die Wellenlänge des ersten Lichts in den für menschliche Augen unsichtbaren Millimeter- und Zentimeterbereich verschoben. Aber noch immer durchfluten über 400 Photonen aus dem Feuerballstadium des frühen Universums jeden Kubikzentimeter des Weltraums. Dieses Relikt kündet also noch heute vom heißen Ursprung des Alls.

Lange bevor die Hintergrundstrahlung beobachtet wurde, haben Physiker ihre Existenz schon vorausgesagt. Das geschah zwischen 1948 und 1950 in den USA an der Johns Hopkins University in Baltimore. Damals dachte George Gamow – der bei Alexander Friedmann in Leningrad studiert und 1928 als erster den radioaktiven Alpha-Zerfall durch einen Quantentunnel-Effekte erklärt hatte – über die Entstehung der chemischen Elemente im frühen Universum nach. Er mutmaßte mit Ralph Alpher und Robert Hermann, dass aus der heißen Urzeit eine Strahlung übrig geblieben sei. Die Temperatur wurde auf 5 Grad über dem absoluten Nullpunkt geschätzt, in weiteren Arbeiten gaben sie Werte zwischen 3 und 50 Grad an. Die Rechnungen waren grob und teilweise fehlerhaft, aber die Grundidee stellte sich später als richtig heraus.

Dass die Forscher durchaus eine humorvolle Distanz wahrten, zeigt die am 1. April (!) 1948 in der Fachzeitschrift *Physical Review* publizierte Arbeit, die als Alpha-Beta-Gamma-Theorie in die Forschungsgeschichte einging – die ersten drei Buchstaben des griechischen Alphabets als Symbol für den Anfang aller Dinge. Denn als Autoren zeichneten Alpher, Bethe und Gamow. (Hermann sollte unter dem Pseudonym Delter, für

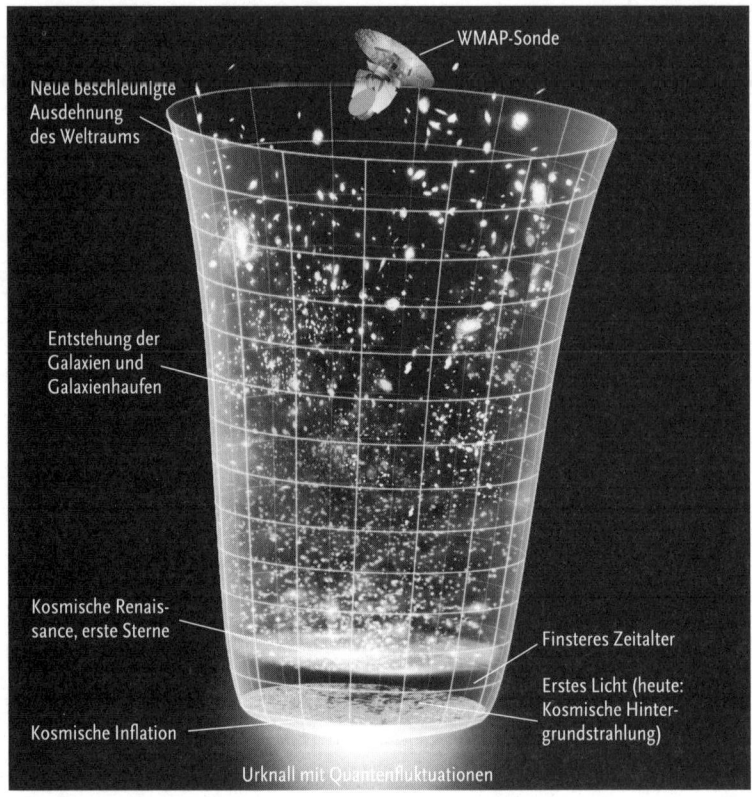

Die Labels im Bild: WMAP-Sonde, Neue beschleunigte Ausdehnung des Weltraums, Entstehung der Galaxien und Galaxienhaufen, Kosmische Renaissance, erste Sterne, Kosmische Inflation, Urknall mit Quantenfluktuationen, Finsteres Zeitalter, Erstes Licht (heute: Kosmische Hintergrundstrahlung)

Vom Urknall zum Jetzt-All: *Die 13,7 Milliarden Jahre alte Geschichte des Universums auf einen Blick. In der Gegenwart erkundet die Raumsonde WMAP die Ursprünge: Sie vermisst akribisch die Kosmische Hintergrundstrahlung, die 380.000 Jahre nach dem Urknall entstand. Die ersten Sterne bildeten sich 200 bis 500 Millionen Jahre später. Seit etwa neun Milliarden Jahren beschleunigt sich die Ausdehnung des Weltraums wieder.*

Delta, auch noch als Autor firmieren, lehnte dies aber ab.) Hans Bethe, ein guter Freund von Gamow und 1967 für seine Arbeiten zur Erklärung der Energieerzeugung in Sternen durch Kernfusion mit dem Physik-Nobelpreis geehrt, war von Gamow und Alpher des Buchstaben-Scherzes wegen „in ab-

sentia" („in Abwesenheit") als Koautor des Artikels mit aufgenommen worden. Kurioserweise bekam er jedoch den Text als
anonymer Gutachter der Zeitschrift vor dem Druck zu lesen
– und machte den Spaß mit, da er den Ideen durchaus Plausibilität abgewinnen konnte; er strich sogar das „in absentia".

Obwohl in den 1950er-Jahren noch mehrfach erwähnt, hatte die Voraussage der Hintergrundstrahlung keine große Wirkung. Zum einen waren die theoretischen Ableitungen widersprüchlich und problematisch, zum anderen wichen die
prognostizierten Temperaturwerte relativ stark voneinander
ab; und dass das Intensitätsmaximum im Mikrowellenbereich
liegt, wurde ebenfalls nicht explizit gesagt, auch wenn es sich
leicht erschließen ließ. Zudem hatten die Forscher keine gezielte Suche angeregt. So wurde das Thema eine Weile vergessen und erst in den 1960er-Jahren wieder aufgegriffen. Dabei
hatte, im Nachhinein betrachtet, der australische Astrophysiker Andrew McKellar schon 1940 indirekte Hinweise auf die
Existenz der Hintergrundstrahlung entdeckt (bei der Erklärung einer bestimmten Absorptionslinie von Cyan-Molekülen
im Weltraum, was auf eine Temperatur von 2,3 Grad schließen
ließ). Und der französische Radioastronom Émile Le Roux
maß 1955 bei 33 Zentimeter Wellenlänge eine gleichförmige
Strahlung bei 3 plus/minus 2 Grad, ebenso der sowjetische
Astrophysiker Tigran A. Shmaonov (4 plus/minus 3 Grad bei
3,2 Zentimeter) und der amerikanische Physiker Ed Ohm 1961
(3,3 Grad bei 11 Zentimeter). Keiner von ihnen verstand jedoch
die Bedeutung dieser Ergebnisse.

Anfang der 1960er-Jahre wurden erneut Berechnungen
über eine mögliche Hintergrundstrahlung angestellt: in den
USA von Robert Dicke, Jim Peebles, Peter Roll und David Wilkinson, in der Sowjetunion von Yakov B. Zel'dovich, Andrei G.
Doroshkevich and Igor Novikov. Die Forscher dachten auch
über Messungen nach, um die Strahlung aufzuspüren. Wäh-

renddessen führten zwei Radioastronomen in New Jersey diese schon durch, ohne dass sie freilich von den kosmologischen Überlegungen wussten: Arno Penzias und Robert Wilson hatten 1964, um die Radiostrahlung der Milchstraße zu erforschen, in Holmdel eine 15 Meter lange Hornantenne aus Aluminium von den Bell Telephone Laboratories übernommen, die zuvor der Satellitenkommunikation gedient hatte. Bei 7,35 Zentimeter Wellenlänge maßen sie eine überschüssige und richtungsunabhängige Temperatur von 3,5 plus/minus 1 Grad. Die Forscher stießen auf ein Taubenpaar (deren Körperwärme ein halbes Grad ausmachte), das sich in der Antenne einquartiert hatte. Sie entfernten es, es kehrte zurück, wurde erneut verjagt, aber die überschüssige Temperatur blieb. Die Astronomen putzten den Taubendreck weg, die Temperatur blieb. Sie überklebten die Nieten der Antenne und erneuerten verschiedene Teile – doch die Temperatur blieb. Kurz: die Beobachter hatten ein Rauschen entdeckt, dessen Ursprung sie nicht erklären konnten, während zur gleichen Zeit die Theoretiker darüber nachdachten, dass es ein solches Rauschen geben musste, und sich fragten, wie es gemessen werden könnte.

Im Frühjahr 1965 erfuhr Penzias zufällig von Dickes Arbeiten und nahm Kontakt mit ihm auf. Die unverbundenen Puzzlesteine fügten sich sofort zusammen. In der Juli-Ausgabe des *Astrophysical Journal* erschienen dann direkt hintereinander die Artikel von Penzias und Wilson sowie von Dicke und seinen Kollegen: Die Kosmische Hintergrundstrahlung war entdeckt und als solche identifiziert worden! 1978 wurden Penzias und Wilson dafür mit dem Physik-Nobelpreis ausgezeichnet. Damit war die Kosmologie – früher nicht selten als zu spekulativ gescholten oder als vornehmlich mathematische Modellbildung und somit „graue Theorie" abgetan – endlich auch für viele Nichtspezialisten als Teil der empirischen Naturwissenschaft anerkannt und etabliert.

Als der Weltraum wärmer war

Manche Thermometer lassen sich einfach nicht an die Wand hängen – denn dazu wäre eine Wand erforderlich weit größer als das Sonnensystem. Doch bekanntlich denken Astronomen in anderen Maßstäben als Durchschnittsbürger. Und sie geben sich auch nicht mit kleinen Quecksilbersäulen zur Temperaturmessung zufrieden. Es müssen schon intergalaktische Gaswolken sein – und damit wird auch nicht die Wärme in der guten Stube bestimmt, sondern die des ganzen Universums.

Die Temperatur des Weltraums ist definiert als die Temperatur der Kosmischen Hintergrundstrahlung. Sie muss früher höher gewesen sein und hat sich mit der Ausdehnung des Weltraums ständig abgekühlt. Schon 1968 erkannten Kosmologen, dass dies eine gute Möglichkeit zur Überprüfung der Urknall-Theorie eröffnet – bestimmte Anregungszustände der Atome sind nämlich ein Temperaturindikator, da die Energie der Hintergrundstrahlung die Energieniveaus der Elektronen beeinflusst.

Seit 1994 war es mehreren Forscherteams gelungen, mit Hilfe von Spektraluntersuchungen intergalaktischer Wolken zu verschiedenen Zeiten des Universums die Temperatur der Kosmischen Hintergrundstrahlung zu bestimmen. Die Messungen passten zwar zu den Voraussagen, konnten aber – da es sich nur um Obergrenzen handelte – nicht ausschließen, dass die Temperatur der Hintergrundstrahlung über alle Zeiten konstant war. Dies hätte jedoch der Urknall-Theorie widersprochen.

Um diese Möglichkeit auszuräumen und auch eine Untergrenze anzugeben, haben Raghunathan Srianand vom Inter University Center for Astronomy and Astrophysics in Puna, Indien, und seine französischen Kollegen Patrick Petitjean und Cedric Ledoux mit dem 8,2-Meter-Teleskop Kueyen der Europäischen Südsternwarte auf dem Cerro Paranal in Chile eine intergalaktische Gaswolke ins Visier genommen. Sie liegt auf der Sichtlinie zwischen der Erde und dem Quasar PKS 1232+0815, einem der hellsten Objekte im Universum. Die Wolke ist gut zehn Milliarden Lichtjahre entfernt – ihre Strahlung stammt also aus einer Zeit, als das Universum nur etwa drei Milliarden Jahre alt war. In dieser Wolke befinden sich Kohlenstoff-Atome und Wasserstoff-Moleküle. Spektralaufnahmen ihrer Absorptionslinien im Hintergrundlicht des Quasars können als Temperaturanzeiger genutzt werden. Bestimmte Anregungszustände der Kohlenstoff-Atome lassen darauf schließen, dass der Weltraum vor zehn Milliarden Jahren zwischen 6 und 14 Kelvin kalt war (0 Kelvin entspricht minus 273,15 Grad Celsius). Dieser Wert ist dreimal so hoch wie der heutige – 2,73 Grad über dem absoluten Nullpunkt – und eine glänzende Bestätigung der Urknall-Theorie, die eine Temperatur von 9,1 Kelvin in der Entfernung der intergalaktischen Wolke voraussagt.

„Die Urknall-Theorie hat einen entscheidenden Test bestanden. Sie hätte aufgegeben werden müssen, wenn Astronomen niedrigere Temperaturen in der Frühzeit des Universums gemessen hätten als vorhergesagt", kommentierte John Bahcall von Institute for Advanced Study in Princeton, New Jersey – und fügte schmunzelnd hinzu: „Obwohl das Ergebnis eine großartige Leistung ist, hat es mich etwas enttäuscht. Ich bin froh, dass die Urknall-Theorie bestätigt wurde, aber es wäre noch aufregender gewesen, wenn sie versagt hätte und wir nach einem neuen Modell für die Entwicklung des Universums suchen müssten."

Die flache Welt

„Gemalt hätt ich dich: nicht an die Wand, / an den Himmel selber von Rand zu Rand", heißt es in Rainer Maria Rilkes *Stundenbuch* (1905). Tatsächlich steht am ganzen Himmel eine Botschaft geschrieben – nicht in menschlicher Schrift jedoch, sondern mit den Zeichen der Natur. Es ist eine Botschaft vom Anfang unserer Welt: die Kosmische Hintergrundstrahlung. Wobei das heute beobachtbare Universum damals lediglich ein Milliardstel seines Volumens hatte. Die Temperatur der Kosmischen Hintergrundstrahlung ist extrem gleichförmig. Erst 1992 hat der Satellit COBE winzige Temperaturschwankungen von etwa einem Hunderttausendstel Grad entdeckt. Sie sind eine Art Abdruck von geringfügigen Inhomogenitäten im Urgas, die sich unter der Schwerkraftwirkung später zu den Galaxien, Galaxienhaufen und -superhaufen verdichtet hatten. Allerdings war COBEs Auflösungsvermögen – circa 7 Grad oder 14 Vollmond-Durchmesser – nicht hoch genug, um feine Details sichtbar zu machen. Umso größer der Ansporn, genauere Daten zu erhalten. Denn die größenabhängige Verteilung der Temperaturschwankungen – Astrophysiker sprechen vom Winkelleistungsspektrum – birgt zahlreiche wertvolle Informationen über das Universum, die aus schärferen Himmelsaufnahmen herauszulesen sind:

- die durchschnittliche Materiedichte,
- der Anteil gewöhnlicher Materie sowie der Anteil der ominösen Dunklen Materie, die aus exotischen, bislang unbekannten Elementarteilchen zu bestehen scheint,
- die Energiedichte des Vakuums,
- die Ausdehnungsrate des Weltraums (Hubble-Konstante),
- die Natur, Verteilung und Größe der Dichteschwankungen im Urgas, woraus sich Informationen über die ersten Sekundenbruchteile des Universums erschließen lassen (zum

Beispiel der Expansionsverlauf und die Bedeutung der Gravitationswellen),

- die großräumige Geometrie oder Krümmung des Weltraums, der nach Einsteins Allgemeiner Relativitätstheorie sphärisch, flach oder hyperbolisch sein kann: Im sphärischen Fall laufen parallele Lichtstrahlen aufeinander zu wie die Längengrade auf dem Globus, und das Universum hat ein endliches Volumen, aber – wie eine Kugeloberfläche – keine Grenze. Im flachen Fall bleiben parallele Lichtstrahlen wie in der auf Euklid zurückgehenden Schulgeometrie parallel, im hyperbolischen Fall laufen sie auseinander wie auf der Oberfläche eines Sattels, und in beiden Fällen ist das Universum dann unendlich groß.

„Die Kosmische Hintergrundstrahlung ist für die Kosmologie, was die Erbsubstanz DNA für die Biologie ist", sagt Max Tegmark, ein Kosmologe am Massachusetts Institute of Technology im amerikanischen Cambridge. „Ihre Temperaturschwankungen sind eine Art kosmische DNA, weil sie die Bauanleitung für die Evolution des Universums codieren."

Seit COBE haben Teleskope auf der Erde und in Ballons zahlreiche Messungen kleinerer Himmelsausschnitte in höherer Auflösung gemacht. Ein erster Durchbruch ist ab 2000

Grundlagen der modernen Kosmologie: *Der Ursprung der Welt ist nicht mehr bloß ein Thema von archaischen Mythologien oder metaphysischen Spekulationen, sondern ein respektabler Zweig der modernen Naturwissenschaft. Diese stützt sich auf zahlreiche Tatsachen astronomischer Beobachtungen, die es erlauben, die Entwicklung des Universums zu rekonstruieren – bis zurück zu seinen ersten Sekundenbruchteilen. In der Tabelle wurden die wichtigsten Beobachtungen zusammengestellt und was man aus ihnen lernen kann. Das ist erstaunlich angesichts der winzigen Möglichkeiten des Menschen im gigantischen All.*

Beobachtungen	Folgerungen und Rückschlüsse
Bewegung der Galaxienhaufen (fast ausschließlich voneinander weg)	Ausdehnung des Weltraums (kosmische Expansion) Abschätzung des Weltalters
Kosmische Hintergrund-strahlung (- 270 Grad Celsius) • Gleichförmigkeit (Homogenität) • Temperaturzunahme mit der Entfernung • Temperaturunterschiede (± 0,00001 Grad) und deren Verteilung • Polarisation	Strahlung und Materie waren einst im ther-modynamischen Gleichgewicht • Zustand 380.000 Jahre nach dem Urknall bei 4000 Grad Celsius • Abkühlung des Weltraums infolge seiner Ausdehnung • Dichteschwankungen im Urgas als Keime der Strukturen; Informationen über die Geometrie und andere Eigenschaften des Universums • Dynamik des Urgases; spätere Reionisie-rung durch die UV-Strahlung der ersten Sterne (weniger als 1 Milliarde Jahre nach dem Urknall)
Sternphysik	Entwicklung und Alter der Sterne Entstehung der schweren Elemente
Galaxiensuperhaufen und Leerräume	Materieverteilung und -dichte Entwicklung der großräumigen Strukturen aus dem Urgas
Urgalaxien in großen Entfernungen und Infrarot-Hintergrund	Evolution des Kosmos: Geschichte der Stern-entstehung und Galaxien(haufen)bildung und -entwicklung
Erkenntnisse der Hochenergie-Teilchenphysik (Partikel und Kräfte)	Vorgänge in den ersten Sekundenbruchteilen
Physik der Dunklen Materie und der Dunklen Energie (noch weitgehend unerforscht)	Aufbau, Entwicklung und Zukunft des Uni-versums Informationen über die fundamentale Physik
Neutrinos und Gravitations-wellen (noch weitgehend uner-forscht)	Informationen über Urknall und die funda-mentale Physik
Häufigkeit der leichten Elemente (75 % Wasserstoff, 24 % Heli-um-4, Spuren von Deuterium, Helium-3, Lithium)	Bildung der Atomkerne in den ersten drei Minuten (primordiale Nukleosynthese)

mit zwei Helium-gefüllten Höhenballons gelungen: Boomerang (Balloon Observations of Millimetric Extragalactic Radiation and Geophysics) und Maxima (Millimeter Anisotropy Experiment Imaging Array). Ihre Messungen übertrafen COBEs Auflösung um mehr als das Dreißigfache. Ebenso genau, aber viel umfassender sind die Daten, die der am 30. Juni 2001 gestartete Satellit WMAP (Wilkinson Microwave Anisotropy Probe) zur Erde funkte und noch funkt. Ende Februar 2008 wurden die Ergebnisse der ersten fünf Jahre Messzeit veröffentlicht.

Die erste bedeutende Erkenntnis dieser neuen Daten – viele Forscher sprechen seither vom Beginn der Präzisionskosmologie – war, dass die Geometrie des Universums sehr genau am euklidischen Grenzfall liegt. Mit anderen Worten: Die Welt ist flach! Dies bedeutet selbstverständlich keinen Rückfall in die Vorstellung von einer scheibenförmigen Erde, sondern heißt, dass das Universum auf großräumigen Skalen nahezu keine Krümmung besitzt. Die Winkelsumme eines Dreiecks mit Milliarden Lichtjahren großen Seitenlängen wäre also, wie die Schulgeometrie es lehrt, exakt 180 Grad.

Eine flache Geometrie bedeutet, dass der Weltraum unendlich groß ist. Ob das wirklich der Fall ist, beweisen die WMAP-Daten jedoch nicht, denn die Flachheit könnte auch nur für das All innerhalb des Beobachtungshorizonts zutreffen – doch hinterm Horizont geht's weiter.

Wenn unser All unendlich im Raum ist, so ist es doch nicht unendlich in der Zeit. So, wie es heute ist, war es nicht immer. Davon gibt der Nachthimmel ein deutliches Zeugnis. Er macht deutlich, dass das Universum einst begann und sich seither ausdehnt. Denn er wäre nicht dunkel, wenn das Universum ewig und unveränderlich wäre. Das ist auch eine Lösung des erwähnten Paradoxons, das Heinrich Wilhelm Olbers und andere umgetrieben hatte. „Wenn das Universum einen Anfang

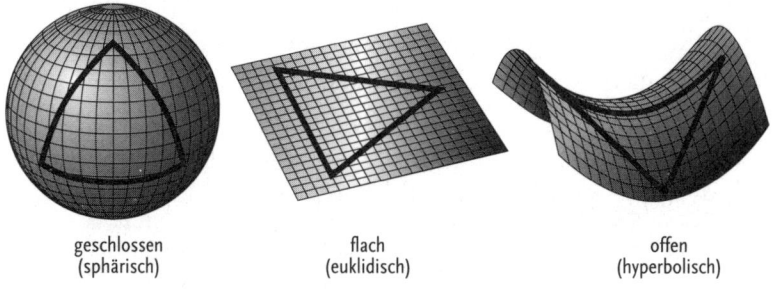

| geschlossen (sphärisch) | flach (euklidisch) | offen (hyperbolisch) |

Die Geometrie des Weltraums: *Wenn die mittlere Materie- und Energiedichte im All einen kritischen Grenzwert überschreitet, ist der Raum geschlossen (sphärisch) und endlich (aber grenzenlos), das heißt er krümmt sich in sich selbst zurück analog zur Kugeloberfläche. Entspricht die Dichte exakt dem Grenzwert oder liegt darunter, ist der Weltraum unendlich – im Spezialfall flach (euklidisch), ansonsten offen (hyperbolisch), das heißt an jeder Stelle negativ gekrümmt wie ein Sattel. Im geschlossenen Fall schneiden sich Parallelen und Dreiecke haben eine Winkelsumme von über 180 Grad. In einem flachen Raum gilt die gewohnte Schulgeometrie. Im offenen Fall laufen Parallelen auseinander und die Winkelsumme von Dreiecken ist kleiner als 180 Grad. Wir leben in einem (nahezu) euklidischen Universum.*

hat, können wir prinzipiell nicht Sterne und Galaxien jenseits eines bestimmten Horizonts sehen", sagt Mario Livio, der Mann mit dem Luftballon in der Tasche. Auf seinen Vorträgen lässt er ihn zur Enttäuschung seiner Zuschauer nie platzen – denn das wäre keine gute Metapher für den Urknall, der keine Explosion im Raum war, sondern gleichsam überall stattfand. „Selbst wenn es Lichtquellen dort draußen gäbe, hätte ihr Licht nicht genug Zeit gehabt, uns während der Lebenszeit des Universums zu erreichen. Es ist, als wären die Bäume im Beispiel des lückenlosen Waldes ab einer bestimmten Entfernung schwarz statt weiß, so dass der Wald dann noch nicht als komplett weiße Wand erscheint."

Zeit nach Urknall	Temperatur	Ereignisse
vor 10^{-43} Sekunden		Epoche der Quantengravitation: Die Raumzeit hatte eine diskontinuierliche, „schaumartige" Struktur. Raum und Zeit sind nicht unterscheidbar.
10^{-43}	10^{32} Grad Celsius	Symmetriebruch einer einzigen Superkraft führt zur Abspaltung der Gravitation. Entstehung der klassischen Raumzeit, die mit einem Plasma relativistischer Teilchen gefüllt ist (primordiale Materie).
10^{-35}	10^{27}	Abspaltung der starken Wechselwirkung; asymmetrischer Zerfall von X- und Anti-X-Teilchen, was die spätere milliardenfache Dominanz der Materie über Antimaterie vorwegnimmt.
10^{-11}	10^{15}	Aufspaltung der elektroschwachen Wechselwirkung zur elektromagnetischen und schwachen Wechselwirkung; X- und Anti-X-Teilchen sterben aus. Die Materie erhält ihre Masse durch das Higgs-Feld.
10^{-6}	10^{14}	Quarks, Anti-Quarks und Gluonen (Kraftüberträger) können nicht mehr als freie Teilchen existieren. Protonen und Neutronen entstehen aus Quarks. Anschließend zerstrahlen Protonen und Antiprotonen fast vollständig: winziger Überschuss von Materie.
10^{-1}	10^{10}	Neutrinos koppeln sich von den anderen Teilchen ab.
5	6×10^{9}	Elektronen und Positronen zerstrahlen fast alle.
100	10^{9}	Ende des Zerfalls von Neutronen zu Protonen. Entstehung der leichten Elemente (insbesondere der Atomkerne von leichtem Wasserstoff und Helium sowie etwas Deuterium und Lithium) aus der Verschmelzung von Protonen und Neutronen.
10.000 Jahre	30.000	Materiedichte dominiert über Strahlungsdichte.
380.000	4000	Ende der Plasmaphase: Entstehung der Atome, Entkopplung der Strahlung von der Materie – das Universum wird durchsichtig.
100 Millionen bis 1 Milliarde	–250	Bildung der ersten Sterne und Galaxien, Entstehung der schwereren Elemente, anschließend von Planeten und Leben.
13,7 Milliarden	–270	Gegenwart.

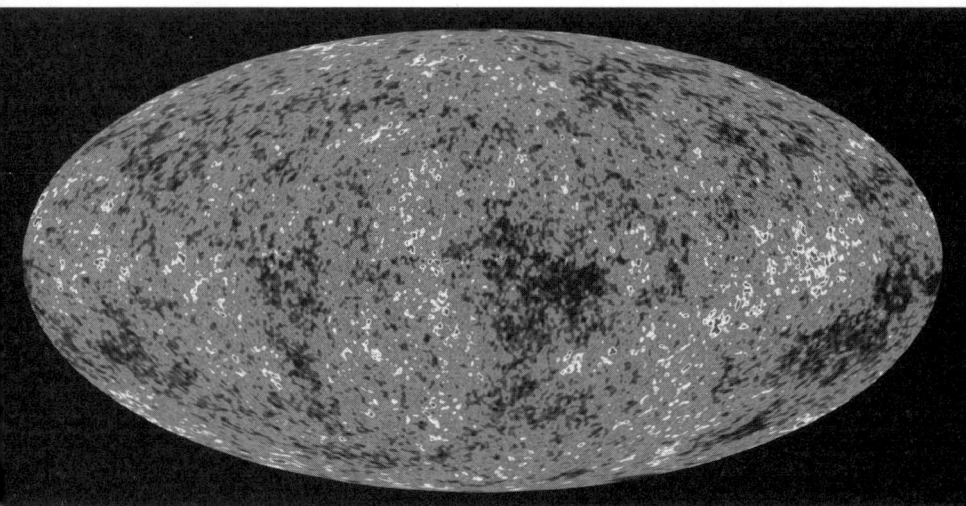

Kosmischer Fingerabdruck: *Die Hintergrundstrahlung im All, das Relikt des ersten Lichts, erfüllt den Weltraum sehr gleichmäßig im Radiowellenbereich und ist nur drei Grad über dem absoluten Nullpunkt kalt. Sie hat Temperaturschwankungen von ein paar Hunderttausendstel Grad, die Dichteschwankungen im Urgas widerspiegeln. Aus dem hier in verschiedenen Grautönen codierten, über den ganzen Himmel verteilten Fleckenmuster können Kosmologen – wie Kriminalkommissare bei der Fingerabdruck-Identifikation von Personen – die Kennziffern unseres Universums ermitteln: Alter, Zusammensetzung, Geometrie und vieles mehr. Die Dichteschwankungen waren die Keimzellen der Galaxien und stammen wahrscheinlich von winzigen Quantenfluktuationen, die durch die Ausdehnung des Weltraums ins Gigantische vergrößert worden sind.*

Aus dem Tagebuch des Universums: *Ab zirka 10^{-12} Sekunden nach dem Urknall sind recht verlässliche Aussagen möglich. Über die Zeit davor kann im Augenblick nur spekuliert werden, weil dazu noch keine gut fundierte und durch Beobachtungen bestätigte physikalische Theorie der Quantengravitation existiert. Auch sind einige Zeitangaben modellabhängig und daher teilweise noch nicht genau bekannt.*

Und aus einem weiteren Grund ist die Nacht finster: „Da das Universum expandiert, wird das Licht von jeder weit entfernten Galaxie zu einer niedrigeren Frequenz verschoben", sagt Livio. „Im Waldbeispiel bedeutet dies, dass die Stämme ungleichmäßig angestrichen sind, wobei entferntere Stämme immer weniger Farbe haben." Das Licht aus der kosmischen Urzeit wurde von der Ausdehnung des Weltraums also gleichsam auseinander gezogen und somit in Frequenzbereiche verschoben, die für uns unsichtbar sind – in die Infrarot- und Radiostrahlung. Hätten wir hochempfindliche Augen dafür, erschiene uns der nächtliche Himmel allerdings tatsächlich nicht ganz dunkel, sondern von einem schwachen Glimmen erfüllt – dem ältesten Licht. Immerhin lässt sich diese Kosmische Hintergrundstrahlung sichtbar machen: im Rauschen, das bei Antennenübertragung über den Fernsehschirm flimmert – oder es tat in den seligen Zeiten, als der Sendeschluss dem medialen Geschwätz wenigstens für ein paar Stunden ein Ende machte.

Woraus alles besteht

Die Zusammensetzung des Universums lässt sich mittlerweile auf wenige Prozent genau angeben:
- Gewöhnliche Materie aus Protonen, Neutronen und Elektronen macht nur 4 Prozent der gesamten Energiedichte des Weltalls aus. (Das drücken Physiker so aus, weil die Masse m der Energie E gemäß Einsteins Gleichung $E = mc^2$ entspricht, wobei c die Lichtgeschwindigkeit ist.) Der größte Teil dieser gewöhnlichen Materie steckt in Gaswolken aus Wasserstoff und Helium zwischen den Sternen und Galaxien. Die Sterne selbst liefern nur etwa 0,5 Prozent der Gesamtenergiedichte. Der Anteil der in Sternen erbrüteten schwereren Elemente

wie Sauerstoff, Kohlenstoff, Stickstoff, Schwefel, Phosphor, Eisen und so weiter beträgt nur 0,03 Prozent. 0,04 Prozent der gewöhnlichen Materie hat sich in galaktischen Schwarzen Löchern das eigene Grab geschaufelt.

- Die Energie der elektromagnetischen Strahlung (Photonen) – Radiowellen, Infrarot, sichtbares Licht, Ultraviolett-, Röntgen- und Gammastrahlung – entspricht 0,005 Prozent.

- Heiße Dunkle Materie macht etwa 0,3 Prozent aus. Sie besteht wohl größtenteils oder sogar ausschließlich aus Neutrinos. Diese Geisterteilchen wiegen fast nichts und fliegen mit beinahe Lichtgeschwindigkeit mühelos durch ganze Himmelskörper. In jedem Kubikzentimeter des Weltraums schwirren ein paar Hundert Neutrinos. Die Zahl der Photonen liegt in derselben Größenordnung.

- Kalte Dunkle Materie liefert rund 23 Prozent. Ihre Natur ist rätselhaft. Wahrscheinlich handelt es sich um bislang unentdeckte, in ihrer Existenz von manchen physikalischen Theorien aber seit den 1970er-Jahren vorausgesagte exotische Elementarteilchen namens Neutralinos oder Axionen. Auch andere Partikel werden diskutiert. Dunkle Materie verrät sich durch ihre Schwerkraft: Diese beeinflusst die Bewegung von Sternhaufen, Gaswolken und ganzen Galaxien in Galaxiengruppen sowie die Rotation von Galaxien, aber auch die Stärke sogenannter Gravitationslinseneffekte und die relativ rasche Strukturbildung aus dem homogenen Urgas. All das ist nur verständlich, wenn es viel mehr Dunkle wie sichtbare Materie gibt – vorausgesetzt, die Gravitationsgesetze gelten universell.

- Dunkle Energie macht mit 72 Prozent den Löwenanteil im All aus. Ihre Energiedichte beträgt zwar nur 4 Elektronenvolt pro Kubikmillimeter, aber sie ist wohl überall. (Zum Vergleich: Ein einzelnes Elektron hat eine Ruhemasse, die

511.000 Elektronenvolt entspricht.) Ein Elektronenvolt, $1,6 \cdot 10^{-19}$ Joule, entspricht ungefähr der Energie der Lichtteilchen, die eine Lampe abstrahlt.

Charles Lineweaver von der University of New South Wales in Sydney versuchte mit einer bodenständigen Metapher die kosmische Bestandsaufnahme zu veranschaulichen: „Vergleicht man das Universum mit einem Cappuccino, dann ist der Kaffee die seltsame Dunkle Energie. Die ebenso rätselhafte Dunkle Materie ist die Milch. Und die Planeten, Sterne und Galaxien sind das Schokoladenpulver auf dem Schaum." Das, was wir also wirklich kennen von der Welt, und aus dem wir selbst bestehen, die gewöhnliche Materie, macht also nur einen Bruchteil aus in der kosmischen Bilanz. Das ist also die Fortschrittsgeschichte der modernen Kosmologie: Wir wissen heute sehr genau, was wir nicht wissen, und das sind gut 95 Prozent des Gehalts unseres Universums!

Die Prozentzahlen sind übrigens nicht konstant, sondern die Dunkle Energie gewinnt mit der Zeit immer mehr an Gewicht. Als die Kosmische Hintergrundstrahlung freigesetzt wurde, knapp 380.000 Jahre nach dem Urknall, spielte die Dunkle Energie noch keine Rolle. Die Dunkle Materie dominierte damals. Sie stellte 63 Prozent der Energiedichte, normale Materie 12 Prozent, Photonen 15 Prozent und Neutrinos 10 Prozent.

Schildkröten und ein pulsierendes Universum

Sind Schildkröten das Fundament der Welt? Im Anschluss an einen astronomischen Vortrag des britischen Mathematikers und Philosophen Bertrand Russell soll sich einmal eine ältere

Dame zu Wort gemeldet haben. Sie akzeptiere nicht, dass die Erde nur ein Planet unter vielen sei, die Sonne nur ein Stern unter unzähligen und die Milchstraße nicht der Mittelpunkt des Universums, sondern eine Galaxie unter Myriaden. Sie glaube vielmehr, die Erde sei eine Scheibe, die von einer riesigen Schildkröte auf dem Rücken getragen würde. Russell erkundigte sich etwas spöttisch, worauf denn die Schildkröte stünde. „Geben Sie sich keine Mühe", erwiderte die Frau und nahm Russells Einwand vorweg. „Sie steht auf einer anderen Schildkröte, und diese wieder auf einer anderen und so weiter bis ins Unendliche."

Der Schildkröten-Turm ist eine schöne Parabel für die Alltagsweisheit „Von nichts kommt nichts". Aber woher stammt dann alles, das heißt der gesamte Kosmos? Wenn unser Universum wirklich mit einem Urknall entstand, wie die Kosmologen annehmen, was war dann vorher – oder, wenn diese Frage als sinnlos zurückzuweisen wäre: Wie und warum kam es zum Urknall? Und wenn es darauf eine Antwort gäbe: Wieso sind dann die Voraussetzungen, auf denen diese Antwort beruht, wahr? Kann man nicht immer weiterfragen?

Ein unendlicher Turm von Schildkröten und eine infinite Kette von Fragen sind rein logisch betrachtet denkbar, aber keineswegs zwangsläufig. Es könnte auch einen Abbruch (oder einen Kreisschluss) geben. Ähnlich beim Universum: Der Urknall könnte der absolute Anfang sein oder aber ein Übergang – womöglich sogar nur einer unter unendlich vielen. Dann wäre das Universum ewig, wie viele Philosophen und Kosmologen angenommen haben – von den Vorsokratikern bis zu Fred Hoyle –, aber doch auf eine andere Weise.

Solche Überlegungen sind nicht neu. So hat Richard Chace Tolman, ein mathematischer Physiker, der am California Institute of Technology forschte, bereits in den 1930er-Jahren über ein pulsierendes Universum spekuliert: eine ewige Reihe von

Urknall, Expansion, Kontraktion, Endknall, neuer Urknall und so weiter. In seinem 1934 erschienenen Buch *Relativity, Thermodynamics, and Cosmology* hatte er aber nachgewiesen, dass diese Oszillation aus thermodynamischen Gründen nicht gleichmäßig bleiben kann, sondern dass mit jedem neuen Urknall mehr Strahlung im Verhältnis zur Materie entsteht und sich dadurch die Zyklen immer weiter verlängern. Das sprach gegen eine ewige Pulsation und hatte auch die Schwierigkeit, dass unser Universum vergleichsweise wenig Strahlung hat und somit keine unendliche Zahl an Vorgänger-Universen besitzen sollte. Noch problematischer war aber die Frage, wie sich denn ein Endknall zu einem Urknall umkehren kann.

Anfang oder Ewigkeit?

„Im Anfang war die Ewigkeit! / Hier stock ich schon. – Geht das zu weit? / Ist jeder Anfang nicht nur Schein / Wenn es kein ‚Werden' gibt, nur ‚Sein'?", fragen die beiden Freiburger Physiker Thomas Filk und Domenico Giulini frei nach Goethe. „Ist es die Ewigkeit, die wir / Empfinden auf der Erde hier? / Was uns durch unsren Kosmos treibt / Ist nur ein Abbild, nichts, das bleibt; / Trennt Zukunft von Vergangenheit. / Heißt es vielleicht: Im Anfang war die Zeit?" Was sich so leichtfüßig reimen lässt, ist freilich die schwierigste Frage überhaupt: Hat der Kosmos einen Anfang, oder existiert er seit Ewigkeit – und warum? Diese Kontroverse wird seit Jahrhunderten geführt und ist auch eine zentrale Frage in der modernen Kosmologie.

Der Weltraum dehnt sich aus. Extrapoliert man die Expansion im Rahmen der Allgemeinen Relativitätstheorie immer weiter in die Vergangenheit – so als würde man den kosmischen Film rückwärts abspielen –, gelangt man an einen unerfreulichen Punkt in den Gleichungen: Die sogenannte Singularität. Hier bricht die Physik zusammen, die Naturgesetze verlieren ihre Gültigkeit und wissenschaftliche Aussagen sind nicht mehr möglich, weil Temperatur und Dichte unendlich, Raum und Zeit dagegen null werden. Jahrzehnte lang mochten viele Kosmologen aber nicht zu akzeptieren, dass die Expansion wirklich auf einen solchen seltsamen Zustand hindeutet. Verschiedene Einwände wurden erhoben:

- Die Singularität ist ein Artefakt, das aus einer irreführenden Wahl der Koordinaten resultiert – vergleichbar mit den Meridianen, die auf dem Erdglobus Singularitäten am Nord- und Südpol erzeugen, weil sie sich dort überschneiden; die Breitengrade dagegen haben diese Eigenschaft nicht.
- Nichts lässt sich beliebig zusammenpressen, irgendwann überwiegt stets der Gegendruck.
- Eine Rotation des Universums könnte durch „innere Fliehkräfte" die Singularität vermeiden.
- Das Universum hat sich nicht überall ganz gleichmäßig ausgedehnt. Verfolgt man die Expansion zurück, müssen sich daher auch nicht alle Weltlinien in einem Punkt vereinigen, sondern laufen gleichsam aneinander vorbei. Die Weltlinien beschreiben in der Relativitätstheorie die Geschichte der Dinge in der Raumzeit. Wenn diese Kurven nicht alle aus einem Punkt im Urknall entsprängen, gäbe es keine Singularität.

Genau das haben 1963 die ukrainischen Physiker Evgeny Mikhailovich Lifshitz und Isaak Markovich Khalatnikov behauptet. Ein Zustand unendlicher Dichte könne bloß eintreten, wenn die Galaxien sich direkt und exakt aufeinander zu beziehungsweise heute voneinander fort bewegten. Nur dann träfen sie sich alle in einem einzigen Punkt der Vergangenheit. Seitliche Bewegungen hingegen führten aneinander vorbei und müssten einen Zusammenprall vermeiden. Deshalb habe sich das

Universum, wenn es einst kollabiert war, wieder ausgedehnt, ohne einen Zustand unendlicher Dichte zu durchlaufen. Der Urknall wäre dann nur ein Übergang zwischen Kollaps und Expansion gewesen, aber nicht die Unmöglichkeit aller Erklärungen.

Dieses Argument wurde nicht generell akzeptiert, und so ließ sich die Frage nach der Singulariät nicht abschließend beantworten. Damit gelang es auch der modernen Kosmologie nicht, den prinzipiellen Widerspruch zu überwinden, den schon 1781 der Königsberger Philosoph Immanuel Kant als „Antinomie der reinen Vernunft" formuliert hatte: Man könne niemals beweisen, ob die Welt einen Anfang habe oder nicht.

Doch ist das wirklich so?

Vier Arten von Singularitäten und eine Kapitulation

Der Begriff „Singularität" (von lateinisch „singularis" und „singulus" für „einzeln", „einzigartig", „vereinzelt" sowie „eigentümlich", „außerordentlich") bezeichnet allgemein eine Einzigartigkeit (etwa in der Meteorologie oder technologischen Entwicklung). In der Mathematik und Physik sind Singularitäten mathematische Ausnahmesituationen, in denen die Gleichungen verrückt spielen. Verschiedene Arten von Singularitäten lassen sich unterscheiden, doch nicht alle sind „physikalisch real" und so alarmierend wie die mutmaßliche Anfangssingularität des Urknalls oder eine Endsingularität in einem Schwarzen Loch (und bei einem möglichen Kollaps des ganzen Universums).

- Mathematische Singularitäten kommen in vielen Funktionen vor. Ein Beispiel ist die Funktion $f(x) = 1/x$, wenn man für x die 0 einsetzt. In der üblichen Mathematik ist dies „verboten" beziehungsweise nicht definiert.

- Numerische Singularitäten wirken sich in vielen Bereichen der Wissenschaft hinderlich aus, etwa in der Hydrodynamik. Sie kommen allein auf Grund der begrenzten Rechengenauigkeit zustande. So ist beispielsweise $(1 + 10^{-12}) - 1 = 0$, wenn man auf elf Stellen genau rechnet. Eine Division durch einen solchen Ausdruck hätte fatale Folgen für die gesamte Rechnung, denn durch 0 kann man nicht teilen (mathematische Singularität). Eine geschickte Umformulierung bekommt eine solche numerische Singularität jedoch in den Griff: $(1 - 1) + 10^{-12}$ ergibt auch bei elf Stellen Rechengenauigkeit noch 10^{-12}.

- Koordinatensingularitäten sind, wie erwähnt, das Resultat eines bestimmten Beschreibungssystems. So hat das übliche Koordinatensystem der Erde je eine Singularität am Nord- und Südpol, weil sich die Meridiane dort überschneiden. Nun ist es an den Polen zwar bitterkalt – aber die physikalischen Gesetze spielen dort nicht verrückt. Freilich lassen sich Koordinatensingularitäten nicht einfach durch Rechentricks beseitigen. „Es hilft nur die Suche nach einem besseren Koordinatensystem. Hierfür gibt es noch kein geeignetes Standardverfahren", sagt Werner Berger, der am Max-Planck-Institut für Gravitationsphysik in Golm bei Potsdam die Kollision Schwarzer Löcher im Computer simuliert hat – eine knifflige Angelegenheit, weil die Metrik an ihrem Ereignishorizont (dem „Rand" des Schwarzen Lochs) in der Schwarzschild-Lösung singulär wird. Vereinfacht gesagt bedeutet dies: Radiale Abstände zur imaginären „Oberfläche" eines Schwarzen Lochs sind unendlich groß, obwohl sich paradoxerweise Umfang und Oberfläche selbst durchaus berechnen lassen. Koordinatensingularitäten sind Artefakte ohne physikalische Realität und können also im Prinzip vermieden werden. „Die Wahl eines guten Koordinatensystems ist ein heißes Forschungsthema und gehört zu den Geheimrezepten einer physikalisch vertrauenswürdigen Simulation", so Berger.

- Krümmungssingularitäten – auch echte, intrinsische oder physikalische Singularitäten genannt – stellen die eigentliche Herausforderung dar. Sie sind ebenfalls Koordinatensingularitäten, doch lassen sie sich nicht durch eine Transformation beseitigen, sondern bleiben in allen Koordinatensystemen erhalten. „Auch das beste Koordinatensystem nützt nichts, wenn man auf den heikelsten Punkt einer Raumzeit trifft: die physikalische Singularität", sagt Werner Berger. „Keine andere Theorie oder Methodik kann hier Ratschläge erteilen. Dieser Punkt ist per definitionem nicht berechenbar. Und hier hilft nur eines: diesen Punkt rechentechnisch mit allen Mitteln zu vermeiden." Bei der Simulation von kollidierenden Schwarzen Löchern gelingt dies, indem man die Singularität einfach „ausschneidet" – zumal die Verhältnisse im Inneren der Schwarzen Löcher, jenseits des Ereignishorizonts, von außen ohnehin nicht einsehbar sind. Und da nichts aus dem Inneren eines Schwarzen Lochs die Außenwelt beeinflusst, können – zumindest in der klassischen Physik – auch alle „inneren Werte" vernachlässigt werden; wenn man die Umgebung beschreibt, sie sind dann völlig irrelevant. Die Urknall-Singularität lässt sich so freilich nicht umgehen.

Hawking bringt die Problematik folgendermaßen auf den (singulären) Punkt und lässt keinen Zweifel daran, dass hier eine Art Kapitulationserklärung droht: „Zum Zeitpunkt einer Singularität, die wir als Urknall bezeichnen, müssten die Dichte des Universums und die Krümmung der Raumzeit unendlich gewesen sein. Unter solchen Bedingungen würden alle bekannten Naturgesetze ihre Gültigkeit verlieren. Das wäre eine Katastrophe für die Wissenschaft, denn es würde bedeuten, dass die Wissenschaft allein keine Aussage über den Anfang des Universums machen könnte. Sie könnte nur feststellen: Das Universum ist, wie es jetzt ist, weil es war, wie es damals war. Aber sie könnte nicht erklären, warum es so war, wie es damals, das heißt kurz nach dem Urknall, gewesen ist."

Die entscheidenden Fragen lauten also: Ist eine solche physikalische Singularität „real" – gleichsam ein Stoppschild für unsere Erkenntnis und das Ende aller Erklärungen –, oder tritt auch sie nur als Artefakt einer unzureichenden Theorie auf – und zwar notwendigerweise? – und kann mit einer besseren überwunden werden?

Ein sehr erfreulicher unerfreulicher Punkt

„Herum geht unser Tanz der Fragen im Kreis, und in der Mitte sitzt das Geheimnis, das alles weiß." Auf diesen Vers des amerikanischen Dichters Robert Frost können Physiker und Astronomen ein Lied singen. Denn viele ihrer Fragen tanzen noch immer um das Geheimnis im Zentrum der Schwarzen Löcher. Was geschieht dort mit der Materie des kollabierten Sterns, aus dem das Schwarze Loch entstand?

Albert Einstein hatte noch bezweifelt, dass es Schwarze Löcher überhaupt geben kann (der Name selbst wurde erst 1967 von John Wheeler geprägt). Doch nach Vorarbeiten einiger anderer Forscher war es Roger Penrose Mitte der 1960er-Jahre gelungen, mit neuen, von ihm selbst entwickelten mathematischen Techniken nachzuweisen, dass der Kollaps massereicher Sterne zu einem Schwarzen Loch unter sehr allgemeinen und plausiblen Voraussetzungen unaufhaltsam ist. Es gab, im Gegensatz zu früheren Vermutungen, für die Natur keinen Ausweg, die unendliche Verdichtung zu vermeiden – etwa indem der Stern rotiert oder seine Materie nicht ganz gleichmäßig verteilt ist, so dass seine in sich zusammenstürzende Masse wieder expandieren könnte.

Penrose stellte seine Überlegungen 1965 auf einem Seminar am University College in London vor. Stephen Hawking, der damals sein drittes Jahr als Doktorand begann, besuchte das Seminar mit Dennis Sciama. Im Anschluss daran fragte er sich, ob man die Methoden, die Penrose für Sterne entwickelt hatte, nicht auch auf das Universum als Ganzes anwenden könnte. Lässt man nämlich in Gedanken – oder mithilfe der Gleichungen in der physikalischen Beschreibung – die kosmische Expansion rückwärts laufen, dann kollabiert der Weltraum ja ebenfalls. (Unter bestimmten Voraussetzungen wird er dies auch in ferner Zukunft tun – nur ist es unklar, ob diese Voraussetzungen erfüllt sind.) Und da er nicht seit Ewigkeiten expandiert, wie es im Steady-State-Modell angenommen wurde, sondern seit einer endlichen Zeit, könnte – so dachte Hawking – diese Rückextrapolation etwas vom Ursprung des Universums verraten. Daher beschloss er, die Resultate von Penrose auf das gesamte All anzuwenden.

Hawking hatte Erfolg. Sein Ansatz glückte, und so konnte er zeigen, dass unter bestimmten Bedingungen im Rahmen der Relativitätstheorie eine Singularität im Urknall tatsächlich nicht zu vermeiden ist. Das letzte Kapitel seiner Dissertation enthielt den ersten Singularitätssatz für den Anfang des Universums. Dennis Sciama, Hawkings Betreuer, hatte anfangs noch mit dem Steady-State-Modell sympathisiert. Doch Hawkings 1966 abgeschlossene Dissertation und seine weiteren Arbeiten überzeugten ihn bald vom Gegenteil. Roger Penrose war Zweitgutachter und ebenfalls begeistert.

Zusammen mit Penrose (aber auch anderen Forschern wie George Ellis) erweiterte Hawking in den folgenden Jahren bis 1970 den neuen Ansatz noch, um die Annahmen so schwach wie möglich zu machen und die Schlussfolgerungen auszuloten. Immer wieder stießen sie an den unerfreulichen Punkt in den Gleichungen, die Singularität. Es zeigte sich, dass sie unter sehr allgemeinen Voraussetzungen unvermeidlich war.

„Wir umgingen Kants Antinomie, indem wir die implizite Annahme aufgaben, die Zeit habe eine vom Universum unabhängige Bedeutung", schrieb Hawking später in einer Rückschau. „Der Aufsatz, in dem wir bewiesen, dass die Zeit einen Anfang hat, gewann 1969 den zweiten Preis in dem von der Gravity Research Foundation gesponserten jährlichen Essay-Wettbewerb, und Roger und ich durften uns die fürstliche Summe von 300 Dollar teilen. Ich glaube nicht, dass die anderen preisgekrönten Arbeiten dieses Jahres von dauerhaftem Wert waren."

Evgeny Lifshitz und Isaak Khalatnikov kamen daraufhin in eine schwierige Situation. Ihre Arbeit von 1963, mit der sie die Singularität zu umgehen glaubten, hielt den Hawking-Penrose-Theoremen nicht stand. „Gegen die mathematischen Theoreme, die wir bewiesen hatten, konnten sie schlecht etwas einwenden, andererseits durften sie aber unter dem sowjetischen System auch nicht zugeben, dass sie sich geirrt und westliche Wissenschaftler recht hatten", erinnert sich Hawking. „Doch sie retteten die Situation, indem sie eine allgemeinere Familie von Lösungen mit einer Singularität fanden, die nicht so speziell waren wie ihre vorherigen Lösungen. Damit waren sie in der Lage, Singularitäten – den Anfang oder das Ende der Zeit – als sowjetische Entdeckung zu reklamieren."

Endpunkt der Physik

„Die Zeit hat einen Anfang", fasst Stephen Hawking das wichtigste Ergebnis seiner Singularitätsbeweise im Rahmen der Allgemeinen Relativitätstheorie zusammen. Die Stärke der Singularitätstheoreme von Hawking und Penrose ist, dass sie auf drei sehr allgemeinen und schwachen, das heißt plausiblen Bedingungen beruhen, die weitgehend unabhängig von der Relativitätstheorie sind. Und es gilt sogar, wie Hawking schreibt: „Man kann eine Bedingung abschwächen, wenn man sich dafür bei den beiden anderen für eine stärkere Version entscheidet." Diese drei Grundannahmen lassen sich ohne mathematisch-physikalische Vorkenntnisse nicht kurz und knackig vermitteln und verstehen, daher hier nur ein paar Andeutungen:

- Gravitation wird, ganz im Sinn von Einsteins Relativitätstheorie, geometrisch interpretiert, und sie muss so stark sein können, dass aus einem begrenzten Gebiet nichts mehr entweichen kann (ähnlich wie bei einem Schwarzen Loch). Insofern brechen an Singularitäten die Weltlinien von Strahlung und Materie ab, sie haben eine Grenze. Die Raumzeit hat nicht die bizarre Eigenschaft, eine gravitative Fokussierung zu verhindern.
- Die Gültigkeit des Kausalitätsprinzips wird vorausgesetzt. Eine Ursache kommt also zeitlich immer vor ihrer Wirkung. Es gibt keine Zeitschleifen.
- Bestimmte sogenannte Energiebedingungen dürfen nicht verletzt sein. So darf die Energiedichte oder Masse keine negativen Werte annehmen oder die lokale Schallgeschwindigkeit höher als die lokale Lichtgeschwindigkeit sein.

Dies heißt, im Umkehrschluss, dass sich Krümmungssingularitäten vermeiden lassen, wenn mindestens eine der Annahmen der Hawking-Penrose-Theoreme nicht erfüllt ist beziehungsweise ausgehebelt wird. Mit anderen Worten: Eine Elimination der Urknall-Singularität in der physikalischen Kosmologie erfordert eine Erklärung des Urknalls mithilfe einer Theorie, die mindestens eine der Annahmen zurückweist, und die überdies verständlich machen kann – am besten mithilfe

einer rigorosen theoretischen Ableitung aus den Prinzipien dieser Theorie –, warum diese Annahme nicht gültig ist.

„Wenn die klassische Allgemeine Relativitätstheorie richtig
ist, dann muss in der Vergangenheit tatsächlich eine Singularität existiert haben, die der Beginn der Zeit war", sagt Hawking.
„Alles, was vielleicht vor der Singularität existiert hatte, konnte
demzufolge nicht als Teil des Universums betrachtet werden."

Falsch wäre es aber zu sagen, dass das Universum aus der
Urknall-Singularität entsprang. Denn diese Krümmungssingularität ist kein „Gegenstand" oder Teil der Natur (sondern allenfalls ein abstraktes Objekt einer physikalischen Theorie). Sie ist
kein realer Rand der Raumzeit, sondern vielmehr die Grenze
der physikalischen Beschreibung dieser Raumzeit. Somit gehört die Singularität nicht zum Raum und zur Zeit und markiert daher strenggenommen auch nicht den Anfang der Zeit.
In der Singularität versagt die gegenwärtige Physik und Kosmologie. Aber das sagt noch nicht unbedingt etwas über die Natur
aus, sondern zunächst einmal nur über die Vorstellung, die sich
die Physiker und Kosmologen von ihr machen.

„Alle bekannten wissenschaftlichen Gesetze verlieren an einer Singularität ihre Gültigkeit. Daraus würde folgen, dass die
Wissenschaft keine Aussagen darüber machen kann, wie das
Universum begonnen hat, wenn die Allgemeine Relativitätstheorie stimmt", sagt Hawking. Es ist möglich, dass die Singularität – als eine Grenze der menschlichen Erkenntnis – nicht
„überwunden" oder „gesprengt" werden kann. Dann wäre sie
ein Endpunkt physikalischer Erklärungen, eine Sackgasse des
Naturverständnisses, ein scharfer Schlussstrich für den Versuch, den Ursprung des Universums zu verstehen. Doch ob das
der Fall ist, ist momentan eine offene und höchst brisante Frage. Eine Frage, die an die vorderste Front der kosmologischen
Forschung führt.

Teil III

Inflationäre Zeit

Kosmologen irren sich oft,
aber sie zweifeln nie.

Lev Landau (1908–1968),
sowjetischer Physiker

Das unordentlichste Büro
und die Weite des Weltalls

Für den Uneingeweihten sieht das kleine Büro wie eine zuge-müllte Rumpelkammer aus: Stapel von Papier überall – auf dem Schreibtisch, darunter, daneben, sogar auf einem Stuhl. Fotokopien, Zeitschriften, Bücher sowie unzählige Unterlagen und Kartons. Aber das „Genie" beherrscht nicht nur das – ver-meintliche – Chaos, sondern erkennt die Ordnung dahinter und verwahrt Schätze, deren Wert die Adepten der Wegwerf-gesellschaft zu begreifen unfähig sind. „Ich finde alles", sagte Alan Guth zu den Physikern und Kosmologen im Hörsaal des Center for Mathematical Sciences der britischen University of Cambridge, die irritiert auf die Fotos von der scheinbaren Un-ordnung blickten. „Das ist das Einladungsschreiben von Ste-phen Hawking", fuhr Guth fort und zeigte eine Kopie, „... hier das Anmeldeformular, das ich nie ausgefüllt habe ... hier das Erinnerungsschreiben ... hier das vorläufige und hier das end-gültige Konferenzprogramm ... und dies sind einige meiner Notizen."

Die Scans dieser Dokumente, die über die Leinwand husch-ten, haben inzwischen eine historische Bedeutung. Denn der Workshop *The Very Early Universe*, der im Sommer 1982 in Cambridge stattfand, hat wesentliche Grundlagen der moder-nen Kosmologie gelegt, die bis heute die Wissenschaftler be-schäftigen. Finanziert wurde er von der Nuffield Foundation, einer der größten britischen Stiftungen, die seit 1943 aus dem Vermögen des Automobilherstellers William Morris (Lord Nuffield) Gelder für Forschung und Entwicklung bereitstellt. Organisiert worden war der Workshop unter anderem von Ste-phen Hawking.

Zum 25-jährigen Jubiläum des Nuffield-Workshops hatte Hawking zu einer Konferenz *The Very Early Universe – 25 Years*

On eingeladen, die Mitte Dezember 2007 erneut in Cambridge stattfand. Wieder diskutierten viele der führenden Kosmologen die aktuellsten Forschungsergebnisse – und dabei wurde deutlich, welche gewaltigen Fortschritte ihr Wissenschaftszweig seitdem gemacht hatte.

„Wir hatten niemals zuvor ein kosmologisches Modell, das so viel erklärt", zog Alan Guth das Fazit am Ende seines Eröffnungsvortrags. Er hatte damals am Massachusetts Institute of Technology im amerikanischen Cambridge geforscht und tut es heute noch, anfangs als Teilchenphysiker, aber seit Beginn der 1980er-Jahre als Kosmologe. Guth gehört zu den Pionieren dieser kosmologischen Erfolgsgeschichte. Neben zahlreichen wissenschaftlichen Auszeichnungen hat er aber auch einen ganz speziellen Preis erhalten: den Award der Zeitung *Boston Globe* für das „unordentlichste Büro". Und die Fotos, die er am Anfang seines Vortrags zeigte, sind ein überzeugender Beleg dafür, dass er diesen Preis redlich verdient hat. „Die Konkurrenz war allerdings ziemlich schwach", kommentierte er grinsend. Dieses vollgestopfte, enge Büro steht in einem frappierenden Kontrast zu der gigantischen Weite und Leere des Alls, die aus einer Theorie vom Universum folgt, die Guth wesentlich mitbegründet und weiterentwickelt hat: das Szenario der Kosmischen Inflation.

Kosmische Aufblähung

„Wenn Kosmologen die Urknall-Theorie für richtig halten, meinen sie damit meist eine präzis definierte und eingeschränkte Wortbedeutung von ‚Urknall': die Expansion des Universums von einem anfänglichen Zustand hoher Dichte", sagt Alan Guth und meint damit einen Zustand, der nicht mit der Urknall-Singularität verwechselt werden darf, sondern eine gewisse Zeit nach dieser Grenze der theoretischen Beschreibung herrschte – etwa jene Zeit, in der die leichten Elemente entstanden sind. „Aber das besagt nichts darüber, ob das Universum wirklich damit begann oder ob etwas zuvor geschah", führt Guth weiter aus und bringt das Problem auf den Punkt: „Die Standardtheorie vom Urknall verrät uns nicht, was geknallt hat, warum es geknallt hat und was sich ereignete, bevor es geknallt hat. Trotz ihres Namens beschreibt die Urknall-Theorie den Urknall eigentlich gar nicht. Es handelt sich in Wirklichkeit um eine Theorie über die Folgen des Urknalls."

Was aber waren die Ursachen? Beim Nachdenken über diese Frage und verschiedene ungelöste Probleme der Urknall-Theorie kam Alan Guth 1979 auf eine verblüffende Idee: Ein exotischer physikalischer Zustand könnte winzige Regionen des Universums unglaublich schnell aufgebläht haben. Diese rapide Größenzunahme hat Guth Kosmische Inflation genannt.

„Inflation" (von lateinisch „inflare": aufblähen) bedeutet stets eine exponentielle Zunahme. Eine rasante Geldentwertung ist das bekannteste Beispiel. „In Deutschland war die Inflation einst verheerend – eine Zunahme der Geldmenge um das Zehnmillionenfache in 18 Monaten", erinnert Stephen Hawking, der das Modell der Kosmischen Inflation von Anfang an aufmerksam verfolgt und mit dem Workshop *The Very Early Universe* auch maßgeblich gefördert hat. In den 1920er-Jahren betrug die Inflationsrate in der Weimarer Republik 32.400 Prozent; das bedeutet, dass sich die Preise in einer Woche vervierfachten. Noch schlimmer traf es Ungarn 1945/46: Bei der Hyperinflation verdreifachten sich die Preise jeden Tag – das entsprach einer jährlichen Rate von über 40 Billiarden Prozent. Doch diese Zahlen sind nichts im Vergleich zur Kosmischen Inflation. Hawking: „Das Universum vergrößerte sich im Bruchteil einer Sekunde um mindestens das 10^{26}-fache – und das war gut, denn erst so wurde es riesig."

Diese gewaltige Ausdehnung war, wenn das Modell zutrifft, sogar viel schneller als das Licht. Das widerspricht jedoch nicht der Relativitätstheorie, derzufolge Materie nicht auf Lichtgeschwindigkeit oder darüber hinaus beschleunigt werden kann (dazu wäre quasi eine unendliche Menge an Energie erforderlich). Denn nicht die Materie, sondern der Raum breitete sich inflationär aus. Und die Barriere der Lichtgeschwindigkeit gilt *im* Raum, nicht *für den* Raum. (Tatsächlich scheinen ja auch die fernsten Galaxien überlichtschnell von der Milchstraße fort zu rasen, was aber nicht aufgrund ihrer Eigenbewegung geschieht, sondern eine Folge der von Edwin Hubble und Milton Humason entdeckten, seit dem Urknall anhaltenden Ausdehnung des Weltraums ist.) Materie in gewöhnlichem Sinn gab es in der Epoche der Inflation auch noch gar nicht. Aber die Energie im Raum – oder des Raums – wurde mit der exponentiellen Expansion durchaus mit verteilt, blieb also nicht „zurück".

Die Relativitätstheorie „verbietet" also eine überlichtschnelle Ausdehnung des Raums nicht, sondern ist im Gegenteil die Grundlage für deren Beschreibung. Doch was kann eine solche Inflation antreiben? Und weshalb sollte man einen solchen exotischen und vehementen Vorgang überhaupt annehmen?

Sechs gute Gründe für die Inflation

Mindestens sechs starke Argumente sprechen für das Szenario der Kosmischen Inflation. Denn dieses kann einige astronomische und physikalische Tatsachen relativ einfach erklären, die sonst schwierige Probleme und offene Fragen des Urknall-Modells aufwerfen:

- Expansion: „Die Standardtheorie vom Urknall behandelt nicht die Frage, was die Ausdehnung des Weltraums verursacht hat", sagt Alan Guth. „Die Expansion wird vielmehr als Anfangsbedingung in die Gleichungen der Theorie gesteckt." Das Szenario der Inflation jedoch kann eine so gleichmäßige Ausdehnung erklären, wie sie sich heute noch messen lässt.

- Teilchen: Das beobachtbare Universum enthält eine riesige Menge an Materie – mindestens 10^{80} Atome . Die exponentielle Expansion des Weltraums bringt zwangsläufig astronomisch große Zahlen mit sich. Da das Volumen proportional zur dritten Potenz des Durchmessers ist, führt eine sechzigfache Verdopplung einer inflationierenden Raumregion zu einer Volumenzunahme um den Faktor $(e^{60})^3$ – also ungefähr 10^{80}. Dies liegt in derselben Größenordnung wie die Teilchenzahl und könnte bei deren Erklärung eine Rolle spielen.

- Magnetische Monopole: Die Großen Vereinheitlichten Theorien, die alle fundamentalen Wechselwirkungen (elektromagnetische Kraft, starke und schwache Kernkraft) mit Ausnahme der Schwerkraft als eine Superkraft beschreiben, sagen voraus, dass bei den hohen Energien dieser Kraft, die im frühen Universum das Geschehen regierte, magnetische Monopole entstanden sein müssen. Das sind Teilchen mit der 10^{16}-fachen Masse eines Protons, die im Gegensatz zu den bekannten Stabmagneten wie isolierte magnetische Nord- und Südpole wirken. Ihre Gesamtmasse würde die übrige Materie um den Faktor eine Trillion übertreffen. Dass man trotzdem keine solchen Monopole beobachten kann, erklärt das Szenario der Inflation mit der exponentiellen Raumausdehnung: Aufgrund dieser rapiden Volumenzunahme wurden die Monopole so stark verdünnt, dass es höchstens einige wenige im gesamten beobachtbaren Universum geben kann. Auch andere exotische Relikte, die aus einer Art Unregelmäßigkeit beim Beginn der Welt stammen könnten – eindimensionale Kosmische Strings, zweidimensionale Domänengrenzen (Bloch-Wände) oder dreidimensionale Texturen, allesamt Hochenergie-Relikte aus dem frühen Universum – würden wie die punktförmigen Monopole „weginflationiert". Auch sie tauchen nämlich in manchen fundamentalen Theorien der Physik auf, werden aber nicht beobachtet und können, wenn überhaupt, nur sehr, sehr selten im beobachtbaren Ausschnitt des Universums vorhanden sein.

- Homogenität: Das Weltall erscheint überall und in allen Richtungen extrem gleichförmig. Das macht besonders die Kosmische Hintergrundstrahlung deutlich, die den Weltraum gleichmäßig ausfüllt und die physikalischen Bedingungen 380.000 Jahre nach dem Urknall anzeigt. Die Temperaturunterschiede von nur etwa 0,00001 Grad sind erstaunlich gering. Das kann kein Zufall sein, sondern deutet auf Ausgleichsprozesse hin. Doch der Standardtheorie vom Urknall zufolge können gegenüberliegende Himmelsregionen niemals miteinander in einer ursächlichen Wechselwirkung gestanden haben, denn das heute beobachtbare Universum (Durchmesser: circa 10^{26} Meter) wäre zu der Zeit, als es 10^{-35} Sekunden alt war, knapp einen Zentimeter groß gewesen – vergleichbar mit einer Murmel. Das erscheint wenig, ist aber physikalisch betrachtet noch immer riesig, denn das Licht hätte zu diesem Zeitpunkt erst etwa 10^{-27} Meter zurückgelegt. Ein Temperaturausgleich wäre also damals nicht möglich gewesen. Und deshalb sollte die Kosmische Hintergrundstrahlung heute viel unregelmäßiger sein, als sie tatsächlich ist. Durch die überlichtschnelle Ausdehnung des Weltraums während der Inflation (und die sich anschließende, bis heute anhaltende langsamere Expansion) wurde jedoch eine winzige Region von weniger als 10^{-27} Meter Durchmesser mindestens auf die Größe unseres gegenwärtigen Beobachtungshorizonts aufgeblasen. Die

Homogenität der Hintergrundstrahlung ist also kein unerklärlicher Zufall oder eine fein justierte Anfangsbedingung, sondern die Folge eines Wärme- und Energietransfers im frühen Universum, den die Inflation auf wahrhaft kosmische Skalen vergrößert hatte. Bereiche des Weltalls mit anderen physikalischen Eigenschaften mag es durchaus geben, aber sie sind so weit von uns entfernt, dass wir sie niemals erblicken können.

- Fluktuationen: Nicht nur die Homogenität kann das Szenario der Inflation erklären, sondern auch die kleinen Abweichungen davon, die winzigen Temperaturunterschiede in der Größenordnung von 0,00001 Grad. Ihre Stärke, Ausdehnung und räumliche Verteilung passt zu den Voraussagen der meisten Modelle der Kosmischen Inflation. Der Ursprung dieser Temperaturschwankungen sind zufällige Quantenfluktuationen, die durch die exponentielle Expansion enorm verstärkt wurden (dazu später mehr). Diese winzigen Dichteunterschiede im Urgas gelten als die „Keime" für die Entstehung der großräumigen Strukturen, das heißt der Galaxienhaufen und -superhaufen.

- Flachheit: Messungen der Kosmischen Hintergrundstrahlung und der durchschnittlichen Materiedichte zeigen, dass der Weltraum global nicht oder kaum gekrümmt ist, also weder der Oberfläche einer Kugel (sphärische Metrik) noch der eines Sattels (hyperbolische Metrik) ähnelt. Diese „Flachheit" des Weltraums (euklidische Metrik) ist als zufällige Anfangsbedingung extrem unwahrscheinlich (etwa 1 zu 10^{58}) – allerdings notwendig, denn sonst wäre das Universum längst wieder in sich zusammengestürzt oder hätte sich so schnell ausgedehnt, dass aus der rasch verdünnten Urmaterie keine Sterne und Galaxien entstanden wären. Eine kurze Periode der Inflation kann die Flachheit des Weltraums jedoch zwanglos erklären und setzt nicht einmal voraus, dass der euklidische Grenzfall von Anfang an zutraf oder heute exakt zutrifft.

Diese eindrucksvolle Liste lässt sich im Rückblick leichter formulieren. Aber die Probleme der Homogenität, Flachheit und fehlenden Monopole hatten viele Kosmologen bereits in den 1970er-Jahren stark beschäftigt. Warum das All so gleichförmig aussieht, hatte Stephen Hawking mit Barry Collins in einem 1973 im *Astrophysical Journal* publizierten Artikel sogar so zu beantworten versucht: „Weil wir hier sind." Diese auf den ersten Blick kuriose Antwort – ein im darauffolgenden Jahr als „Anthropisches Prinzip" bezeichnetes Argument (dazu später mehr) – soll heißen: Wenn das Universum nicht so gleichförmig wäre, gäbe es uns gar nicht, weil es längst wieder in sich zusammengestürtzt wäre oder zu schnell auseinandergeflogen wäre und sich keine Sterne und Planeten hätten bilden können. Diese Antwort ist zwar richtig, aber zugleich unbefriedigend, weil sie streng genommen nichts erklärt. Eine Phase der Inflation, so erkannte Alan Guth jedoch, würde die Homogenität, Flachheit und fehlenden Monopole verständlich machen – und vieles mehr. Doch was konnte den Raum dazu veranlasst haben, sich exponentiell auszudehnen?

Horror vacui – die Furcht vor dem Leeren

Um die Kosmische Inflation zu verstehen, muss man gleich zwei hartnäckige Vorurteile überwinden: Das Vakuum ist nicht einfach nichts; und Gravitation kann in gewisser Hinsicht auch abstoßend sein. Zunächst sei daher ein „nichtiger" Umweg gestattet. Denn wer glaubt, von Nichts kommt nichts, muss wissen, dass „Nichts" auch nicht mehr das ist, was es einmal war, und dass es das ganze beobachte Universum quasi „um-

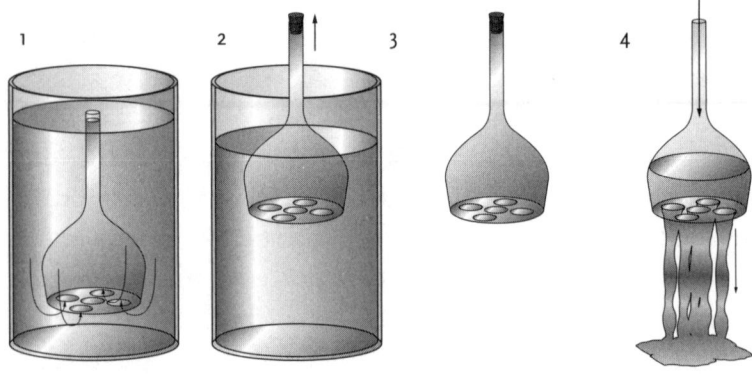

Das Experiment des Empedokles: *Viele antike Denker glaubten, die Natur haben ein „Horror Vacui", eine Abscheu vor dem Leeren. Dies demonstrierte der Philosoph Empedokles angeblich schon im 5. Jahrhundert v.Chr. mit einem Gefäß namens Klepshydra (Wasserheber), einem Kolben mit perforiertem Boden: Das Experiment zeigt, dass die Luft darin (1) ein Stoff ist, der entweichen muss, bevor Wasser in das Gefäß eindringen kann (2). Hält man dann die Tülle mit dem Finger geschlossen, fließt das Wasser nicht aus der Klepshydra hinaus (3) – sondern erst, wenn Luft nachströmen kann (4). Anscheinend lässt die Natur keinen Leerraum zu.*

sonst" gab, wie Alan Guth sagte, auch wenn angeblich nichts umsonst ist …

„Nothing is real", heißt es in dem Beatles-Song *Strawberry Fields Forever* von 1967. In seinem Revolutionsdrama *Dantons Tod* hingegen ließ Georg Büchner 1835 einen Protagonisten feststellen: „Die Schöpfung hat sich so breit gemacht, da ist nichts leer, alles voll Gewimmels." Was hier poetisch miteinander kollidiert, war schon zu Beginn der abendländischen Philosophie eine Streitfrage – und ist es, mit veränderten Vorzeichen und wechselnden Triumphen, in der Physik bis heute geblieben. Gibt es irgendwo – oder gab es irgendwann – eine Stelle im Universum oder einen Zustand vor ihm, wo absolut nichts ist beziehungsweise war?

Die Kontroverse begann schon vor 2500 Jahren bei den Vorsokratikern. Damals standen sich die Plenisten und die Atomisten unversöhnlich gegenüber. Erstere, etwa Empedokles, waren überzeugt: „Im All gibt es nirgends einen leeren Raum, noch einen, der übervoll wäre." Das war keine bloße Behauptung, sondern ließ sich empirisch begründen, wie Empedokles' Beobachtung mit der Klepshydra veranschaulichte, einem Wasserheber. Die Atomisten hingegen glaubten, dass ein Vakuum existiert – wenn auch nicht überall. „In Wirklichkeit gibt es nur die Atome und den leeren Raum", war Demokrit überzeugt.

Bis weit über das Mittelalter hinaus dominierten die Plenisten mit der besonders von Aristoteles und seinen Schülern propagierten Auffassung, die Natur habe einen „horror vacui", eine Furcht oder Abscheu vor dem Leeren. 1644 zeigte dann der italienische Physiker Evangelista Torricelli, angeregt von Galileo Galilei, dass es luftleeren Raum gibt: Er erfand das Quecksilberbarometer und erkannte den Raum im abgeschlossenen Teil über der Quecksilbersäule als nahezu leer. Dieser Hohlraum ist unabhängig von Volumen, Form, Länge und Neigung des Quecksilberrohrs und muss ein Vakuum sein, weil Luft weder durch Glas noch durch Quecksilber dringen kann. Davon war freilich nicht jeder überzeugt – so spottete der französische Philosoph René Descartes, ein Vakuum sei allenfalls in Torricellis Kopf anzutreffen.

Weltberühmt wurde auch der Magdeburger Naturwissenschaftler Otto von Guericke, der ein Jahrzehnt später mit der von ihm erfundenen Kolbenvakuumluftpumpe die Luft zwischen zwei Kupferhalbkugeln absaugte (genauer: fast 99 Prozent der Luft). Die Halbkugeln konnten daraufhin von zwei Gespannen aus bis zu zehn Pferden auf beiden Seiten nicht mehr getrennt werden – fielen aber sofort auseinander, als die Luft wieder in das Vakuum zwischen ihnen eingelassen wurde.

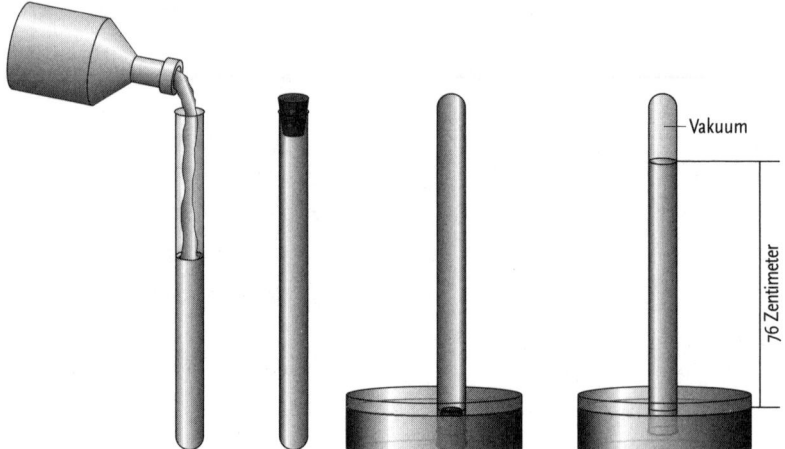

Vakuum

76 Zentimeter

Das Experiment von Torricelli: *Der italienische Physiker Evangelista Torricelli wies im 17. Jahrhundert nach, dass der luftleere Raum existieren muss und hergestellt werden kann. Er füllte eine lange Glasröhre mit Quecksilber, verschloss sie mit dem Finger, drehte sie um und tauchte sie in eine Schale voll Quecksilber. Daraufhin sank die Quecksilbersäule – zwischen ihr und dem Glas hatte sich ein luftleerer Hohlraum gebildet. Er ist unabhängig vom Volumen, von der Form, Länge und Neigung des Rohrs und muss ein Vakuum sein, weil Luft weder durch Glas noch durch Quecksilber dringen kann. Die Quecksilbersäule wird vom äußeren Luftdruck getragen, der auf dem Quecksilberspiegel in der Schale lastet. Die Steighöhe der Säule – etwa 76 Zentimeter auf Meereshöhe – ist eine einfache Folge des Luftdrucks auf der Erdoberfläche, der Temperatur und des spezifischen Gewichts von Quecksilber. Das Prinzip findet im Quecksilber-Barometer seine direkte Anwendung; nach Torricelli wurde dann auch eine Einheit des Luftdrucks benannt (1 Torr = 1 Millimeter Quecksilber, was etwa 133,32 Pascal oder 0,001333 Bar entspricht).*

Dies ist allerdings weniger eine Eigenschaft des Vakuums als vielmehr des Drucks der umgebenden Luft. Doch das Experiment zeigte, dass Stoffe nicht vom Vakuum angesaugt, sondern vom Umgebungsdruck in das Vakuum hineingepresst werden. Im Lauf der nächsten zwei Jahrhunderte wurden die Pumpen so weit verbessert, dass sie einen Restdruck von weniger als einem Tausendstel Millibar erreichten. Sie waren um 1900 weit verbreitet und wurden beispielsweise bei der Herstellung von Glühlampen eingesetzt. Im 20. Jahrhundert wurden dann noch leistungsfähigere Pumpen erfunden, darunter die Turbomolekular-, Kryo- und Sorptionspumpen. Bei Letzteren werden verbliebene Gasteilchen an die Gefäßwände gebunden. Mit ziemlichem Aufwand lassen sich heute bis zu 10^{-13} Millibar erreichen. Das entspricht einer Dichte von wenigen Hundert Molekülen pro Kubikzentimeter.

An Weltraumbedingungen kommen aber auch die raffiniertesten Geräte noch nicht heran. Zwar ist das All nicht frei von Teilchen – durchschnittlich steckt in jedem Kubikmeter etwa ein Wasserstoff-Atom, in interstellaren Gaswolken können es 10 oder 100 sein –, doch kommt es einem „chemischen Vakuum" noch am nächsten: einem Raum frei von Atomen.

Allerdings sind selbst Raumbereiche ganz ohne Atomkerne und Elektronen nicht leer. Denn es gibt noch andere Arten von Materie – „Geisterteilchen" wie die Neutrinos zum Beispiel, die kaum mit der uns vertrauten Materie wechselwirken. „Für sie ist die Erde einfach ein Ball, leicht zu durchdringen auf dem Weg durchs All", reimte der amerikanische Schriftsteller John Updike. Tatsächlich schießen rund 66 Milliarden Neutrinos aus dem Sonneninneren in jeder Sekunde durch jeden Quadratzentimeter der Erdoberfläche – einschließlich des menschlichen Körpers –, ohne eine Spur zu hinterlassen. Sie wären selbst durch Lichtjahre dicke Bleimauern nicht aufzuhalten. Zahlreiche astronomische Messungen sprechen dafür, dass es noch andere Arten von Dunkler Materie gibt – Elementarteilchen, die sich wie die Neutrinos nicht durch elektromagnetische Strahlung bemerkbar machen.

Sieht man auch von der Dunklen Materie ab, die viele Physiker in aller Welt zurzeit mit raffinierten Messgeräten direkt nachweisen wollen, ist der Weltraum dennoch kein totaler Leerraum. Denn er wird von elektromagnetischen Feldern erfüllt sowie von der Wärmestrahlung des Kosmischen Hintergrunds. Aber elektromagnetische Felder lassen sich abschirmen. Und tiefere Temperaturen sind möglich: So haben Astronomen einen Ort entdeckt, der zwei Grad kälter ist als die Kosmische Hintergrundstrahlung: den 5000 Lichtjahre entfernten Bumerang-Nebel im Sternbild Zentaur. Ein extrem rascher Gasverlust seines Zentralsterns – die Geschwindigkeiten der Gas-Teilchen betragen bis zu 600.000 Kilometer pro Stunde – sorgt für den Kühleffekt. Doch die kälteste Stelle des bekannten Universums, nur 10^{-10} Grad über dem absoluten Nullpunkt, befand sich vor ein paar Jahren im Low Temperature Lab der Technischen Universität Helsinki: Dort wurden Atomkerne mit Magnetfeldern fast zum Stillstand gebracht (die Temperatur ist auch ein Maß für die Teilchenbewegung).

Ein völliges Vakuum herrscht freilich weder im Bumerang-Nebel noch in Helsinki. Selbst in den Atomen nicht, die doch im Wesentlichen „leer" sind: Sie bestehen aus dem positiv geladenen Atomkern und der negativen Elektronenhülle. Die Atomkerne, rund 10^{-15} Meter im Durchmesser, sind typischerweise hunderttausendmal kleiner als ihre Elektronenhülle. Wäre ein Atom so groß wie ein Fußballfeld, gliche der Atomkern einem Schweißtröpfchen im Mittelpunkt. Der Volumenanteil des Kerns zum Gesamtatom beträgt sogar nur $1/10^{15}$. Auch der Kern selbst ist größtenteils leerer Raum. Er besteht aus Protonen und – bei Elementen schwerer als Wasserstoff – Neutronen. Diese Kernbausteine werden von je drei Quarks gebildet. Diese sind, wie die Elektronen, höchstens 10^{-18} Meter groß – genauer können Physiker nicht „hinsehen" –, vielleicht sogar Punktteilchen. Trotz dieser scheinbar substanziellen Leere im Atom wabern Energiefelder auf kleinsten Skalen – die Photonen als Vermittler der elektromagnetischen Strahlung zwischen den geladenen Teilchen und die Felder der schwachen und starken Kernkraft innerhalb des Atomkerns. An der elektromagnetischen Abstoßung der Elektronenhüllen zwischen den einzelnen Körpern liegt es auch, dass die Materie recht undurchdringlich erscheint – schließlich kann auch ein Physiker nicht einfach mit dem Kopf durch die Wand. (Innerhalb eines Körpers überlappen sich die Hüllen hingegen und halten den Körper zusammen.) Im Gas ist dies anders: Die Atome der Zimmerluft etwa nehmen nur ein Zwanzigstel des Volumens ein. Deshalb kann man beispielsweise mühelos die Seite dieses Buchs umblättern oder das Buch durch den Raum werfen, auch wenn der Luftwiderstand dabei messbar ist. Und im Vergleich zu den Weltraumbedingungen ist die Zahl der Atome in jedem Kubikzentimeter Erdatmosphäre extrem hoch.

Kein Nichts, nirgends

Im Universum scheint es absolut keinen Ort zu geben, selbst nicht im intergalaktischen Raum zwischen den Galaxienhaufen, an dem gar nichts ist. Doch im Gedankenexperiment können Physiker der Leere noch näher kommen und einen materie- und strahlungsfreien Raum beim absoluten Nullpunkt der Temperatur erforschen. Den Naturgesetzen zufolge ist selbst er nicht vollkommen leer. In der Natur scheint tatsächlich ein „horror vacui" zu herrschen.

Schon 1948 haben der niederländische Physiker und spätere Nobelpreisträger Hendrik Casimir und Dik Polder, die beide am Philips Laboratorium in Eindhoven arbeiteten, die Existenz der sogenannten Nullpunktstrahlung vorausgesagt, die mittlerweile experimentell bestätigt ist. Die beiden Forscher erkannten, dass selbst ein „perfektes" Vakuum von unvermeidlich vorhandenen winzigen Quantenfluktuationen erfüllt ist. Das folgt aus der Heisenbergschen Unschärferelation von Energie und Zeit. Virtuelle Photonen und Teilchen-Antiteilchen-Paare durchwabern ständig den Raum. Sie tauchen plötzlich auf und verschwinden sofort wieder, ohne sich jemals einfangen zu lassen – eine spontane Paar-Entstehung und -Vernichtung. Physiker bezeichnen sie als „virtuell" im Gegensatz zu den „realen" Partikeln, die sich direkt nachweisen und manipulieren lassen. „Was auf den ersten Blick wie totale Leere erscheinen mag, ist in Wahrheit ein Bienenstock fluktuierender Geister, die in einem nicht vorhersagbaren ausgelassenen Reigen auftauchen und verschwinden", beschreibt es der britische Physiker Paul Davies von der Arizona State University in Tempe.

Das ist keine waghalsige Spekulation, sondern experimentell nachgewiesen. So stoßen virtuelle Photonen beispielsweise Elektronen auf atomaren Kreisbahnen an, was kleine, aber messbare Unterschiede der jeweiligen Energieniveaus hervorruft. Diese als Lamb-Shift bekannte Energieverschiebung in atomaren Spektren wurde 1947 von dem amerikanischen Physiker Willis Eugene Lamb (Nobelpreis 1955) und seinem Doktoranden Robert C. Retherford beim Wasserstoff entdeckt und lässt sich nur quantenphysikalisch erklären.

Die Nullpunktstrahlung macht sich auch in Form des sogenannten Casimir-Effekts bemerkbar: Wenn zwei für elektromagnetische Strahlung undurchlässige Platten im Vakuum parallel ausgerichtet werden, so dass zwischen ihnen nur ein Bruchteil eines Millimeters Abstand bleibt, dann erfahren sie eine schwache elektromagnetische Kraft, die eine geringfügige Anziehung der Platten bewirkt. Der Effekt ist winzig: Bei zwei parallelen, vollkommen reflektierenden Flächen von einem Quadratmeter Größe in einer Distanz von einem Hundertstel

passende Wellenlänge   nicht passende Wellenlänge

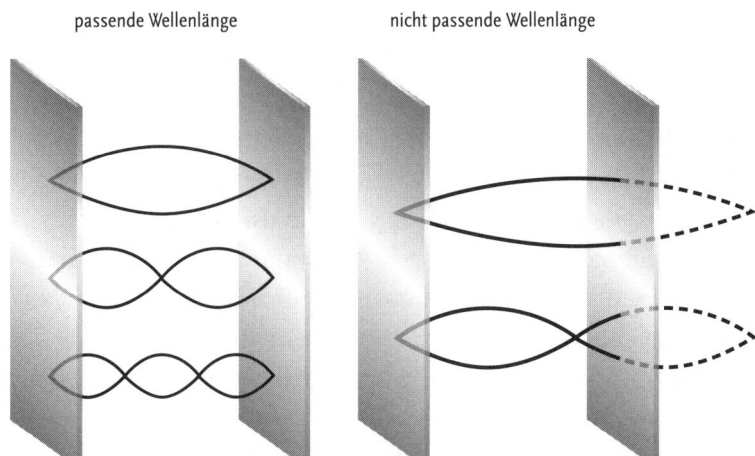

Der Casimir-Effekt: *Selbst der materie- und strahlungsfreie Raum enthält nicht „nichts", sondern ist von fluktuierenden elektromagnetischen und anderen Quantenfeldern erfüllt. Das zeigt ein nach dem Physik-Nobelpreisträger Hendrik Casimir benannter messbarer Effekt: Zwei parallele, Bruchteile eines Millimeters nebeneinander hängende elektrisch leitende Platten ziehen sich geringfügig an. Casimir erklärte das damit, dass zwischen sie nur Feldquanten mit bestimmten Wellenlängen passen, während außerhalb solche mit beliebigen Wellenlängen existieren und somit die Platte zusammendrücken. Die Grafik veranschaulicht das Prinzip: Die drei Quantenschwingungen links sind sowohl innerhalb als auch außerhalb der Platten möglich, die beiden rechts nur im Außenraum.*

Millimeter entspricht die Anziehungskraft gerade einmal der eines Teilchens mit einem Millionstel Gramm Masse. Dieser extrem schwache Effekt ist nichtsdestotrotz messbar. Die bislang beste Bestätigung von Casimirs Vorhersage – mit einer Genauigkeit von plus/minus 15 Prozent – gelang Gianni Carugno, Roberto Onofrio und ihren Kollegen von der Universität Padua im Jahr 2002 bei einem Plattenabstand von 0,5 bis 3 Tausendstel Millimeter.

Die Ursache für den Casimir-Effekt ist das „Brodeln" des Vakuums. Weil in der Quantenphysik Teilchen zugleich auch Wellen sind, können sich in dem Raum zwischen zwei Platten nur jene Photonen aufhalten, deren Wellenlängen ein ganzzahliger Bruchteil des Abstands der Platten ist. Außerhalb der Platten existieren alle möglichen Wellenlängen und somit viel mehr virtuelle Teilchen. Dieser Überschuss übt eine winzige Kraft aus, die die Platten zusammendrückt. Deshalb ist die Energiedichte zwischen den Platten relativ zur Umgebung negativ. Somit ist nichts, wenn man „nichts" als ein perfektes Vakuum ohne Teilchen und Strahlung definiert, zum einen doch immer noch „etwas". Zum anderen gibt es sogar weniger als nichts, denn im Vakuum zwischen den Metallplatten wabert weniger virtuelle Nullpunktstrahlung als außerhalb.

„Der leere Raum der Quantenphysik stimmt zwar netto mit dem leeren Raum unserer Vorstellung überein, aber nicht brutto", hat es Henning Genz formuliert, der Professor für Theoretische Physik an der Universität Karlsruhe war. Er veranschaulichte es mit einer betriebswirtschaftlichen Analogie: „Vergleichen wir einen armen Schlucker, der weder brutto noch netto etwas besitzt, weil alle seine Konten jederzeit leer sind, mit einem Pumpgenie, dessen Konten insgesamt und immer ebenfalls die Bilanzsumme null ergeben, einzeln aber mal hier, mal dort große positive oder negative Beträge aufweisen. Der leere Raum unserer Vorstellung ist leer wie die Konten des armen Schluckers. Der leere Raum der Physik hingegen gleicht den Konten des Pumpgenies."

Aber die Nullpunktstrahlung ist nicht die einzige Zutat des Vakuums. Es muss noch andere Felder geben, meinen Physiker und Kosmologen. Eines ist das Higgsfeld, das Peter Ward Higgs von der University of Edinburgh schon 1964 postuliert hat, um die Massen der Elementarteilchen zu erklären. Diese wechselwirken mit ihm und gewinnen erst dadurch die Schwernis des Daseins, so die weithin akzeptierte Vorstellung. Der Large Hadron Collider am Europäischen Kernforschungszentrum CERN bei Genf soll das Higgsfeld demnächst nachweisen – das wäre ein weiterer nobelpreiswürdiger Triumph für die Theoretische Physik.

Und noch andere Felder sind in der Diskussion. So ist in den letzten Jahren deutlich geworden, dass eine mysteriöse Dunkle Energie die Ausdehnung des Universums seit mindestens fünf Milliarden Jahren beschleunigt. Was sich dahinter verbirgt – Albert Einsteins ominöse Kosmologische Konstante ist noch die konservativste Annahme – gehört zu den größten Rätseln der gegenwärtigen Physik.

Fest steht jedenfalls, dass das (echte) Vakuum nicht „nichts" ist, sondern nur der energieärmste physikalische Grundzustand. Er könnte in anderen, weit entfernten Bereichen des Alls – oder in anderen Universen – freilich anders sein. Und vor allem scheint er früher anders gewesen zu sein: Kosmologen sprechen von einem „falschen Vakuum". Dieses hat den ersten Moment unseres Universums geprägt und den Weltraum durch eine exponentielle Ausdehnung überhaupt erst groß gemacht.

(Mehr als) Alles aus fast nichts

„Kannst du von nichts keinen Gebrauch machen, Gevatter? – Ei nein, Söhnchen, aus nichts wird nichts", hat William Shakespeare 1605 in seiner Tragödie *King Lear* eine Aussage zusammengefasst, die als Allerweltsweisheit und metaphysischer Lehrsatz gleichermaßen verbreitet ist: Von nichts kommt nichts. Entsprechend irritierend klingt es, wenn Alan Guth und andere Kosmologen behaupten, dass alles – oder zumindest unser Universum – aus dem Nichts kam. Aber dieses „Nichts", das Vakuum, ist eben doch etwas! Und Vakuum ist nicht gleich Vakuum. Mehr noch: Das Vakuum ist auch nicht mehr, was es einmal war.

Hinter diesen scheinbar flapsigen Bonmots stehen gewichtige Erkenntnisse der Theoretischen Physik. Denn in einem Vakuum kann eine beträchtliche Menge an Energie stecken. Das ist heute im Universum nicht der Fall. Das „echte" Vakuum, der gegenwärtige Grundzustand, enthält überhaupt keine Energie. Zumindest dachte man dies bis zur Entdeckung der mysteriösen Dunklen Energie, die einen kleinen Betrag entsprechend der Masse von drei Wasserstoff-Atomen pro Kubikzentimeter liefert.

Nebenbei bemerkt: Selbst das „echte" Vakuum könnte ein falsches sein und wäre dann nicht für die Ewigkeit. Vielleicht gibt es noch ein niedrigeres Energieniveau. Dann wäre das Vakuum langfristig instabil und könnte sich künftig ändern. Das hätte die Vernichtung all der Materie, die wir kennen und aus der wir selbst bestehen, zur Folge. Oder es existieren sogar negative Vakuumenergien (wenn beispielsweise die Kosmologische Konstante negativ wäre). Das würde unweigerlich und unaufhaltsam zu einem Kollaps des Universums führen.

Fest steht: Die heutige Energiedichte des Vakuums ist verschwindend gering im Vergleich zu den Vakuumenergien im frühen Universum. Als die elektromagnetische und die schwache Wechselwirkung noch eine einheitliche Kraft gebildet haben, die elektroschwache Kraft, besaß jeder Kubikzentimeter dieses elektroschwachen Vakuums eine Energie, die etwa der Masse des irdischen Monds entsprach: rund 10^{19} – also 10 Trillionen – Tonnen. (Energie und Masse sind nach Einstein äquivalent und daher ineinander umrechenbar.) Elektronen in diesem Vakuum hatten keine Masse, sausten mit Lichtgeschwindigkeit umher und waren von Neutrinos nicht zu unterscheiden. Noch etwas früher war auch die starke Kernkraft mit der elektroschwachen vereinigt. Das zumindest ist die Annahme der plausiblen, aber noch nicht bestätigten Großen Vereinheitlichten Theorien (Grand Unified Theories, GUTs). Ein GUT-Vakuum besitzt sogar eine überwältigende Energiedichte von 10^{48} Tonnen pro Kubikzentimeter. Und noch früher könnte die Energiedichte sogar noch höher gewesen sein. Allerdings ist die Vakuumenergie nicht „fassbar". Man kann sie nicht verfeuern oder damit Maschinen antreiben; sie ist überall im Raum gleich und nicht extrahierbar.

Wenn Vakuum Energie hat, besitzt es zudem eine andere Eigenschaft, die schon Albert Einstein bei der Einführung seiner Kosmologischen Konstante erkannt hatte: Spannung. Das ist für die alltägliche Anschauung kaum begreiflich, jedoch durchaus mit der Spannung eines gedehnten Gummibands vergleichbar: Wird es losgelassen, verkürzt es sich. Spannung ist daher das Gegenteil von Druck. Denn dieser führt eine Ausdehnung herbei – wenn man etwa Luft in einen Ballon pumpt. Spannung wirkt somit als negativer Druck oder Sog und damit der Schwerkraft entgegen. Vakuumenergie ist gleichsam antigravitativ oder, wie Physiker lieber sagen, repulsiv – abstoßend.

Einstein wusste 1917 noch nichts vom expandierenden Universum und wollte den Weltraum statisch halten. Daher wählte er das Verhältnis von Masse (und somit Gravitation) zu Spannung (und somit Vakuumenergie, was er aber noch nicht wissen konnte) so, dass sich beide exakt die Waage hielten. (Das war für Modelle der Fall, in denen die Kosmologische Konstante halb so groß ist wie die Energiedichte der Materie.) Anstatt das Universum im Gleichgewicht zu halten, wollte Alan Guth es jedoch sprengen. Natürlich nur in der Theorie und mit den mathematischen Gleichungen auf dem Papier. Dazu ließ er der repulsiven Kraft des falschen Vakuums gewissermaßen freien Lauf.

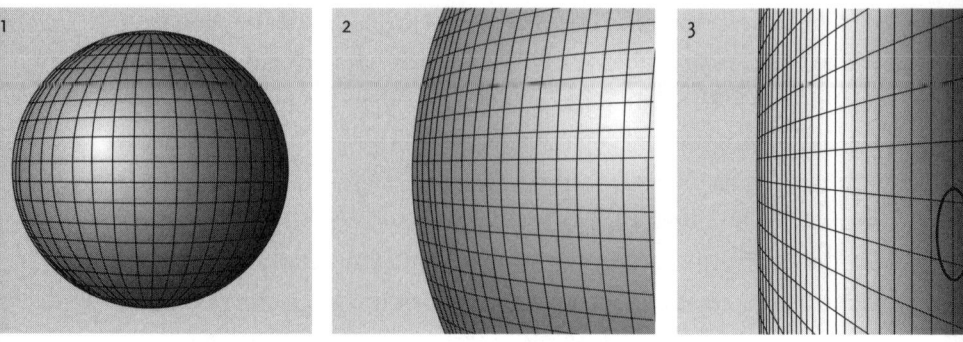

Aufblähung des Alls: *Durch den Prozess der Kosmischen Inflation soll der Weltraum groß geworden sein. Daher erscheint er lokal „flach", selbst wenn er global gekrümmt wäre. Denn das beobachtbare Universum (im Kreis) ist nur ein winziger Ausschnitt des gesamten Blasenuniversums, das wiederum in ein noch viel größeres „falsches Vakuum" eingebettet sein könnte, das sich dann noch immer inflationär ausdehnt.*

Wenn die Spannung des falschen Vakuums die Anziehungskraft der Massendichte überwindet und somit eine Expansion verursacht, wird diese Massendichte rasch verdünnt und völlig unbedeutend. Die Energiedichte des falschen Vakuums jedoch, und das ist der springende Punkt, bleibt konstant. Und somit auch die Expansionsrate. Diese gibt an, um welchen Bruchteil sich das Universum pro Zeiteinheit vergrößert.

Das ist genauso wie bei der Inflationsrate, die den prozentualen Preisanstieg innerhalb eines Jahres beschreibt. Als Guth 1980 seine Überlegungen in einem Seminar an der Harvard University vorstellte, betrug die Inflationsrate in den USA 14 Prozent. Wäre sie konstant geblieben, hätten sich die Preise alle 5,3 Jahre verdoppelt. Ein Stück Pizza, für das man einen Dollar zahlte, hätte nach zehn Verdopplungszyklen, hier also 53 Jahre, 1024 Dollar gekostet und nach 330 Zyklen irrsinnige 10^{100} Dollar. Ein solcher Anstieg mit konstanter Verdopplungszeit heißt exponentiell und bringt rasch gigantische Zahlen hervor. Für die mutmaßliche exponentielle Expansion des Weltraums hatte Guth mit „Inflation" also eine sehr treffende Bezeichnung gewählt.

Und diese Kosmische Inflation war um ein Vielfaches rasanter als die monetäre. Wie rasant, hängt von der Größe der Vakuumenergie ab. Ein elektroschwaches Vakuum lässt das Universum im 13. Teil einer Mikrosekunde um den Faktor 10^{100} expandieren, ein GUT-Vakuum noch 10^{26}-mal schneller. Im Bruchteil einer Sekunde wäre also eine Region von der Größe eines Atoms auf ein Volumen aufgebläht worden, das das des gesamten beobachtbaren Universums um ein Vielfaches übertrifft. Die genauen Werte der Verdopplungszeit und -zahl sind je nach Modell verschieden. Um die kosmologischen Probleme zu lösen, ging Guth von einer Volumenverdopplung alle 10^{-37} Sekunden aus und mindestens 60 solcher Verdopplungen (theoretisch könnten beliebig viele mehr stattgefunden haben). Bis 10^{-35} Sekunden nach dem Urknall, einem flüchtigen kosmischen Augenblick, hätte sich eine winzige Blase aus falschem Vakuum je nach Modell somit um den sagenhaften Faktor $10^{10.000.000}$ bis $10^{100.000.000.000.000}$ ausgedehnt. Aus fast nichts entstand also mehr als alles Sichtbare. Deshalb meinte Alan Guth, dass es das Universum quasi umsonst gab.

Die Inflation ist tot! Es lebe die Inflation!

Die Grundidee der Kosmischen Inflation ist so einfach wie grandios. „Es ist schwer zu verstehen, dass sie nicht eher gefunden wurde", staunt Andrei Linde und glaubt, dass „der glorreiche Erfolg der Urknall-Theorie die Kosmologen hypnotisiert hatte", so dass sie die Probleme damit lange nicht in ihrer ganzen Brisanz zur Kenntnis nahmen. Der in Moskau geborene Forscher ist seit 1990 Physik-Professor an der kalifornischen Stanford University und hatte zusammen mit Alan Guth im Jahr 2004 den mit 200.000 Dollar dotierten Kosmologie-Preis der amerikanischen Peter Gruber Foundation für die „Entwicklung der fundamentalen Ideen über die Kosmische Inflation" erhalten. In gewisser Weise hatte Linde die Idee von der Inflation nämlich wiederbelebt – oder gerettet –, als Guth sie schon für tot hielt.

Ursprünglich brachte Guth die Inflation mit dem Phasenübergang am Ende der GUT-Epoche in Zusammenhang, als sich die starke Kernkraft verselbständigte, und spekulierte über das Higgsfeld als Triebkraft. Davon sind die Physiker inzwischen abgekommen. Stattdessen postulieren sie ein – noch unentdecktes – Skalarfeld namens Inflaton, das die Inflation verursacht haben soll. (Auch mehrere sind denkbar.)

Ein Skalarfeld ist eine Verteilung von als Zahlenwerten ausdrückbaren physikalischen Größen im Raum (im Gegensatz zu einem Vektorfeld, das an jeder Stelle neben einem Zahlenwert auch noch einen Richtungswert besitzt). Man kann es mit einem konstanten Luftdruck oder elektrostatischen Feld vergleichen, das man auch nicht spürt – nur seine Veränderungen beziehungsweise Inhomogenitäten, nämlich als Wind oder als elektrische oder magnetische Kräfte. Skalarfelder sind typische und häufige Ingredienzen der Elementarteilchen-Theorien (so auch das Higgsfeld, das der Materie ihre Masse verleiht), doch allesamt experimentell noch nicht nachgewiesen.

Nebenbemerkung: Eine inflationäre Raumausdehnung kann im Prinzip auch ohne Skalarfeld erfolgen, etwa durch eine Modifikation der Feldgleichungen der Allgemeinen Relativitätstheorie. Tatsächlich hatte dies Alexei A. Starobinsky vom Landau-Institut für Theoretische Physik in Moskau bereits 1979 entdeckt, wenn auch in einem anderen Zusammenhang: Er wollte mit dieser Modifikation bei sehr starken Krümmungen die Urknall-Singularität eliminieren. Die Stärke der Krümmung übernimmt in seinem Modell gleichsam die Rolle eines Skalarfelds und würde zu einer Inflation führen. Obwohl Starobinskys 1980 publizierter Artikel in der Sowjetunion ausführlich diskutiert wurde, blieb die Bedeutung der Arbeit weitgehend unklar und im Westen zunächst unbekannt. (Wie die Inflation hätte beginnen können, ließ das komplizierte Modell ebenfalls offen.)

Auch wenn das Inflatonfeld spekulativ war und bis heute ist – möglicherweise handelt es sich nur um eine effektive Beschreibung eines fundamentalen Mechanismus, der vielleicht einmal im Rahmen einer „Weltformel" wie der Stringtheorie gefunden wird –, machte Guth ein anderes Problem mehr Kopfzerbrechen: Das Ende der Inflation.

Da hochenergetische Vakua instabil sind, zerfallen sie rasch. Dabei setzen sie schlagartig ihre Energie frei, und zwar in Form von Strahlung und einem Feuerwerk von Elementarteilchen. Erst dadurch, so die Grundidee, ist das heiße Feuerballstadium des Urknalls entstanden, von dem heute noch die Kosmische Hintergrundstrahlung zeugt.

Als Guth sein Modell 1981 in der Zeitschrift *Physical Review* endlich veröffentlichte, war die Resonanz in der Fachwelt gewaltig. Umso bitterer die Erkenntnis, dass dieses Modell unser Universum nicht angemessen beschreiben kann. Was Guth schon im ersten Artikel angedeutet und dann mit Erick J. Weinberg von der Columbia University im Detail ausgearbeitet hatte, war keine gute Nachricht: Im „alten Inflationsmodell" entstanden bei genauerem (theoretischem) Hinsehen am Ende der Inflation zu viele Inhomogenitäten. Somit hatte, entgegen dem anfänglichen Anschein, das Modell das Homogenitätsproblem nicht gelöst, zu dessen Lösung es doch angetreten war.

Doch das Ende des Modells war nicht gleichbedeutend mit dem Ende der Idee. Im Gegenteil: Die Inflation ist tot, es lebe

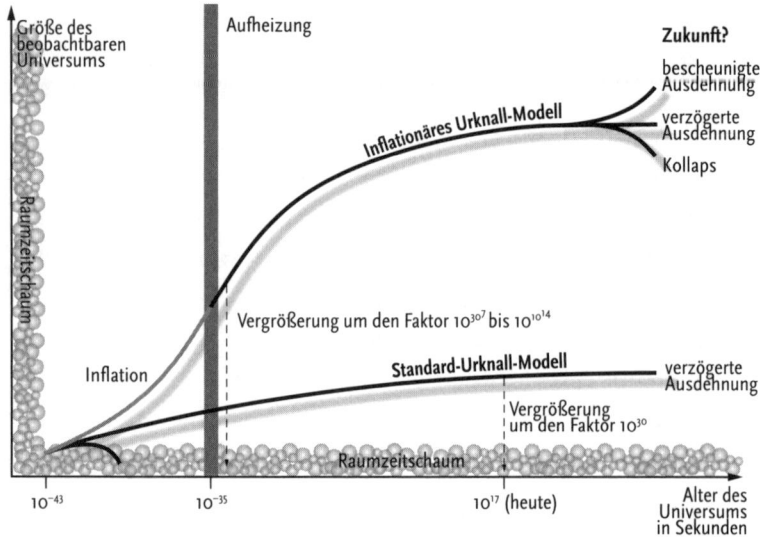

Welt im Wachstum: *Dem Modell der Kosmischen Inflation zufolge gab es im Gegensatz zum herkömmlichen Urknall-Modell mindestens in den ersten Sekundenbruchteilen eine Phase der exponentiellen Expansion des Weltraums. An ihrem Ende heizte sich das Universum auf und die Materie entstand. Die Ausdehnung des Alls ist hier nicht maßstabsgetreu skizziert.*

die Inflation! Denn der Fehler ließ sich beheben, wenn man eine andere Potential- beziehungsweise Energielandschaft des Skalarfelds annimmt, die den Übergang vom falschen ins echte Vakuum beschreibt.

Bei Guth musste das Feld eine Barriere zwischen den beiden Vakua durchtunneln. Doch es gibt auch Potentiale ohne eine solche Barriere. Allerdings besteht dabei die Gefahr, dass der Phasenübergang viel zu schnell erfolgt, so dass die Inflation zu früh aufhört. Doch im Februar 1982 veröffentlichte Andrei Linde, der am Lebedev-Institut in Moskau mit David Kirzhnits über kosmologische Phasenübergänge (rapide Zustandsänderungen) geforscht und auch darüber promoviert hatte, ein Modell, das als „neue Inflation" bekannt wurde und die Probleme von Guths ursprünglichem Modell nicht mehr hatte. Dabei ähnelt die Potentiallandschaft einem flachen Hügel, von dem das Inflaton im Lauf der Zeit gleichsam gemächlich ins Tal des echten Vakuums hinabschreitet. Lindes Artikel war die meistzitierte physikalische Veröffentlichung dieses Jahres. Unabhängig von Linde entwickelten Paul J. Steinhardt und sein Doktorand Andreas Albrecht, die damals an der University of Pennsylvania forschten, ein ganz ähnliches Modell und publizierten es nur wenig später. Die Idee der Inflation war gerettet.

Blasen größer als das Universum

„Die Inflation von Preisen gilt im allgemeinen als sehr nachteilig, doch für das Universum ist die Inflation eine sehr nützliche Angelegenheit. Die gewaltige Expansion bügelt alle Unebenheiten aus, die das frühe Universum möglicherweise aufgewiesen hat", schrieb Stephen Hawking in seinem Buch *Das Universum in der Nussschale*. „Im Zug seiner Expansion borgt sich das Universum Energie vom Gravitationsfeld aus, um mehr Materie zu erzeugen. Die positive Materieenergie wird exakt durch die negative Gravitationsenergie ausgeglichen, so dass die Gesamtenergie null ist. Wenn das Universum seine Größe verdoppelt, verdoppeln sich auch die Materie- und die Gravitationsenergie – zwei mal null bleibt null. Wäre das Bankenwesen doch auch so einfach."

Obwohl die Inflation also auf den ersten Blick gleich zwei Naturgesetze zu verletzen scheint, ist das nicht der Fall:

- Das Prinzip von der Erhaltung der Energie verbietet die Entstehung von Masse aus dem Nichts (Masse m und Energie E sind gemäß Einsteins Formel $E = mc^2$ über die Lichtgeschwindigkeit c verbunden). Doch es gibt eine Art Schlupfloch in Form von negativer Energie. Dazu gehört die Energie des Gravitationsfelds. „Während der Inflation bleibt die Gesamtenergie erhalten", sagt Alan Guth. „Erscheint mehr und mehr positive Energie – für Masse –, wenn ein Raumbereich sich mit konstanter Dichte ausdehnt, dann entsteht zugleich auch mehr und mehr negative Energie im Gravitationsfeld, das diese Region ausfüllt. Die Energie der Schwerkraft und Materie gleichen sich gerade aus." Dies geschieht nicht bei der normalen Ausdehnung des Universums, in deren Verlauf die Dichte der Materieenergie geringer wird, wohl aber bei der inflationären Expansion, weil die Energiedichte in diesem Zustand konstant bleibt. Die Inflation wirkt also nicht als Perpetuum mobile. „Die Energie der Materie im Universum bleibt aber nicht erhalten", betont Andrei Linde. „In einem nichtinflationären Universum nimmt sie ab, im inflationären Universum wächst sie exponentiell."

• Gemäß der Relativitätstheorie kann sich nichts schneller als mit Lichtgeschwindigkeit bewegen. Aber dies gilt, wie erwähnt, nur für gewöhnliche Teilchen im Raum. Bei der Inflation ist es jedoch der Raum selbst, der sich überlichtschnell ausdehnt, und das lässt sich mit der Relativitätstheorie nicht nur vereinbaren, sondern auch erklären.

Hawking hat das Szenario der Kosmischen Inflation von Anfang an aufmerksam verfolgt. Im Oktober 1981 besuchte er in Moskau eine Konferenz über mögliche Verbindungen von Relativitätstheorie und Quantentheorie zu einer Theorie der Quantengravitation, dann hielt er mehrere Vorträge zur Kosmischen Inflation am Sternberg-Institut für Astronomie. Unter den Zuhörern war Andrei Linde, der ihm seine damals noch unveröffentlichte Korrektur von Guths altem Modell erläuterte, demzufolge sich Blasen aus echtem Vakuum im falschen Vakuum wie Gasblasen im kochenden Wasser gebildet hatten und sich nach und nach miteinander verbanden, bis sich der Raum des heutigen Universums in derselben neuen Phase des echten Vakuums befand. Doch diese Verschmelzung konnte nicht stattfinden, wie Guth selbst und andere Kosmologen, darunter auch Hawking, erkannt hatten. Denn das falsche Vakuum zwischen den Blasen dehnte sich viel schneller aus, so dass die Blasen darin nie zusammenkommen konnten. Linde konterte jedoch, dass es kein Problem gäbe, wenn die Blasen so groß waren, dass die gesamte Region des beobachtbaren Universums – und viel mehr noch – in einer einzigen Blase enthalten wäre. Und genau dafür habe das „flachhüglige" Potenzial des Skalarfelds gesorgt.

Hawking war begeistert. „Lindes Gedanke vom langsamen Bruch der Symmetrie war sehr gut, doch später wurde mir klar, dass seine Blasen hätten größer sein müssen als das Universum zum betreffenden Zeitpunkt!" In seiner *Kurzen Geschichte der Zeit* erinnert er sich: „Ich wies nach, dass die Symmetrie gleichzeitig überall gebrochen wäre und nicht nur innerhalb der Blasen. Das brächte ein gleichförmiges Universum hervor, wie wir es beobachten. Dieser Gedanke versetzte mich in ziemliche Aufregung und ich erörterte ihn mit Ian Moss, einem meiner Studenten." In derselben Zeitschrift, in der Lindes Artikel erschien, in *Physics Letters*, veröffentlichten Hawking und Moss ihre Lösung des Blasenproblems. Moss ist heute Kosmologie-Professor an der Newcastle University.

Im selben Jahr, also 1982, publizierte Hawking noch einen weiteren Aufsatz zur Inflation, nämlich über die Entwicklung von Irregularitäten in einem Blasenuniversum. Das war der Beginn eines neuen Forschungszweigs, der das Allerkleinste mit dem Allergrößten verbindet – eine wahrhaft existenzielle Verbindung, denn ohne diesen Zusammenhang wären die Galaxien und somit auch der Mensch wohl niemals entstanden.

Vom frühen Universum zum Wandel der Wissenschaft

„Das Standardmodell scheint die Entwicklung des Universums nach der ersten Sekunde zufriedenstellend zu beschreiben, aber es beruht auf der Annahme bestimmter Anfangsbedingungen, etwa dem thermischen Gleichgewicht, der räumlichen Gleichförmigkeit mit winzigen Schwankungen, der räumlichen Flachheit und einem bestimmten Verhältnis von Teilchen zu Strahlung", schrieb Stephen Hawking in einem Brief vom 14. Oktober 1981 an Alan Guth und weitere Kosmologen, in dem er zu einem Workshop nach Cambridge einlud. „Das Ziel des Workshops ist es zu diskutieren, wie diese Bedingungen von physikalischen Prozessen im sehr frühen Universum auf der Basis der Großen Vereinheitlichten Theorien und der Quantengravitation hervorgebracht worden sein konnten."

Diese von der Nuffield Foundation finanzierte Konferenz, *The Very Early Universe* (VEU), die vom 21. Juni bis zum 9. Juli 1982 stattfand, war eine der bedeutendsten in der Geschichte der Kosmologie überhaupt. Denn damals wurden wesentliche theoretische Grundlagen erarbeitet, die nicht nur bis heute forschungsleitend sind, sondern inzwischen zum Teil durch astronomische Beobachtungen auch eine grandiose Bestätigung erhielten. Welche Durchbrüche 1982 in Cambridge erzielt wurden und wie rasant der wissenschaftliche Fortschritt sich seither entwickelt hat – aber auch, wie kompliziert inzwischen alles geworden ist –, hat die „Jubiläumskonferenz" *The Very Early Universe – 25 Years On* im Dezember 2007 gezeigt, die Alan Guth mit den Fotos seines „unordentlichsten Büros" eröffnet hatte.

Aufschlussreich ist auch ein Vergleich wissenschaftssoziologischer Unterschiede der beiden *Very Early Universe*-Veranstaltungen. Vor 25 Jahren lief die Kommunikation noch völlig

Inflation des Chaos: *Zwangsneurotiker hätten mit diesem Arbeitsplatz wohl ein Problem, doch Alan Guth findet alles. Außerdem hat der Kosmologe vom Massachusetts Institute of Technology in diesem engen Büro auch berechnet, warum der Kosmos viel größer sein muss als alle dachten.*

anders ab – ohne Internet, E-Mail und leistungsfähige Textverarbeitungsprogramme. Während sich die Wissenschaftler heute über die einschlägigen Preprint-Server die neuesten Fachartikel sofort und mit wenigen Klicks aus dem Netz herunterladen können und somit – theoretisch – umfassend informiert sind, war damals der Zugang oft schwierig und zeitaufwendig. Nur gute Bibliotheken führten die Fachzeitschriften. Fernleihen dauerten lange. Die Publikation vieler Artikel brauchte oft viele Monate. Und besonders im osteuropäischen Raum waren Forscher wie Andrei Linde, der damals immerhin nach Cambridge reisen durfte, von den internationalen Aktivitäten oft abgeschnitten – auch ein Grund, warum er später Moskau verließ.

All das hat sich drastisch geändert. Und die Produktivität – ebenso wie die Zahl der Produzenten – ist stark gestiegen. Hunderte von Veröffentlichungen erscheinen jeden Monat.

Deshalb kann niemand mehr eine gute Übersicht haben und kennt selbst für die eigene Arbeit relevante Texte mitunter nicht ... auch das hatten manche Diskussionen in Cambridge 2007 gezeigt.

Dass die beiden VEU-Veranstaltungen selbst ganz unterschiedlich abliefen, hat hingegen wenig mit den technischen und soziologischen Entwicklungen zu tun. 1982 war es ein Workshop, bei dem im Verlauf von 19 Tagen 36 Vorträge gehalten wurden – wobei der spätere Nobelpreisträger Frank Wilczek den zweiten, letzten und noch einen dritten zwischendurch hielt; 2007 begnügte er sich mit einem. Die restliche Zeit war für Diskussionen und Berechnungen reserviert. VEU+25 hingegen, so das Kürzel, war kein Workshop, sondern eine Konferenz, und die dauerte nur vier Tage, in die 34 Vorträge gepresst wurden. Für intensives Arbeiten an Veröffentlichungen blieb da wenig Zeit. VEU hatte rund 30 Teilnehmer, VEU+25 dagegen ungefähr 200 (einschließlich vieler Doktoranden und Postdocs), darunter 15, die schon bei VEU mitwirkten. War VEU noch ganz den Theoretikern vorbehalten, wirkten bei VEU+25 auch einige beobachtende Kosmologen mit, allerdings kaum mit Vorträgen. In beiden Veranstaltungen widmete sich ungefähr die Hälfte der Vorträge der Kosmischen Inflation.

Durchbruch in Cambridge

Als sich die Spitzenforscher der Kosmologie 1982 in Cambridge trafen, war das neue Modell der Inflation bereits bekannt (und bis heute wurde es nicht widerlegt). Doch jetzt drohte eine andere Gefahr: Womöglich machte die Inflation ihre Arbeit zu gut. Denn obwohl das Universum auf großen Skalen und in der Temperaturverteilung der Kosmischen Hintergrundstrahlung sehr gleichförmig aussieht, ist es nicht völlig homogen. In einem absolut gleichmäßigen All hätten sich keine Sterne und Galaxien gebildet – und somit auch keine Planeten sowie Lebensformen, die womöglich über all das nachzudenken in der Lage sind.

Also musste es Dichteschwankungen im Urgas gegeben haben, aus denen die Gravitation die Sterne formen konnte. Das hatten die Kosmologen Edward R. Harrison sowie Philip James Peebles und sein Student Jer T. Yu schon 1970 vorausgesagt (auch Yakov B. Zel'dovich publizierte unabhängig von ihnen 1972 darüber): Dichteschwankungen in der Größenordnung von 0,01 bis 0,001 Prozent.

Kurz vor dem Workshop hatte Hawking einen Artikel geschrieben, in dem er Überlegungen anstellte, wie sich solche Dichteschwankungen mit der Theorie der Inflation vereinbaren lassen. Er fand, dass die Schwankungen nicht nur kein Widerspruch zur Inflation sind, sondern von ihr sogar erst auf die erforderliche Größe gebracht wurden. Entscheidend ist nämlich, dass sich der Quantentheorie zufolge stets winzige zufällige Fluktuationen ereignen. Das ist von der Heisenbergschen Unschärferelation her gut bekannt. Es betrifft aber nicht nur beispielsweise Impuls (Masse mal Geschwindigkeit) und Ort oder aber Energie und Zeit von Teilchen, sondern auch die Entwicklung der Skalarfelder. Somit musste sich das Inflatonfeld an verschiedenen Stellen im All geringfügig in seinem Wert unterschieden haben, bevor die Inflation zu Ende ging. Anders formuliert: Wo die Inflation ein wenig länger dauerte, müsste die Materie etwas dichter sein als dort, wo die Inflation etwas früher endete. Diese Zufallsschwankungen – Kosmologen sprechen von primordialen Quantenfluktuationen – könnten, so spekulierte Hawking, die Inhomogenitäten erzeugt haben, aus denen später die Galaxien entstanden sind. Wenn das stimmt, wären für die Existenz der größten Strukturen im

Weltraum winzige Quanteneffekte verantwortlich, die sich normalerweise nur in subatomaren Größenordnungen ereignen, durch die Inflation aber auf kosmische Skalen aufgebläht wurden.

Für Guth und seine Kollegen war das eine aufregende Hypothese. Denn sie löste nicht nur eine offene Frage des Inflationsmodells, sondern sie eröffnete auch die verlockende Chance, dieses Modell zu überprüfen: Ein Abdruck der primordialen Dichteschwankungen sollte nämlich in der Kosmischen Hintergrundstrahlung erhalten geblieben sein. Wenn es gelänge, ihre Stärke und Verteilung mit Hilfe des Inflationsmodells vorherzusagen und die Prognose mit künftigen astronomischen Beobachtungen zu konfrontieren, wäre ein entscheidender Test möglich. Was als theoretische Spekulation begann, und mehr war es zunächst nicht – Eleganz und Erklärungsanspruch hin, Enthusiasmus der Experten her –, rückte plötzlich in die Reichweite einer harten wissenschaftlichen Überprüfung. Dadurch avancierte das Szenario zu einer respektablen Hypothese.

Allerdings wurde rasch deutlich, dass die Berechnung der Dichteschwankungen, wie sie mit der Inflation entstanden sein sollten, außerordentlich schwierig war. Hawking hatte sie nur skizziert. Bevor Alan Guth zum Nuffield-Workshop nach Cambridge reiste, hatte er deshalb zusammen mit dem koreanischen Physiker So-Young Pi begonnen, die Fluktuationen mit einer einsichtigeren Methode abzuschätzen. Er fand, als er die Berechnungen in Cambridge abschloss, aber größere Schwankungen als Hawking. Die ersten Diskussionen brachten keine Einigung. Noch verwirrender wurde es, als Paul Steinhardt, Jim Bardeen und Michael Turner mit einem dritten, deutlich niedrigeren Ergebnis aufwarteten. Und dann gab es noch Alexei Starobinsky, der bereits vor Guth auf die Inflation gestoßen war, aber im Rahmen eines anderen kosmologischen Problems und Mechanismus, und der damals nicht erkannt hatte, dass dadurch das Horizont- und Flachheitsproblem gelöst würde.

Starobinsky hielt den ersten Vortrag zum Thema. Er war schwierig zu verstehen, aber sein Ergebnis fiel eindeutig aus: Es lag nahe bei Guths Resultat und wich von Hawkings ab. Dieser kam am nächsten Tag an die Reihe, wiederholte seine ursprüngliche Argumentation, überraschte dann aber mit einem neuen Ergebnis, das mit dem von Starobinsky übereinstimmte. Offenbar hatte er einen Fehler gefunden, doch er erwähnte die Verbesserung mit keinem Wort. Auch Steinhardt und seine Freunde korrigierten sich einige Tage später. Sie waren auf einige Fehler in den verwendeten Näherungswerten gestoßen, und ihr neues Resultat deckte sich mit dem der Konkurrenten. Daher verlief auch Guths Vortrag reibungslos, obwohl er bis zuletzt fieberhaft an der Überprüfung diverser Teile seiner Berechnungen gearbeitet – und dabei sogar das offizielle Konferenz-Abendessen vergessen – hatte. So waren sich am Ende des Workshops alle vier Parteien einig. Zu ihrer Überraschung mussten sie allerdings einige Zeit später erfahren, dass das Problem, an dem sie so hart gearbeitet hatten, bereits 1981 von den russischen Physikern Slava Mukhanov und Gennady Chibisov am Lebedev-Institut in Moskau gelöst worden war. Das geschah zwar nur im Hinblick auf Starobinskys ursprüngliches Modell mit den modifizierten Einstein-Gleichungen, deckte sich aber im Wesentlichen mit den Resultaten der Skalarfeld-Modelle.

Alle beteiligten Kosmologen stimmten jedenfalls darin überein, wie die Fluktuationen zu berechnen waren. Ergebnis: Die Größe dieser Schwankungen sollten sich über eine beträchtliche Bandbreite erstrecken, aber in ihrer Stärke sehr ähnlich sein: Von den kleinsten bis hin zu den ausgedehntesten Fluktuationen betrugen die vorausgesagten Größenunterschiede weniger als 30 Prozent. Das war auch gut nachvollziehbar, da die Inflation zwar die Ausdehnung der Schwankungen beeinflusst, je nachdem, wann sie entstanden, nicht aber ihre Stärke (Amplitude). Kosmologen sprechen von einer Skaleninvarianz, einer Unabhängigkeit von der Größenskala. Bis sich diese eindeutige Voraussage freilich mit astronomischen Messungen überprüfen ließ, musste noch ein Jahrzehnt vergehen. Erst der erwähnte COBE-Satellit hat die Fluktuationen entdeckt, und die nachfolgenden Messungen von irdischen und Ballon-Teleskopen sowie vom WMAP-Satelliten hatten sie dann genauer charakterisiert.

Wenn das keine kosmische Botschaft ist: Winzige Quantenfluktuationen aus der Urzeit erstrecken sich heute über den ganzen Himmel und waren die Keime aller heutigen Strukturen – ohne die es auch keine Menschen gäbe.

Ewige Inflation

Eine der wichtigsten Konsequenzen der Inflation ist, dass der Kosmos viel größer sein muss, als bislang gedacht – geradezu gigantisch. Das beobachtbare Universum stellt nur einen winzigen Ausschnitt dar. Mehr noch: Alexander Vilenkin von der Tufts University in Medford, Massachusetts, konnte 1983 nachweisen, dass die Inflation, einmal begonnen, nur lokal aufhört. Sie ist also ewig, genauer: zukunftsewig – sie mag einen Anfang haben, aber kein Ende. (Diese Eigenschaft besitzt auch, wie Guth schon gezeigt hatte, das alte Inflationsmodell.)

Den inflationären Szenarien zufolge bilden sich im falschen Vakuum sogenannte thermalisierte Regionen, auch Blasen- oder Taschenuniversen genannt, in denen physikalische Zustände mit einem „echten Vakuum" herrschen. Doch diese Blasen – unser beobachtbares Universum ist ein kleiner Teil von einer davon – bleiben vom falschen Vakuum umgeben, das weiter exponentiell expandiert und immer wieder neue Blasen „auskristallisieren" lässt. Folglich ist das beobachtbare Universum und der ihm ähnliche Weltraum ringsum eingebettet in ein sich immer weiter aufblähendes repulsives Material mit unendlich vielen anderen Blasen. Vilenkin zeigte, dass die expandierenden Blasenuniversen dieses falsche Vakuum nicht verdrängen können – anders als Gasblasen im siedenden Wasser, von dem schließlich nichts übrig bleibt. Im Gegenteil: Aufgrund der exponentiellen Volumenzunahme des falschen Vakuums dominiert dies die Gesamtheit vollständig; die Blasen echten Vakuums, so groß sie auch sind und werden, bleiben in der Minderheit und markieren nur lokale Endpunkte der Inflation. Doch auch wenn das falsche Vakuum überall irgendwann zum echten zerfällt, überwiegt der selbsterzeugte „Nachschub" an falschem Vakuum bei weitem. Vilenkin: „Die Inflation hört nie auf!"

Alex Vilenkin stammt aus Charkow im Nordosten der Ukraine. Schon als Student fühlte er sich größtenteils auf sich allein gestellt. „Ich ließ die meisten Kurse ausfallen und studierte Physik in Eigenregie im Stadtpark neben der Universität von Charkow. Sie war sehr gut in Festkörperphysik, aber es gab niemanden, der Gravitationstheorie und Kosmologie lehrte. Das war damals nicht gefragt." Nach Studium und einjährigem Militärdienst arbeitete Vilenkin eineinhalb Jahre als Nachtwächter in einem Zoo. „Das war der Höhepunkt meiner Karriere in der Ukraine", erinnert er sich. „Die meiste Zeit musste ich einen Wein-Kiosk bewachen, und es war gar nicht so leicht, diesen Job zu bekommen. Man wollte sichergehen, dass ich kein Trunkenbold war." Doch auch während dieser Zeit, nachts, allein „bei den traurig engen Käfigen" mit Zebras, Bären, Löwen und Elefanten, die funkelnden Sterne über sich, hörte Vilenkin nicht auf, über Relativitätstheorie und die Entwicklung des Universums nachzudenken. Trotz bester Referenzen bekam er keine Stelle, weil der Geheimdienst KGB dies zu verhindern wusste. „Ich war kein Dissident. Aber ich hatte mich als Student geweigert, dem KGB als Informant zu dienen, und man drohte mir, dass ich deshalb Schwierigkeiten bekäme."

1976 gelang es Vilenkin, in die USA auszuwandern. In nur einem Jahr promovierte er über Biopolymere, arbeitete ein weiteres Jahr als Postdoc an der Theorie der Metalle – „ein Gebiet, auf dem die Universität von Charkow gut war, was sich nun als sehr nützlich herausstellte" – und fand deshalb 1978 eine Anstellung an der Tufts University. Die Festkörperphysik hatte er sofort aufgegeben und sich seither ganz der Kosmologie und Astrophysik verschrieben – „keiner nahm Anstoß daran". Vilenkins produktivste Zeit ist das morgendliche Duschen. „Hier bekomme ich meine Einfälle für den Tag. Daher tendiere ich zu ausgiebigem Duschen. Aber ich habe glücklicherweise auch sehr talentierte Mitarbeiter."

Die Entdeckung der Ewigen Inflation war ein bedeutender Beitrag zur Kosmologie, wurde in der Fachwelt zunächst aber höflich ignoriert. Vielleicht wegen der Tragweite der Idee, vielleicht aber auch, weil Vilenkin damals eher in anderen Bereichen der Kosmologie bekannt war. So leistete er Pionierarbeit in der Erforschung der Kosmischen Strings – eindimensionale mutmaßliche Verwerfungen der Raumzeit als Relikte des falschen Vakuums –, worüber er auch auf Hawkings Nuffield-Workshop berichtet hatte.

„Meine Ideen entwickle ich, indem ich, wie Newton sagte, ständig über sie nachdenke", sagt Vilenkin. Von ein paar anderen seiner Ideen wird noch die Rede sein.

Chaotische Inflation

Dass die Inflation ein viel weitreichenderes Konzept ist, als zunächst angenommen wurde, erkannte 1983 auch Andrei Linde. Er wies nach, dass eine exponentielle Expansion aus vielen Theorien der Elementarteilchen folgt (und nicht die Prämisse von Quantengravitationseffekten, Phasenübergängen, Superkühlung und sogar eines heißen Urknalls erfordert). „Die Inflation ist nicht ein exotisches Phänomen, das die Theoretiker ins Spiel gebracht haben, um ihre Probleme zu lösen, sondern ein allgemeines Merkmal einer großen Klasse von Elementarteilchentheorien", so Linde. Es genügt die Annahme, dass das Inflatonfeld im frühen Universum an unterschiedlichen Orten ganz verschiedene Werte einnehmen konnte – eine chaotische Verteilung von allen möglichen, durch Quantenfluktuationen erzeugten Anfangsbedingungen. Wo die Inflation startete, vergrößerte sich der Raum exponentiell. Diese Stellen dominierten alsbald alles, die anderen Orte blieben klein und unbedeutend. Aufgrund der zufälligen Verteilung der Anfangswerte nannte Linde sein Modell das der Chaotischen Inflation. Diese weitgehende Unabhängigkeit von Anfangsbedingungen – und somit Feinabstimmungen – sind eine attraktive Eigenschaft des Modells. Ein anderer Vorteil ist seine verblüffende Einfachheit. Der einfachste Fall für ein Inflaton gehorcht der simplen Formel $V(\phi) = m^2\phi^2/2$. Dabei steht m für die Masse und V für das Potenzial oder die Energiedichte des Inflatons und ϕ für seine Stärke.

Stephen Hawking hat das Modell mit großer Begeisterung aufgenommen. „Nach meiner Überzeugung ist das neue Inflationsmodell heute überholt, obwohl sich dies bei vielen Wissenschaftlern noch nicht herumgesprochen zu haben scheint", schrieb er in der *Kurzen Geschichte der Zeit* kritisch über den – von Linde ja mitentwickelten – Vorgänger. Und lobte die Vorteile von Lindes Modell der Chaotischen Inflation: „In ihm gibt es keinen Phasenübergang und keine Unterkühlung, stattdessen ein Feld mit dem Spin 0, das im frühen Universum infolge von Quantenfluktuationen hohe Werte in einigen Regionen aufwies. Nach dieser Theorie verhielt sich die Feldenergie in jenen Regionen wie eine Kosmologische Konstante. Sie hatte einen abstoßenden Gravitationseffekt und veranlasste die betreffenden Regionen, sich inflationär auszudehnen. Bei dieser Expansion nahm die Feldenergie der Regionen langsam ab, bis aus der inflationären Ausdehnung eine Expansionsbewegung wurde, wie sie im heißen Urknallmodell vorkommt. Eine dieser Regionen, so Linde, wurde zu dem, was wir heute als beobachtbares Universum vor Augen haben. Dieses Modell hat alle Vorteile der vorangegangenen inflationären Modelle, beruft sich aber nicht auf einen zweifelhaften Phasenübergang und kann darüber hinaus einen vernünftigen Wert für die Temperaturschwankungen des Mikrowellenhintergrunds angeben – das heißt, einen Wert, der sich mit den Beobachtungen deckt."

Trotz dieser Vorzüge erhielt Lindes Modell nicht die gewünschte Aufmerksamkeit. Das lag auch daran, dass Linde in der Sowjetunion reichlich isoliert von den internationalen Diskussionen war. Er wurde immer depressiver, so dass er zeitweilig kaum mehr aus dem Bett aufstand. Auch stockte das Buch, an dem er schrieb. Und die sowjetische Regierung hatte allen Forschern für ein Jahr untersagt, im Ausland zu veröffentlichen. Schon vorher waren die Publikationsmöglichkeiten sehr frustrierend. „90 Prozent der Forscher in meinem Gebiet arbeiteten im Ausland", erinnerte sich Linde später. „Bis meine Artikel erschienen, sind Monate vergangen. Ich drohte, den Ideenwettbewerb zu verlieren."

Dann befahl ihm die Sowjetische Akademie der Wissenschaften kurzfristig, einen Vortrag in Italien zu halten. Linde erkannte die Chance, einen Artikel ins Ausland zu schmuggeln, um ihn dort in einer international zugänglichen Zeitschrift zu publizieren. Seine Depression war wie weggeflogen, und innerhalb einer Stunde fieberhaften Nachdenkens war er auf seine wohl größte Entdeckung gestoßen: das Weltmodell eines sich ewig selbstreproduzierenden Universums. Denn an jenem Tag hatte Linde erkannt, dass auch die Chaotische Inflation zukunftsewig ist.

Lindes kosmologisches Modell ist eine schier unglaubliche Horizonterweiterung. Stimmt es, wäre unser beobachtbares Universum nicht nur ein winziger Ausschnitt einer viel größeren kosmischen Blase, sondern diese Blase wäre wiederum nur eine unter unzähligen. Selbst wenn die einzelnen Blasen „platzen" – und physikalisch ist dies auf die abenteuerlichsten Weisen möglich, etwa ein Aufblähen bislang „eingerollter", mikroskopisch kleiner Raumdimensionen –, hat der gesamte Kosmos genügend Potenzial zur Verjüngung. Die einzelnen Universen können vergehen, das Multiversum als Ganzes aber ist Lindes Modell zufolge ewig.

Wie Vilenkin propagiert also auch Linde die Ewige Inflation – diese Bezeichnung hat sogar er geprägt. (Übrigens hatte auch Paul Steinhardt die Idee der Ewigen Inflation beschrieben, im Nuffield-Workshop-Tagungsband .) Allerdings dürfen Ewige und Chaotische Inflation nicht gleichgesetzt werden. Es handelt sich um zwei verschiedene Aspekte. Die Chaotische Inflation ist wie das Szenario der neuen (und der alten) Inflation ein bestimmtes Modell. Diese Modelle unterscheiden sich in der Form des Inflatonpotenzials und in weiteren physikalischen Eigenschaften. Da sie alle die Eigenschaft haben, dass die Inflation zwar lokal, aber nicht global endet, sind sie alle Beispiele für eine Ewige Inflation. Tatsächlich haben viele andere, jüngere Inflationsmodelle auch diese Eigenschaft – aber nicht alle.

„Versteht man unter Chaotischer Inflation die Annahme chaotischer Anfangsbedingungen des Universums, bin ich kein großer Fan dieser Idee. Sie erklärt nicht, wie es zu diesem Chaos kam", kritisiert Alex Vilenkin. Trotz dieser Nichtübereinstimmung, ist die gegenseitige Wertschätzung der beiden Wissenschaftler groß; sie haben auch schon gemeinsam Artikel veröffentlicht. „Ich bewundere Andreis Arbeit sehr. Er ist einer der kreativsten Kosmologen, und seine Forschung hatte einen enormen Einfluss auf die Entwicklung des ganzen Gebiets", sagt Vilenkin. „Auch sind unsere Ideen oft ähnlich gewesen, und wir arbeiteten beide über die Ewige Inflation und das Anthropische Prinzip, als diese Ideen noch sehr unpopulär waren."

Und noch eine Gemeinsamkeit ist bemerkenswert. Sowohl Linde als auch Vilenkin entdeckten in den 1990er-Jahren, dass die Inflation sogar aus einem „echten" Vakuum heraus wieder beginnen kann, so dass sich neue Universen gleichsam abschnüren und verselbständigen würden. Linde ging dabei freilich von sehr viel unkonventionelleren Überlegungen aus.

Universen im Labor

Das Szenario der Kosmischen Inflation eröffnet Möglichkeiten, die bislang nur der Phantasie von Science-Fiction-Autoren vorbehalten waren: *Die hohe Kunst der Erschaffung von Universen*, wie Andrei Linde es provokant im Titel eines im Fachjournal *Nuclear Physics* veröffentlichten Artikels formuliert hat. Die Grundidee stammt von Alan Guth und Edward Farhi vom Massachusetts Institute of Technology. Sie haben vorgeschlagen, 10 bis 100 Kilogramm Masse aus Partikeln mit Ruheenergien von 10^{15} Gigaelektronenvolt im Labor so weit zu verdichten, dass ein Schwarzes Miniloch entsteht. Dessen Inneres könnte dann exponentiell zu expandieren beginnen. Es würde sich ein

Tochter-Universum mit eigener Raumzeit bilden, das sich von unserem rasch abnabelte.

„Das bringt keine spektakulären Änderungen mit sich, es entsteht kein großes Loch im Boden", beschwichtigt Linde etwaige Befürchtungen – obwohl niemand sicher sein kann, ob dabei nicht das Vakuum im Erzeuger-Universum instabil wird, was eine Woge der Vernichtung auslösen würde. Linde hat im Rahmen seines Modells der Chaotischen Inflation das „Rezept" der Welterschaffung noch verfeinert. Ihm genügen bereits wenige Hundertstel Milligramm als Ausgangsmaterie.

Auf die Frage, ob das nicht reine Science-Fiction sei, entgegnete Linde in einem Interview: „Das ist eine sehr ernsthafte Angelegenheit. Wenn man ein Universum erschaffen kann, könnte man vielleicht aus dem eigenen entkommen. Aber ich glaube nicht, dass das möglich ist. Doch man kann das Universum als Modell betrachten, um über noch wichtigere Dinge nachzudenken. Wenn es für das Universum möglich wäre, eine Urknall-Singularität zu überleben und in einem Zustand wieder aufzutauchen, ohne dass wir die Details seiner früheren Existenz rekonstruieren können, ist das vielleicht auch für unsere Seelen möglich, obwohl wir uns nicht an ihr früheres Leben erinnern können. Ich liebe die Idee, durch eine Singularität zu gehen, es ist einer der tiefsten Gedanken. Man muss aber vorsichtig damit umgehen, sonst zerstört man die Idee leicht. Ich rede nicht oft darüber. Es ist nicht ausgeschlossen, dass Bewusstsein unabhängig von Materie existiert." Das sind freilich Wünsche, die mit Physik nicht mehr viel zu tun haben.

Einen praktischen Nutzen verspricht sich Linde von der Prozedur der Welterschaffung nicht. „Man kann keine Energie von dem neuen Universum in unseres pumpen. Man kann nicht in das neue Universum hüpfen, denn im Moment seiner Erzeugung ist es winzig klein und extrem dicht und anschließend schnürt es sich von unserem ab. Man kann noch nicht

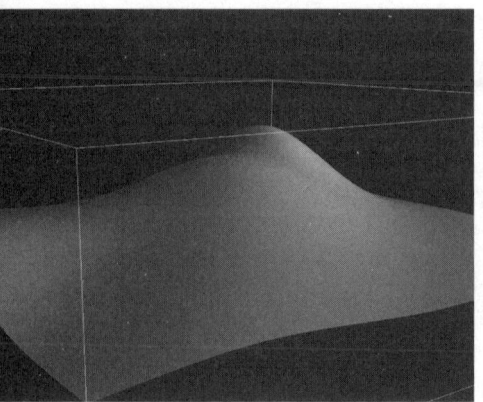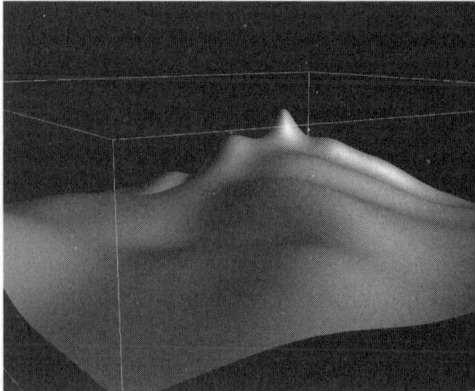

einmal Botschaften in das Universum senden. Würde man versuchen, gleichsam etwas in die Oberfläche des Universums einzugravieren, würden seine Bewohner in den kommenden Milliarden und Abermilliarden in einer Ecke eines Buchstabens leben." Das ist eine unvermeidbare Folge der Inflation: „Alle lokalen Eigenschaften eines Universums nach der Inflation hängen nicht von den Anfangsbedingungen im Moment seiner Entstehung ab." Damit würde auch jede eingravierte Botschaft unleserlich.

Trotzdem ist Linde zufolge das Unternehmen nicht vollkommen aussichtslos. Ein Schlupfloch gibt es nämlich doch: „Man müsste die Botschaft in den Eigenschaften des Vakuumzustands des geplanten neuen Universums unterbringen, das heißt der Naturgesetze seiner Niederenergie-Physik." Das ist eine wahrlich kosmische Herausforderung, wenn man mit der richtigen Kombination aus Temperatur, Druck und physikalischen Feldern den Vakuumzustand des neuen Universums „einstellen" wollte. Doch wenn es viele Möglichkeiten der physikalischen Symmetriebrüche gibt, kann eine solche Feinjustierung sehr informationsgeladen sein.

„Ist das etwa der Grund, warum wir so hart arbeiten müssen, um die seltsamen Eigenschaften unserer schönen und

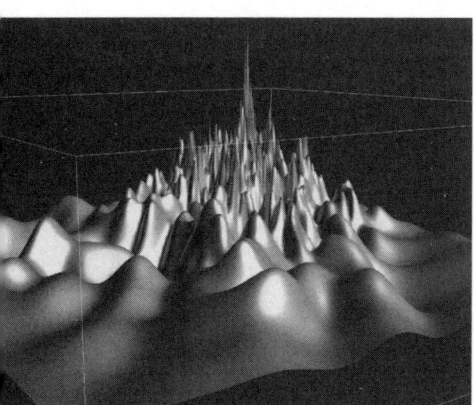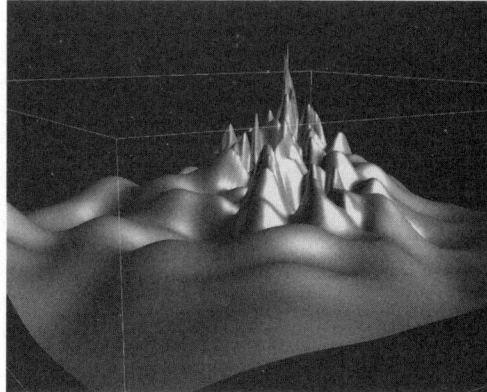

Simulation der Inflation: *Im Computer wurde die Entwicklung der „Potenziallandschaft" des Inflatons berechnet – des mutmaßlichen Skalarfelds, das die exponentielle Expansion des frühen Universums angetrieben hat.*
Die neu entstandenen Blasenuniversen sind als „Täler" dargestellt, die viel größeren, weiter inflationierenden Regionen als „Berge".

nicht perfekten Welt zu verstehen?", fragt sich Linde. „Bedeutet das womöglich, dass unser Universum designed wurde – aber nicht von Gott, sondern einem Physik-Hacker? Wenn das wahr wäre, zeigt das Ergebnis, dass er eine sehr schwierige Aufgabe hatte. Hoffentlich machte er nicht zu viele Fehler..."

Der achte Tag der Schöpfung

Ob es tatsächlich möglich ist, ein Universum quasi im Keller zusammenzubasteln, erscheint nicht nur hartgesottenen Physikern zweifelhaft, obwohl manche nicht einmal ausschließen, dass wir selbst in einem solchen Universum leben. Aber in gewisser Weise hat Andrei Linde ein solches Universum bereits geschaffen – wenn auch nur im Computer.

Am 31. Dezember 1988 hatte Linde mit seiner Frau – der Physik-Professorin Renata Kallosh – und den beiden Söhnen Alexander und Dmitri Russland verlassen. Er arbeitete ein Jahr lang am Europäischen Elementarteilchen-Forschungszentrum CERN in Genf. Obwohl er und seine Frau dort unbefristete Stellen ohne Lehrverpflichtungen angeboten bekamen, wechselten sie 1990 in die USA, weil ihre beiden Söhne dort studieren wollten.

Als Linde mit seiner Familie 1990 in die USA kam, machte er die Erfahrung, dass der Name „Linde" weit über den Kreis der Kosmologen und Physiker hinaus bekannt war. Denn zu Beginn seines Studiums am California Institute of Technology wurde Dmitri mehrfach gefragt, ob er der Sohn von Linde sei, des Autors von „InstantTeX". Mit diesem Programm konnte man mit der Computermaus mathematische Symbole, etwa Integrale, in Texte einzeichnen – damals ein Novum. Doch nicht sein Vater, sondern Dmitri selbst hatte diese nützliche Software geschrieben.

Als Andrei Linde 1990 Silicon Graphics in Los Angeles überreden konnte, ihm einen der schnellsten damaligen Rechner für eine Woche zu leihen, um die Kosmische Inflation zu simulieren und zu visualisieren, schrieb Dmitri in Windeseile die Software. „Das war harte Arbeit", erinnert sich Andrei Linde. „Am siebten Tag vollendeten wir die Berechungen und erblickten erstmals die wachsenden Berge, die die inflationären Bereiche repräsentierten. Wir konnten zwischen ihnen herumfliegen und den Blick auf unser Universum beim ersten Schöpfungsmoment genießen. Wir schauten auf den leuchtenden Bildschirm und waren glücklich – wir sahen, dass das Universum gut war. Aber unser Werk währte nicht lange. Am achten Tag gaben wir den Computer zurück und die Gigabyte-Festplatte ging kaputt – und mit ihr das Universum, das wir erschufen."

Recycling-Universen

Die endlose Aufblähung des falschen Vakuums mit immer neu sich herauskristallisierenden, womöglich unendlich großen Teiluniversen aus echtem Vakuum strapaziert das menschliche Vorstellungsvermögen schon kolossal. Doch Alex Vilenkin fügte diesen Unermesslichkeiten zusammen mit seinem Freund und früheren Postdoc Jaume Garriga von der Universität Barcelona noch eine weitere hinzu: In einem Universum, das sich durch die von Albert Einstein eingeführte Kosmologische Konstante beschleunigt ausdehnt, gibt es eine gewisse Wahrscheinlichkeit dafür, dass sich aufgrund eines Quantentunneleffekts aus der Raumzeit Blasen ausstülpen und abnabeln.

„Jede dieser exponentiell expandierenden Blasen entwickelt sich zu einem Universum mit seiner eigenen Ewigen Inflation. Es bildet unendlich viele thermalisierte Regionen aus, mit unendlich vielen Galaxien. Auch aus diesen Regionen können sich neue inflationäre Blasen abspalten, aus diesen wieder welche und so weiter." Wie Hefezellen sprießen die Universen aus diesem seltsamen kosmischen Teig. Vilenkin hat für die Ganzheit dieser endlosen Reproduktionskette den Begriff „Recycling-Universum" geprägt.

Die Idee des Recycling-Universums haben Alex Vilenkin, Jaume Garriga, Slava Mukhanov und Ken Olum auf einen abenteuerlichen Gedanken gebracht: Ob man nicht Botschaften an künftige Zivilisationen in anderen thermalisierten Regionen in den neuen kosmischen Blasen senden könnte.

Zwischen den thermalisierten Regionen innerhalb des inflationierenden Universums ist dies unmöglich, weil die exponentielle Expansion des falschen Vakuums zwischen den Blasen jeder Botschaft gleichsam davonläuft. Außerdem kann nichts die Raumzeit-Grenzen einer thermalisierten Insel-Region erreichen oder gar überwinden, da diese gewissermaßen den Urknall und das Ende der Inflation dieser thermalisierten Region darstellen. „Mit den expandierenden Außenrändern des Insel-Universums können wir unmöglich Schritt halten. Wir werden also niemals die Ufer des inflationär expandierenden Ozeans erreichen und im Licht der neuen Sonnen baden, die dort in Zukunft geboren werden", sagt Vilenkin. „Nicht einmal Botschaften können wir an zukünftige Zivilisationen senden, die um diese Sonnen herum gedeihen werden, denn kein Signal kann sich schneller fortpflanzen als Licht."

Doch die recyclierten Teiluniversen, die sich in der Zukunft einer thermalisierten Region befinden, als Ausstülpung aus dem echten Vakuum, sind theoretisch erreichbar. „Hinreichend stabile Container vorausgesetzt, könnten wir diesen jungen Universen Botschaften schicken, wenn diese zufällig in eine sich neu bildende Blase geraten", haben Vilenkin und seine Mitarbeiter überlegt. „Die Adressaten könnten es später genauso machen, und so würde sich ein immer weiter verzweigendes kosmisches Informationsnetzwerk herausbilden. Damit wären unsere Erkenntnisse mit dem Sterben unseres Universums nicht für immer verloren."

Mit Überschlagsrechnungen haben die phantasievollen Kosmologen diese Hoffnung jedoch selbst zunichte gemacht. Die Abschätzungen zeigen nämlich, dass die Aussichten für eine solche transuniversale Einbahnstraßen-Kommunikation nicht gerade vielversprechend sind. Denn die Quantentunneleffekte gebären nicht nur neue Blasen, sondern auch Schwarze Löcher – und zwar unermesslich viel mehr als Blasen. Vilenkin: „Die Botschaften werden deshalb praktisch sicher von Schwarzen Löchern verschluckt." Um überhaupt eine Chance zu haben, müsste man weitaus mehr Container abschicken, als es Atome im beobachtbaren Weltraum gibt. Wenn es keine radikal exotischen Auswege wie Wurmlöcher gibt – gewisser-

maßen kosmische U-Bahnschächte zu Paralleluniversen –
dann scheint es, als wäre der Mensch, und alle mutmaßlichen
anderen Lebensformen in diesem Universum, für immer auf
seiner kosmischen Insel gefangen.

Zusammenfassung: Inflation für Verwirrte

Seit der Hypothese von der Kosmischen Inflation ist das Universum nicht mehr das, was es einmal zu sein schien. Das mag
nicht nur auf den ersten Blick verwirren. Und die Vielfalt der
Modelle und Voraussetzungen steigert die Konfusion noch –
und zwar nicht nur bei Laien. Zwar glänzt das Szenario der
Inflation in seinen Grundzügen durch Einfachheit und Eleganz. Bei genauerer Betrachtung gerät man jedoch rasch in
einen Strudel der Komplexität. Aber das ist in der Wissenschaft
nicht ungewöhnlich. Die Konsequenzen der Inflation für unser
Weltbild sind freilich ungeheuer – und nicht wenigen Kosmologen auch nicht ganz geheuer oder aber ungeheuerlich. Um
vor lauter Inflatonfelder, Chaotischer und Ewiger Inflation,
Recycling-Universen und Quantenfluktuationen nicht vollends
den Überblick zu verlieren, seien die wesentlichen Resultate
hier noch einmal zusammengefasst.

- Im Gegensatz zur vorinflationären Kosmologie stammt
  nicht nur der gesamte beobachtbare Weltraum, sondern ein
  sehr viel größerer Bereich aus einer winzigen, superdichten
  Region, die sich exponentiell schnell ausgedehnt hat.
- Die Anfangsbedingungen des Universums könnten viel
  weniger speziell gewesen sein, als bislang gedacht. Das verringert die Unwahrscheinlichkeit der Weltentstehung beträchtlich und gibt der Kosmologie eine zusätzliche Erklärungstiefe.
- Die schlechte Nachricht ist: Wenn die Inflation sehr lange
  dauerte, bevor unser Universum entstand, wurde durch sie

alles aus der Zeit zuvor derart explosionsartig verdünnt, dass es heute prinzipiell nicht mehr beobachtbar ist. Wenn es einen Urknall im Sinn eines ersten Moments gegeben hat, wären sämtliche Spuren davon durch die Inflation unzugänglich geworden. „Selbst die Wellenlänge eines einzigen Photons vom Urknall wäre so stark ausgedehnt worden, dass sie größer ist als das beobachtbare Universum, dass also ‚alles', was wir heute sehen, buchstäblich darin steckt", sagt Andrei Linde.

- Ob die Inflation sehr lange dauerte oder sich sogar in eine ewige Vergangenheit erstreckt, ist allerdings umstritten. Die Frage nach dem „Urgrund" der Welt macht sie jedenfalls nicht obsolet.

- Quantenfluktuationen – winzige Schwankungen in den Energiefeldern – wurden durch die Inflation so extrem verstärkt, dass sie sich als Dichteunterschiede im glühenden Urgas abzeichneten und als gravitative Keimzelle der Galaxienbildung dienten. Ohne sie gäbe es heute also gar keine Galaxien, Sterne und Menschen. Das Kleinstmögliche, eine Quantenfluktuation, wurde somit zum für uns Größtmöglichsten: die großräumige Verteilung der Materie im Universum.

- Definiert man den Urknall nicht als Beginn der Raumzeit, sondern nur als den der Materie, geschah er am Ende der Inflation, als sich die Energie des Inflatonfelds materialisierte: Das energiereiche Vakuum barst förmlich und bildete alle Elementarteilchen, die bis heute den Weltraum bevölkern.

- Mehr noch: „In gewisser Weise ist die Inflation nicht ein Teil des Urknall-Modells, wie früher gedacht, sondern der Urknall ist ein Teil des Szenarios der Kosmischen Inflation", sagt Linde. Denn weil die Inflation nicht überall im Kosmos gleichzeitig aufhörte, sondern an unterschiedlichen Orten zu unterschiedlichen Zeiten, gab es nicht nur einen – unseren – die Materie erzeugenden Urknall, sondern ungeheuer viele. Jeder markiert die Entstehung einer nicht weiter inflationär expandierenden Raumblase, die man als separates Universum bezeichnen kann. Dieser Vorgang ist mit Gasbläschen vergleichbar, die sich im kochenden Wasser bilden.

- Alle diese Blasen sind durch unermesslich viel größere Raumbereiche getrennt, die immer noch eine Inflation durchlaufen. (Das ist paradoxerweise sogar dann der Fall, wenn die Blasen, von innen betrachtet, unendlich groß sind; das liegt an der „Relativität" der Koordinatensysteme.)
- Die Inflation hört als Ganzes wohl nie auf, sondern setzt sich ewig fort. Zwar bilden sich früher oder später an jeder Stelle neue Blasenuniversen, die nicht mehr exponentiell wachsen. Aber ihr Volumen ist verschwindend gering im Vergleich zur inflationierenden Umgebung, die gleichsam aus sich heraus ständig neuen Nachschub an Inflation erzeugt. „Es gab einen Anfang für jeden Teilbereich des Universums – oder jedes Universum im Multiversum, der Summe aller Universen –, und die Inflation wird überall einmal zu Ende gehen. Aber es wird im Szenario der Ewigen Inflation kein Ende für die Evolution des Multiversums geben", sagt Linde. „Aus der Existenz dieses Prozesses folgt, dass das Multiversum niemals als Ganzes verschwinden wird." Anders gesagt: Das Universum oder Multiversum reproduziert sich permanent selbst.
- Somit mögen die einzelnen Universen eines Tages zwar vergehen, weil sie entweder in sich zusammenstürzen oder aber durch ihre Ausdehnung so leer und kalt werden, dass kein Leben mehr in ihnen möglich ist. „Doch selbst wenn unsere Zivilisation stirbt, wird es andere Orte geben, wo das Leben wieder und wieder aufs Neue entsteht, in all seinen möglichen Formen", sagt Vilenkin.

- Auch kann die Inflation aufs Neue beginnen, quasi als eine Art kosmisches Recycling, wenn das wahre Vakuum der Blasen noch eine innere Energie besitzt: Aus zufälligen Quantenfluktuationen dieser Vakuumenergie könnten sich winzige Stellen eines falschen Vakuums bilden, das sofort wieder inflationär zu expandieren beginnt. Es explodiert allerdings nicht in sein Mutter-Universum, sondern stülpt sich als Tochter-Universum gleichsam aus und nabelt sich schließlich ab. Vom Mutter-Universum aus betrachtet bleibt es unzugänglich hinter einem Schwarzen Loch verborgen.

- Die Naturgesetze und -konstanten in den einzelnen Blasen (auch möglicher Tochter-Universen) könnten ganz verschieden sein. Denkbar ist sogar, dass sich die Zahl der Dimensionen unterscheidet.

- Vielleicht werden alle physikalischen Bedingungen, die überhaupt möglich sind, irgendwo realisiert. Dieses „Prinzip der Fülle" lässt genug Raum für alle Spielarten der Natur. Die meisten Blasenuniversen haben vermutlich keine Sterne und Planeten. Aber wenn alles Mögliche auch wirklich ist, brauchen wir uns nicht zu wundern, dass wir in einem lebensfreundlichen Universum existieren. (Das ist dann die kosmologische Verankerung des Anthropischen Prinzips.)

Prima Paradigma: *Das Szenario der Kosmischen Inflation hat schon zahlreiche Bewährungsproben hinter sich und dadurch den Ruf einer „Standarderweiterung" der Urknall-Theorie erworben. Zwar sind noch einige Fragen offen und es gibt konkurrierende Erklärungsversuche, aber die Erfolgsgeschichte der Inflationsmodelle ist beeindruckend. Die Tabelle fasst die wesentlichen Pluspunkte dieses Szenarios zusammen – Probleme der herkömmlichen Urknall-Theorie, die die inflationären Modelle lösen können, und an denen kein konkurrierendes Modell vorbei kommt.*

Probleme der Standardtheorie vom Urknall	... und ihre Lösung im Szenario der Kosmischen Inflation
Expansion: Was hat die Ausdehnung des Weltraums verursacht?	Das Inflatonfeld mit seinem negativen Druck, der wie Antigravitation wirkt.
Teilchenzahl: Warum gibt es mindestens 10^{80} Elementarteilchen im beobachtbaren Weltraum?	Weil sie am Ende der Inflation aus dem Zerfall des Inflatonfelds entstanden sind.
Topologische Defekte: Warum beobachten wir keine exotischen Objekte wie Magnetische Monopole, Kosmische Strings, Domänengrenzen (Bloch-Wände) oder Texturen, wie sie von bestimmten Theorien der Teilchenphysik vorausgesagt werden?	Weil sie, wenn es sie überhaupt gibt, durch die Inflation so weit auseinander getrieben und „verdünnt" wurden, dass sie im beobachtbaren Universum (fast) nicht vorkommen.
Homogenität: Warum ist das Universum überall und in allen Richtungen extrem gleichförmig? (Das heute beobachtbare Universum mit circa 10^{26} Meter Durchmesser wäre im Alter von 10^{-35} Sekunden knapp einen Zentimeter groß gewesen, doch das Licht konnte damals erst etwa 10^{-27} Meter zurücklegen – also viel zu wenig, um Anfangsunterschiede ausgleichen zu können)	Weil durch die exponentielle Raumausdehnung das heute beobachtbare Universum aus einer viel kleineren Region entstanden ist als im Standardmodell. Sie war so winzig, dass alle Teilbereiche in Wechselwirkung standen und gleichförmig werden konnten. Diese Homogenität hat die Inflation erhalten, aber enorm „vergrößert".
Flachheit: Woher kommt die nahezu euklidische Metrik? (Als zufällige Anfangsbedingung wäre sie extrem unwahrscheinlich, etwa $1{:}10^{58}$)	Durch die Inflation, die den Raum in alle Richtungen „gestreckt" hat ähnlich wie ein faltiges Tischtuch beim Auseinanderziehen glatt wird.
Fluktuationen: Woher kommen die winzigen Temperaturunterschiede in der Kosmischen Hintergrundstrahlung? (Sie spiegeln Dichteunterschiede im Urgas wieder, aus denen später Galaxien und Galaxienhaufen entstanden.)	Von Quantenfluktuationen, die durch die Inflation extrem verstärkt und vergrößert wurden.
Eindeutigkeit: Warum sind die Naturgesetze und -konstanten so, wie sie sind?	Vielleicht weil alle Möglichkeiten irgendwo realisiert sind, wenn die Inflation zur Entstehung unterschiedlicher Universen führt.

Teil IV

Imaginäre Zeit

*Das Universum ist voll von magischen Dingen,
die geduldig darauf warten, dass unser Verstand
schärfer wird.*

Eden Philpotts (1862–1960),
britischer Schriftsteller

Das Zündholz des Urknalls

Die Ewige Inflation gehört zu den faszinierendsten und verstörendsten Szenarien der modernen Kosmologie. Die Fülle der Universen, die sie erzeugt, beunruhigt viele Kosmologen. Manche sehen darin sogar eine Gefahr für die Wissenschaft, da eine Vielzahl von Universen die Vorhersage- und Erklärungskraft sowie Überprüfbarkeit der Theorien unterlaufen könnte. Auch Stephen Hawking ist kein Freund der Ewigen Inflation. Doch weder er noch irgendjemand anders hatte bislang eine überzeugende Idee, die sehr allgemeinen Argumente dafür zu unterlaufen – also einen Mechanismus zu finden, der verhindert, dass die Inflation immer irgendwo weitergeht. Vielmehr hat es den Anschein, dass man die Kröte dieser unaufhörlichen Reproduktion der Universen schlucken muss, wenn man die Vorteile behalten will, die das Szenario der Kosmischen Inflation zu bieten hat, also ihre große Erklärungskraft. Manche Kosmologen wie Paul Steinhardt und Hawkings früherer Mitarbeiter Neil Turok wollen daher die Inflation sogar als Ganzes verwerfen und durch ein völlig anderes Modell ersetzen.

Nicht nur im Hinblick auf die Zukunft, sondern auch auf die Vergangenheit macht die Ewige Inflation große Probleme. Sie konterkariert nämlich die Suche nach dem ultimativen Ursprung von Allem. „Da unser eigenes Universum an jeder Stelle am unendlichen Baum der Universen hängen könnte, die von der Ewigen Inflation erzeugt werden, kann es beliebig weit vom Anfang der Inflation entfernt sein", erklärt Alan Guth. „Damit gehen alle Spuren seines Beginns verloren."

Das ist keine gute Nachricht. Mehr noch: Die allermeisten Blasenuniversen sind relativ jung, weil das rasant wachsende falsche Vakuum gleichsam immer mehr „Platz" für ihre Entstehung schafft. Die Wahrscheinlichkeit ist also sehr groß, dass unser eigenes Universum ein ganz junger Spross an Guths

„Baum der Universen" ist. Andrei Linde hat diese zwar zwingende, aber irgendwie auch kontraintuitive Schlussfolgerung schon 1994 erkannt und die irritierende, geradezu antikopernikanische Frage gestellt, ob wir nicht in gewisser Weise sogar „im Zentrum der Welt" leben.

Wenn vor der Entstehung unseres Blasenuniversums eine beliebig lange Zeit der Inflation herrschte – die Inflation also gewissermaßen gar kein Teil unseres Universums ist, sondern gerade umgekehrt unser Universum ein winziges Zucken in der fortwährenden Explosion der Ewigen Inflation –, dann würde das jede Chance zunichte machen, Beobachtungshinweise vom ersten Augenblick beziehungsweise der Zeit vor dem Beginn der Inflation zu entdecken.

So weitreichend der Erklärungsanspruch der Inflationsmodelle auch ist, das Rätsel des Ursprungs von Allem wird dadurch noch lange nicht gelöst. Michael Turner von der University of Chicago, einer der Hauptverfechter der Inflation, hat das sehr prägnant auf den Punkt gebracht: „Wenn die Inflation das Dynamit hinter dem Urknall ist, dann suchen wir noch immer nach dem Zündholz."

Vier Bedeutungen von „Urknall"

„Und jedem Anfang wohnt ein Zauber inne", begann Hermann Hesse 1941 sein Gedicht *Stufen*. Die Kosmologen sind bei allen Fortschritten, den Anfang des Universums zu erklären, Zauberlehrlinge geblieben. Ihren Berechnungen zufolge ist das Universum gleichsam überlichtschnell explodiert, aber den Zaubertrick dahinter hat noch niemand durchschaut. Das liegt auch daran, dass sich die Inflation bislang nicht streng in einen theoretischen Rahmen zur einheitlichen Beschreibung der fundamentalen Naturkräfte einbetten lässt – zumal dieser bislang nur in Ansätzen existiert. Doch es gibt keinen Grund zur Resignation. Im Gegenteil: Michael Turner ist sogar davon überzeugt, dass das goldene Zeitalter der Kosmologie gerade erst begonnen hat. Denn dank neuer Beobachtungsmöglichkeiten grenzen jetzt immer mehr und immer bessere Daten die Theorienvielfalt ein. Turner spricht sogar vom Beginn der „Präzisionskosmologie". Von den genauen Messungen der kosmologischen Parameter, etwa durch die Raumsonde WMAP und demnächst Planck, haben Kosmologen in den 1980er-Jahren nämlich nur träumen können. Vor allem in der Kosmischen Hintergrundstrahlung sind noch zahlreiche Informationen über die Frühzeit des Kosmos verborgen. Dadurch wird es vielleicht schon in wenigen Jahren möglich sein, die Einzelheiten der Inflation zu rekonstruieren – oder sie als faulen Zauber zu entlarven.

An dieser Stelle ist es notwendig, eine vielleicht etwas spröde wirkende Begriffsklärung einzuschieben. Denn die Kosmische Inflation kann nicht nur einen riesigen Kosmos hervorbringen, sondern auch eine riesige Verwirrung stiften. Spätestens mit ihr wurde „Urknall" nämlich zu einem mehrdeutigen Begriff. Das führt mitunter zu Missverständnissen. Man sollte mindestens die folgenden vier Bedeutungen von „Urknall" unterscheiden:

- Die heiße, dichte Frühphase unseres Universums: Hier haben sich innerhalb weniger Minuten die leichten Elemente gebildet (Wasserstoff und Helium sowie Spuren von Lithium). Dass unser Universum aus einem Urknall in dieser Wortbedeutung entstand, wird inzwischen von fast allen Kosmologen angenommen. Und nur in diesem Sinn wird vom Standardmodell der Kosmologie oder von der Standardtheorie des Urknalls gesprochen. Wie es zu dieser heißen, dichten Frühphase kam – ob beispielsweise die Kosmische Inflation dazu geführt hat –, bleibt dabei offen.

- Die Anfangssingularität: Sie markiert die Rückextrapolationsgrenze der relativistischen Kosmologie – also den Zeitpunkt, an dem die bekannten Naturgesetze zusammenbrechen: Energie, Dichte, Druck, Temperatur und Krümmung gehen gegen unendlich, Raum und Zeit verschwinden, das heißt, sie gehen gegen null. Die Feldgleichungen der Allgemeinen Relativitätstheorie für das Universum besitzen an diesem Punkt eine Singularität. Ob diese mathematische Grenze jedoch wirklich eine physikalische Entsprechung hat, ist eine offene Frage.

- Ein absoluter Anfang von Raum, Zeit und Energie, also der Beginn von Allem: Urknall-Modelle in diesem Sinn können Anfangskosmologien genannt werden. Sie postulieren einen ersten Moment. Harald Lesch von der Universität München nennt ihn den „Tag ohne Gestern".

- Der Beginn unseres Universums, das heißt seiner Teilchen, seines Vakuumzustands und vielleicht seiner (lokalen) Raumzeit: Urknall-Modelle in diesem Sinn lassen die Möglichkeit offen, dass unser Universum nur eines von vielen ist (Multiversum-Hypothese). Dann könnte es selbst zwar einen Anfang besitzen und würde nicht ewig existieren, aber es wäre nicht aus dem „Nichts" ins Dasein gekommen. Somit wäre „unser" Urknall nicht der Anfang von allem, sondern es hätte vorher – und vielleicht schon „immer" – etwas existiert. Dann kann man von Ewigkeitskosmologien sprechen. Die antiken wie auch die modernen Ewigkeitskosmologien lassen sich in drei Typen unterteilen – statische, evolutionäre und revolutionäre –, wobei sich alle Veränderungen in der Zeit abspielen, die keinen absoluten Anfang hat, sondern entweder linear ist wie eine unendlich lange Gerade oder zyklisch wie ein Kreis. Statische Universen ändern sich in ihrem Zustand im Großen und Ganzen nicht, evolutionäre ändern sich kumulativ, revolutionäre ändern sich abrupt mit scharfen Phasenübergängen (wobei dann unser „Urknall" ein solcher gewesen sein könnte). Diese vierte Bedeutung von „Urknall" erlaubt also auch die Möglichkeit, dass eine Zeit „vor" dem Urknall in der erstgenannten Bedeutung existierte, und dass es andere Universen gibt.

Diese begriffliche Differenzierung beantwortet selbstverständlich noch nicht, was denn nun eigentlich geschehen ist. Sie macht aber deutlich, dass der Urknall im ersten Sinn ein (brachiales) Ereignis unter vielen gewesen sein kann – also ein Urknall im vierten Sinn, wie es das Szenario von der Ewigen Inflation nahe legt. Damit bleibt aber die Frage nach dem Beginn der Inflation – und somit dem Urknall in der dritten der genannten Bedeutungen. Tatsächlich gibt es starke Argumente dafür, dass die Inflation einen Anfang hatte (dazu gleich mehr). Dann kann das Szenario der Inflation jedoch nicht die von Hawking und Penrose aufgestellten Singularitätstheoreme umgehen – den Urknall im zweiten Wortsinn –, und das hat ja auch niemand behauptet. Die brennende Frage nach dem Anfang aller Dinge scheint also durch alle „Urknall"-Begriffe hindurch.

Nur eine halbe Ewigkeit?!

„Eine schöne Beschreibung der Ewigkeit: Stell Dir eine Stahlkugel vor, die so groß ist wie die Erde. Und eine Fliege, die sich einmal in einer Million Jahren darauf niederlässt. Wenn die Stahlkugel durch die damit verbundene Reibung aufgelöst ist, dann ... ja dann ... hat die Ewigkeit noch nicht einmal begonnen!", schrieb der englische Schriftsteller David Lodge in seinem ersten Roman *The Picturegoers* (1960). Doch hat die Ewigkeit überhaupt begonnen? Das ist eine Grundfrage der modernen Kosmologie.

Das Szenario der Ewigen Inflation impliziert zunächst nur eine „halbe Ewigkeit" – eine, die sich in eine unendliche Zukunft erstreckt. Doch warum so halbherzig? Diese kritische Frage drängt sich auf: Weshalb sollte die Inflation nicht auch vergangenheitsewig sein?! Damit wäre das Anfangsproblem gelöst – es gäbe ganz einfach keinen ersten Moment, sondern eine unaufhörliche Zeit in beide Richtungen. Ähnlich wie ein unendlicher Turm von Schildkröten ...

Mit einer solchen Vorstellung vom Kosmos, der seit jeher inflationiert, liebäugelt Andrei Linde. Damit kehrt gleichsam durch die Hintertür sogar das Steady-State-Modell von Fred Hoyle & Co. zurück. Denn in dem expandierenden Reigen der Ewigen Inflation herrscht, global betrachtet, tatsächlich so etwas wie ein stationäres Gleichgewicht: Blasenuniversen bilden sich unaufhörlich im falschen Vakuum, aber der Urknall war nichts Einzigartiges. Jeder Phasenübergang, der zu einem nicht mehr exponentiell expandierenden Blasenuniversum führt, ist ein Urknall – ein lokales Phänomen. Der Urknall unseres Universums war demzufolge zwar der Anfang der Welt, wie wir sie kennen und erforschen können, aber global betrachtet doch nur ein unbedeutendes Ereignis unter Myriaden anderer.

Alex Vilenkin widerspricht. Seine Berechnungen haben einen Beweis dafür gefunden, dass der Kosmos einen Anfang haben muss, selbst wenn wir auf Grund der Inflation danach nie etwas darüber erfahren könnten. Nach Vorarbeiten mit Alvin Borde seit 1994 hat Vilenkin zusammen mit Borde und Alan Guth im Jahr 2003 ein wichtiges Theorem veröffentlicht. Dieses beweist auf der Grundlage von nur sehr schwachen und generellen Annahmen, dass in einem zukunftsewig inflationierenden Multiversum alle Weltlinien (mit allenfalls einer Ausnahme) einen Anfangspunkt haben müssen, egal wie lange dieser zurückliegt. „Das bedeutet unserer Meinung nach, dass die Inflation nicht die ganze Geschichte sein kann. Es muss etwas vorher stattgefunden haben. Eine Art von Anfang", sagt Vilenkin. „Das Universum kann nicht unendlich alt sein. Die Inflation löst nicht das Problem der Anfangssingularität und somit die Frage nach dem Ursprung des Universums", ist er überzeugt. „Die Inflation reicht für eine vollständige Beschreibung des Universums nicht aus, es ist eine neue Physik für den Anfang nötig", schreiben Vilenkin, Guth und Borde in ihrem Artikel. Sie betonen, dass ihre Beweisführung auch für viele andere kosmologische Modelle ohne Inflation gilt (etwa die String-Kosmologie mit ihren höherdimensionalen Räumen).

Andrei Linde ist mit dieser Schlussfolgerung nicht einverstanden. Er argumentiert dafür, dass der Kosmos vergangenheitsewig sein kann, weil zwar alle einzelnen Weltlinien irgendwo und irgendwann begannen, aber nicht das ganze Bündel von ihnen. „Es ist einfach unklar, ob es einen einzigen Moment gab, vor dem der Kosmos nicht existierte. Ich sage nicht, dass sich die Inflation ewig in die Vergangenheit erstreckt. Ich weiß es nicht. Aber wer behauptet, es sei nicht so, ist einen Beweis schuldig. Ich sehe einen solchen Beweis nicht." Linde gibt sich daher agnostisch: „Nichtwissen ist besser als Falschwissen", sagt er.

Noch ist die Vergangenheitsbewältigung nicht abgeschlossen. Tatsächlich ist der Beweis von Vilenkin, Borde und Guth nicht völlig hieb- und stichfest beziehungsweise allgemeingültig. Denn es gibt Modelle, die das Theorem umgehen können. Doch sie widersprechen entweder den astronomischen Beobachtungen oder erfordern außerordentlich exotische Annahmen. So haben Anthony Aguirre, der heute an der University of California in Santa Cruz forscht, und Steven Gratton vom Institute for Astronomy in Cambridge gezeigt, dass sich das Theorem „aushebeln" lässt, wenn man Prozesse akzeptiert, die einst zu einer Inflation mit umgekehrter Zeitrichtung führten.

Für die meisten Kosmologen ist dieses Modell freilich nur eine mathematische Kuriosität, das zeigt, wie stark Vilenkins Anfangstheorem tatsächlich ist. Es gilt schon, wenn der Kosmos nur im Durchschnitt expandiert. Dies muss also nicht einmal die ganze Zeit über der Fall sein. Selbst eine sehr lange oszillierende Reihe von Ausdehnung und Kontraktion wie in den Modellen zyklischer Universen müsste einen Beginn haben.

Obwohl das Theorem von Vilenkin, Guth und Borde unabhängig von den inzwischen legendären Singularitätstheoremen von Hawking und Penrose ist, führt es auch zum Rätsel des Weltanfangs zurück. Das ist, wissenschaftsgeschichtlich betrachtet, insofern kurios, als Vilenkin wie auch Hawking vor dem Vilenkin-Guth-Borde-Theorem bereits daran arbeiteten, dieses Rätsel zu knacken und die Singularitätstheoreme zu umgehen. Das begann Anfang der 1980er-Jahre.

Jenseits von Relativitätstheorie und Quantenphysik

„Die Vorhersage von Singularitäten bedeutet, dass die klassische Allgemeine Relativitätstheorie keine vollständige Theorie ist. Da man die singulären Punkte aus der Raumzeit-Mannigfaltigkeit heraustrennen muss, kann man dort die Feldgleichungen nicht mehr definieren und nicht vorhersagen, was aus einer Singularität kommt", betont Stephen Hawking immer wieder. „Bei der Singularität in der Vergangenheit scheint der einzige Weg, mit diesem Problem fertig zu werden, darin zu bestehen, die Quantengravitation zu bemühen."

„Quantengravitation" ist ein Sammelbegriff für verschiedene Ansätze, die beiden Säulen der modernen Physik miteinander zu verbinden: die Allgemeine Relativitätstheorie und die Quantentheorie. Obwohl beide Theorien exzellent mit den experimentellen Daten übereinstimmen – nie zuvor in der Geschichte gab es leistungsfähigere Theorien –, widersprechen sie sich. Es scheint, als würde die Natur gleichsam zwei verschiedene Arten von Regeln befolgen:

- Einerseits die Allgemeine Relativitätstheorie: Ihr Alphabet ist die Geometrie, und ihr Vokabular besteht aus Linien, Winkeln, Oberflächen und Kurven. Die Schwerkraft ist eine Eigenschaft der Geometrie der Raumzeit, die nicht bloß Bühne allen Geschehens, sondern auch teilnehmender Schauspieler ist.

- Andererseits die Quantentheorie: Ihr Alphabet besteht aus algebraischen Symbolen und Quantenzahlen und enthält nicht die deterministischen Wörter „immer" und „nie", sondern die statistischen „üblicherweise" und „selten". Hier ist die Raumzeit die unveränderliche, starre Bühne („Hintergrund-Metrik") für die Partikel und Kräfte. Gravitation wird auf – hypothetische, noch nicht nachgewiesene – Teilchen namens Gravitonen zurückgeführt. Sie werden im subatomaren Pingpong zwischen allen anderen Partikeln ausgetauscht und bringen so die Schwerkraft hervor. Doch da die Gravitonen auch mit sich selbst wechselwirken, geraten die anderswo so erfolgreichen quantenphysikalischen Techniken in massive Schwierigkeiten aufgrund von unsinnigen Unendlichkeiten, Wahrscheinlichkeiten über 100 Prozent und anderem Ungemach.

Die beiden Theorien sind also auf eine prinzipielle Weise nicht miteinander vereinbar. Und das markiert eine extreme Krisensituation der Theoretischen Physik, die nur deshalb leicht ignoriert oder umgangen werden kann, weil für die allermeisten Beschreibungen nur entweder die eine oder die andere Theorie nötig ist. Wenn es aber um den Urknall oder um Schwarze Löcher geht, sind beide Theorien gleichermaßen nötig und ihre Unvereinbarkeit lässt sich im Gegensatz zu den Situationen der Alltagsphysik nicht länger unter den Teppich kehren. Doch eine Theorie der Quantengravitation könnte aus der Not eine Tugend machen und die Relativitätstheorie von ihren pathologischen Singularitäten kurieren.

Attacke auf die Singularitäten

Die Singularitätstheoreme von Hawking und Penrose waren ein großer Erfolg, ein theoretischer Durchbruch. Dies darf aber nicht darüber hinwegtäuschen, dass die Medaille eine unschöne Kehrseite hatte. Denn die Erkenntnis war ein Pyrrhussieg, versperrte sie doch den Weg zu einer Erklärung des Urknalls: Wenn in der Singularität keine Naturgesetze mehr gelten, dann entgleitet sie gleichsam dem Zuständigkeitsbereich der Physik oder ist eine Bankrotterklärung für jedes weitere Bemühen, den Ursprung des Universums zu verstehen. Schon nach der Vollendung der Theoreme, Anfang der 1970er-Jahre, betrachteten viele Kosmologen diese Situation allerdings nicht als Grund zur Kapitulation, sondern als Ansporn.

„Damals wurde allgemein angenommen, dass die Hawking-Penrose-Theoreme implizieren, dass eine Epoche der Quantengravitation im frühen Universum unumgänglich ist. Ob Quantengravitationseffekte die Singularität vermeiden können, war ungewiss – und ist es bis heute, auch wenn es inzwischen einige Hinweise dafür gibt", sagt George F. R. Ellis. Er forscht seit langem an der Universität von Kapstadt in Südafrika und ist einer der renommiertesten Experten auf dem Gebiet der Relativitätstheorie und Kosmologie. Mit Hawking hat er schon 1968 eine Arbeit über die Singularitäten publiziert und 1973 dann das Fachbuch *The Large Scale Structure of Space-time* veröffentlicht, erschienen bei Cambridge University Press. Es war Hawkings erstes Buch und ist bis heute ein Klassiker, weil darin nicht nur die Singularitätstheoreme zusammenhängend dargestellt sind, sondern auch in den großen kosmologischen Kontext eingebunden werden.

Viele Kosmologen sind also davon überzeugt, dass Quanteneffekte eine physikalische Singularität nicht zulassen. Die Anfangssingularität ist dann lediglich die Selbstaussage der Allgemeinen Relativitätstheorie über das Ende ihres eigenen Anwendungsbereichs. Die Theorie prognostiziert somit ihren eigenen Zusammenbruch und trägt gleichsam den Keim ihrer Vernichtung in sich. Dies ist aber keine Katastrophe für die Forschung, sondern ein Vorteil sowohl in wissenschaftlicher als auch in erkenntnistheoretischer Hinsicht. Denn dadurch wird die Grenze der Gültigkeit dieser Theorie offenkundig – und alle Theorien haben ja einen eingeschränkten Anwendungsbereich, nur machen sie selbst das in der Regel nicht deutlich. Diese Grenze versuchen verschiedene Modelle der Quantengravitation zu überwinden. Es gibt ein paar vielversprechende Ansätze, aber sie sind alle noch spekulativ und unbestätigt. Ob sie sich in der Praxis überhaupt testen lassen, ist ungewiss, obwohl sie durchaus überprüfbare Aussagen machen können. (An dieser Stelle sei der Vollständigkeit aber noch angemerkt, dass eine Theorie der Quantengravitation nicht einmal notwendig ist, um die Singularitäten zu vermeiden. Denn es gibt, wenigstens im Prinzip, noch weitere Schlupflöcher: zum Beispiel durch spezielle Skalarfelder, durch variable Naturkonstanten oder durch einen extremen negativen Druck etwa aufgrund einer positiven Kosmologischen Konstante wie in kosmologischen Modellen, die schon 1917 der holländische Astronom Willem de Sitter beschrieben hatte.)

Also ist es zwar denkbar, dass die Singularität – als eine Grenze der menschlichen Erkenntnis – nicht „überwunden" oder „gesprengt" werden kann. Dann wäre sie ein Endpunkt physikalischer Erklärungen, eine Sackgasse des Naturverständnisses, ein scharfer Schlussstrich für den Versuch, den Ursprung des Universums zu verstehen. Doch ob dies der Fall ist, muss momentan eine offene Frage bleiben. Eine höchst brisante Frage, die an die vorderste Front der kosmologischen Forschung führt.

Falsch wäre es jedenfalls zu sagen, dass das Universum aus der Urknall-Singularität entsprang. Denn diese Krümmungssingularität ist kein Zustand, Gegenstand oder Teil der Natur (sondern allenfalls ein abstraktes Objekt einer physikalischen Theorie). Sie ist kein realer Rand der Raumzeit, sondern vielmehr die Grenze der physikalischen Beschreibung dieser Raumzeit im Rahmen der Relativitätstheorie. Somit gehört die Singularität nicht zum Raum und zur Zeit, und sie markiert daher strenggenommen auch nicht den Anfang der Zeit. In der Singularität scheitert die relativistische Physik und Kosmologie. Aber das sagt noch nicht unbedingt etwas über die Natur aus, sondern nur über die Vorstellung, die sich die Physiker und Kosmologen von ihr machen.

Dass die Urknall-Singularität, die ein Ergebnis einer Theorie ist, durch eine andere Theorie überwunden werden könnte, illustriert folgende Analogie: Trifft Sonnenlicht auf eine Glaslinse, werden die parallel einfallenden Strahlen darin gebündelt und im Brennpunkt hinter ihr fokussiert. Das lässt sich gut mithilfe der Gesetze der Strahlenoptik beschreiben. Allerdings müsste dabei die Energiedichte im Brennpunkt unendlich groß sein – er ist in der Strahlenoptik eine Singularität. Tatsächlich kann es dort so heiß werden, dass sich damit ein Feuer entfachen lässt – doch zu einem unendlichen Temperaturanstieg kommt es nicht. Die Strahlenoptik verliert hier also ihre Gültigkeit. Betrachtet man Licht als ein Wellenphänomen, kann man die Vorgänge auch mit der Wellenoptik beschreiben. Damit lässt sich sogar berechnen, was mit dem Licht jenseits des

Brennpunkts geschieht – wie es auseinander läuft und vielleicht auf eine neue Linse trifft. „Die scheinbare Singularität im Brennpunkt bei einer geometrischen Beschreibung bedeutet also nicht, dass dort jegliche physikalische Beschreibung zusammenbricht", erläutern Thomas Filk und Domenico Giulini in ihrem Buch *Am Anfang war die Ewigkeit*. Vielmehr verdeutlicht das Beispiel, wie eine Singularität als Artefakt einer unzureichenden Theorie entstehen und durch eine leistungsfähigere Theorie überwunden werden kann. „Ganz ähnlich könnte es auch mit dem Urknall sein", spekulieren die beiden Theoretischen Physiker von der Universität Freiburg. „Die Beziehung zwischen Strahlenoptik und Wellenoptik ist nämlich durchaus vergleichbar mit der Beziehung zwischen klassischer Physik – der Physik Newtons oder Einsteins – und der Quantenphysik. Sobald wir also eine Quantentheorie der Gravitation besitzen, können wir vielleicht auch die Vorgänge im Big Bang beschreiben." Und genau das ist eines der großen wissenschaftlichen Ziele von Stephen Hawking und seinen Kollegen.

Im Prinzip gibt es mehrere Möglichkeiten, die Singularitätstheoreme auszuhebeln:

- Das Kausalitätsprinzip könnte zusammenbrechen und der „Anfang" war in Wirklichkeit eine Zeitschleife, eine kreisförmige Zeit. Oder die Zeit wechselte die Richtung – was immer das auch heißt.

- Die Energiebedingungen sind auf eine exotische Weise verletzt, so dass die Inflation oder irgendwelche zyklischen Prozesse sich in eine unendliche Vergangenheit erstrecken oder aber ein kollabierendes Universum im Urknall einen „Umschwung" machte, ohne dabei in die Singularität zu stürzen.

- Die Relativitätstheorie gilt in einem sehr drastischen Sinn im Urknall nicht, weil zum Beispiel die Zeit nicht mehr kontinuierlich ist, sondern nur noch in einzelnen Takten

„voranschreitet" – oder aber sich gleichsam auflöst. Diese letztgenannte Möglichkeit – eine Darstellung all der anderen würde den Umfang dieses Buchs sprengen – ist letztlich Hawkings Strategie: ein neues Konzept der Zeit.

Ohne Rand und Grenzen beim Papst

Als eine Art Stoppschild der kosmologischen Erklärungen waren die Singularitätstheoreme für manche Theologen, Philosophen und Physiker ein willkommener Ankerplatz für metaphysische Spekulationen bis hin zu einem schöpferischen Eingriff Gottes. Tatsächlich hatte Papst Pius XII 1951 im Urknall-Modell sogar ein Indiz dafür gesehen, dass das Universum geschaffen worden ist – und somit auch ein Hinweis auf die Existenz Gottes, wie er in einer Adresse an die Päpstliche Akademie der Wissenschaften schrieb. Als deren Leiter hatte er den belgischen Physiker und Priester Georges Lemaître berufen. Der hatte, wie erwähnt, bereits 1927 auf der Grundlage von Albert Einsteins Allgemeiner Relativitätstheorie vermutet, dass unser Universum mit all seiner Materie und Energie sowie Raum und Zeit in einer Art Explosion aus einem Punkt oder „Uratom" entstand. Er war jedoch stets darauf bedacht, Naturwissenschaft und Theologie strikt zu trennen und den Urknall nicht als Gottesbeweis zu deuten.

1981 wurden einige renommierte Forscher, darunter auch Stephen Hawking, auf eine Kosmologie-Konferenz in der Päpstlichen Akademie der Wissenschaften eingeladen. Papst Johannes Paul II, der sogar vor Hawking niederkniete, ermunterte die Kosmologen dort, die Entwicklung des Universums seit dem Urknall zu studieren – wollte diesen aber als Gottes Refugium unangetastet wissen. Doch Hawking skizzierte ein physikalisches Modell, das die Entstehung des Universums ohne eine Lücke oder überweltliche Intervention zu erklären anstrebte – und gleichzeitig die ominöse Urknall-Singularität vermied.

„Mein Interesse am Ursprung und Schicksal des Universums wurde erneut geweckt, als ich 1981 an einer Konferenz über Kosmologie im Vatikan teilnahm. Hinterher erhielten wir eine Audienz beim Papst. Er sagte uns, wir könnten die Evolution des Universums nach dem Urknall untersuchen, sollten uns aber lieber nicht mit dem Urknall selbst beschäftigen, weil er der Schöpfungsaugenblick und damit das Werk Gottes sei. Ich war froh, dass er das Thema des Vortrags nicht kannte, den ich gerade auf der Konferenz gehalten hatte: Ich hatte über die Möglichkeit gesprochen, dass das Universum keinen Anfang hat, dass es keinen Schöpfungsaugenblick gibt", beschrieb es Hawking später. „Aus meiner Arbeit war nicht unmittelbar ersichtlich, dass sie Konsequenzen für den Ursprung des Universums hatte, weil sie ziemlich wissenschaftlich gehalten war und den abschreckenden Titel *Die Grenzbedingungen des Universums* trug. In ihm vertrat ich die Ansicht, dass Raum und Zeit endlich in ihrer Ausdehnung sind, aber in sich geschlossen, ohne Grenzen oder Ränder, so wie die Oberfläche der Erde begrenzt ist in ihrer Fläche, aber keine Grenzen und Ränder hat." Und mit dem ihm eigenen Humor ergänzt er: „Bei all meinen Reisen ist es mir nie gelungen, über den Rand der Welt zu fallen."

Damals auf der Vatikan-Konferenz wusste Hawking nicht, ob sich aus seiner Idee Vorhersagen ableiten ließen, die durch astronomische Beobachtungen im Prinzip überprüfbar waren. Das gelang ihm dann in den beiden darauffolgenden Jahren zusammen mit James B. Hartle von der University of California in Santa Barbara. Mit ihm war er schon lange befreundet und hatte seit 1972 mehrere Arbeiten zu den Schwarzen Löchern veröffentlicht. Im Prinzip war es möglich, so zeigten die beiden Wissenschaftler, dass sich mit Hawkings Ansatz der physikalische Zustand des Universums berechnen lässt – und zwar ohne, dass die Gleichungen Singularitäten enthalten und dort zusammenbrechen.

Quanteneffekte, so die Idee, dominierten beim Urknall, und deshalb muss die Relativitätstheorie durch eine Quantentheorie der Gravitation ersetzt werden – eine „Weltformel", die bislang freilich erst in Ansätzen skizzierbar ist. Aber Hawking und Hartle fanden zumindest eine spekulative Näherungslösung, die ganz neue Möglichkeiten eröffnete – gewissermaßen eine grenzenlose Einsicht, die nicht von einer Singularität versperrt wird.

„Wäre die Grenze des Universums nur ein normaler Punkt in Raum und Zeit, könnten wir über ihn hinausgehen und das dahinter gelegene Gebiet zu einem Teil des Universums erklären. Wäre dagegen der Rand des Universums eine Art Riss, eine Region, in der die Raumzeit bis zur Unkenntlichkeit zerstaucht und die Dichte unendlich wäre, hätten wir große Schwierigkeiten, sinnvolle Randbedingungen zu definieren", schrieb Hawking später.

Daher nahm er kurzerhand an, dass das Universum gar keinen Rand und keine Grenze besitzt. Dieser „Keine-Grenzen-Vorschlag" („No-Boundary Proposal") überwindet gleichsam die in der Physik seit Isaac Newton übliche Unterscheidung von Anfangs- oder Randbedingungen einerseits und Naturgesetzen andererseits. Es macht die Randbedingungen gewissermaßen zu einem Teil der Gesetze. Denn eine Quantentheorie der Gravitation eröffnet die Möglichkeit, dass die Raumzeit keine Grenze hat. „Es wäre also gar nicht notwendig, das Verhalten an der Grenze anzugeben", erläutert Hawking diesen schwierigen Gedanken. „Es gäbe keine Singularitäten, an denen die Naturgesetze ihre Gültigkeit einbüßten, und keinen Raumzeitrand, an dem man sich auf Gott oder irgendein neues Gesetz berufen müsste, um die Grenzbedingungen der

Raumzeit festzulegen. Man könnte einfach sagen: Die Grenz-
bedingung des Universums ist, dass es keine Grenze hat. Das
Universum wäre völlig in sich abgeschlossen und keinerlei
äußeren Einflüssen unterworfen. Es wäre weder erschaffen
noch zerstörbar. Es würde einfach SEIN."

Das ist eine kühne und weitreichende Hypothese. Doch was
bedeutet sie genau? Und wie lässt sie sich begründen? Um
diese Fragen zu beantworten, muss man etwas ausholen.
Hawkings Vorschlag, die von ihm selbst aufgestellten Singularitätstheoreme auszuhebeln und somit den Urknall als Anfang
von Allem zu beschreiben und zu erklären, ist raffiniert, aber
auch kompliziert. Er macht nämlich einige Voraussetzungen:

- Eine bestimmte Deutung der Quantentheorie: die Viele-
  Historien-Interpretation.
- Ein bestimmtes Verfahren zur Berechnung der Wahrscheinlichkeiten dieser Historien: die Pfadintegral-Methode.
- Eine spezifische Randbedingung, um die Methode auf das
  ganze Universum anzuwenden und die Singularität zu vermeiden: die Keine-Grenzen-Bedingung.
- Und eine mathematische Operation, um überhaupt sinnvolle Rechnungen ausführen zu können: die imaginäre Zeit.

Also ganz langsam und der Reihe nach!

Das große Rätsel der Quantentheorie

Obwohl seine eigenen Arbeiten zur Quantenphysik 1965 mit
dem Nobelpreis ausgezeichnet wurden, lautete Richard Feynmans feste und oft zitierte Überzeugung: „Niemand versteht
die Quantentheorie." Das liegt vor allem an dem berüchtigten
Doppelspalt-Experiment. Es birgt, mit den Worten Feynmans,
„das Herz der Quantenmechanik in sich" und lässt sich „un-

möglich, absolut unmöglich auf klassische Weise erklären". Es „enthält das gesamte Rätsel der Quantenmechanik", schrieb er 1967. „Welcher Mechanismus steckt dahinter? Niemand weiß es. Niemand kann eine tiefere Erklärung dieses Phänomens geben."

Und so sieht das Rätsel aus: Tritt Licht durch einen Spalt, wird auf einer Leinwand oder einer Fotoplatte dahinter ein leuchtender Strich abgebildet. Sind zwei parallele Spalte zugleich geöffnet, sollten sich der klassischen Physik zufolge entsprechend zwei Leuchtspuren dahinter ausbilden. Doch in der Quantenphysik ist das Ganze mehr als die Summe der Teile: Anstelle von zwei Leuchtspuren entsteht ein komplexes Interferenzmuster, eine Überlagerung (Superposition). Also verhält sich in diesem Experiment Licht wie Wellen, die einander überlagern – ähnlich wie die Wellen in einem Teich, die entstehen, wenn zwei Steine ins Wasser geworfen werden. Diese Welleneigenschaften des Lichts sind sonderbar, denn Licht besteht andererseits aus Photonen (Lichtteilchen), deren Teilchennatur sich in anderen Experimenten offenbart (beim Photo- und Compton-Effekt oder in elektronischen Photonenzählern). Dasselbe gilt auch für Materie, beispielsweise für Elektronen oder Neutronen – sie bilden im Doppelspalt-Experiment ebenfalls Überlagerungsmuster. Sogar recht große, komplexe Moleküle wie Fullerene (C_{60} und C_{70}) konnten inzwischen zur Interferenz gebracht werden.

Das Überlagerungsbild entsteht selbst dann, wenn man einzelne Teilchen, etwa Photonen oder Elektronen, in großen Zeitabständen nacheinander auf den Doppelspalt „tröpfeln" lässt. Es ist, als „wüssten" sie, ob beide Spalte offen sind oder nicht – obwohl nach klassischem Verständnis ein Teilchen doch nur entweder durch den einen oder durch den anderen Spalt gelangen sollte, aber schwerlich mit sich selbst interferierend durch beide. Wird das Teilchen dagegen zwischen Spalt

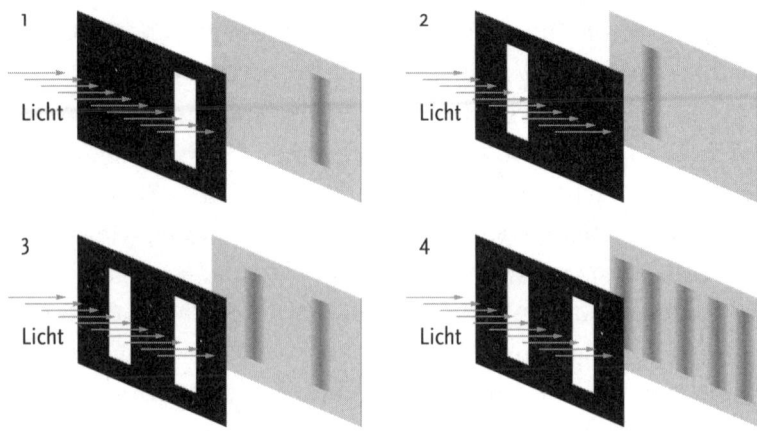

Bizarre Quantenwelt: *Im Doppelspalt-Experiment scheint ein Teilchen beide Wege zu nehmen – das ist, als würde ein Skifahrer mit einem Bein links und mit einem Bein rechts an einem Baum vorbeisausen (gemessene Situation in Teilbild 4 im Gegensatz zum nie beobachteten Muster im Teilbild 3) Mehr zu diesem seltsamen Phänomen im Text.*

und Schirm beobachtet, so dass sich sein Weg rekonstruieren lässt, verschwindet das Interferenzmuster.

Das Superpositionsprinzip ist auch der Grund dafür, dass Quantensysteme – ganz im Gegensatz zur klassischen Physik – miteinander „verschränkt" sind, wie Physiker sagen. Dadurch entsteht das berüchtigte Messproblem in der Quantenphysik, das der Physik-Nobelpreisträger Erwin Schrödinger mit seiner bedauernswerten Katze illustriert hat, die aufgrund der quantenmechanischen Verschränkung lebendig und tot zugleich sein müsste – ein gespenstischer Überlagerungszustand, der sich in der Alltagswelt freilich nirgends beobachten lässt. Wieso dann diese groteske Überlegung?

Zentral in der Quantentheorie ist die Schrödinger-Gleichung mit ihrer Wellen- oder Psi-Funktion. Diese 1926 von Erwin Schrödinger formulierte Gleichung ist die wohl am meisten zitierte Publikation in der gesamten Physik. Sie kann zwar nur in den allereinfachsten Fällen exakt gelöst werden, etwa für das Wasserstoff-Atom. Doch es besteht kein Zweifel daran, dass sie – und ihre relativistische Verallgemeinerung, die Dirac-Gleichung – im Prinzip für die gesamte Materie gilt, auch für eine Horde von Brüllaffen im Regenwald, wie es der Quantenphysiker Carl Friedrich von Weizsäcker einmal ausgedrückt hat. Und es gibt eine verallgemeinerte Version der Gleichung für das gesamte Universum, die Wheeler-DeWitt-Gleichung, die Hawking und Hartle benutzen (dazu später).

In der üblichen Formulierung der Quantentheorie – der sogenannten Kopenhagener Interpretation, wie sie hauptsächlich von Niels Bohr und Werner Heisenberg in Kopenhagen entwickelt wurde – kommen zwei Arten von Gesetzen vor, die einander streng genommen widersprechen:

- Erstens die deterministische Dynamik der linearen, reversiblen Schrödinger-Gleichung. Sie gilt für ein Quantensystem, das nicht gemessen oder beobachtet wird. Es befindet sich in Superposition – in einem „verschmierten" Überlagerungszustand aller möglichen Einzelzustände.

- Und zweitens, wenn das System gemessen wird, der zufällige, nicht determinierte und diskontinuierliche sogenannte Kollaps der Wellenfunktion zu einem „scharfen" Eigenzustand der Observablen (der Messgröße). Daher können wir immer nur bestimmte, eindeutige Eigenschaften beobachten – entweder tote oder lebende Katzen, aber keine Mischung von beiden. Hier kommt es gewissermaßen zum Übergang von der Reversibilität zur Irreversibilität, denn der Messprozess lässt sich nicht mehr rückgängig machen.

Das Messproblem in der Quantenphysik ergibt sich nun aus dem Umstand, dass diese beiden dynamischen Gesetze nicht miteinander kompatibel sind – und dass kein System gleichzeitig beiden gehorchen kann, wenn man Messgeräte (oder auch Beobachter mit Bewusstsein) als gewöhnliche physikalische Systeme versteht.

Obwohl sich die Quantentheorie für alle praktischen Zwecke bewährt hat, lässt die Kopenhagener Interpretation der Quantentheorie offen, was eigentlich eine Messung konstituiert und wie es folglich zum Kollaps der Wellenfunktion kommt. Auch ist deren Bedeutung bis heute nicht klar. Schrödingers Kollege Erich Hückel brachte die Verwirrung schon früh poetisch auf den Punkt: „Gar manches rechnet Erwin schon / Mit seiner Wellenfunktion. / Nur wissen möcht man gerne wohl / Was man sich dabei vorstell'n soll."

Erwin Schrödinger hat die irritierende und unbefriedigende Situation 1935 mit einem bereits erwähnten Gedankenexperiment zu illustrieren versucht, das Furore machte: „Man kann auch ganz burleske Fälle konstruieren. Eine Katze wird in eine Stahlkammer gesperrt, zusammen mit folgender Höllenmaschine (die man gegen den direkten Zugriff der Katze sichern muss): In einem Geiger'schen Zählrohr befindet sich eine winzige Menge radioaktiver Substanz, so wenig, dass im Lauf einer Stunde vielleicht eines von den Atomen zerfällt, ebenso wahrscheinlich aber auch keines; geschieht es, so spricht das Zählrohr an und betätigt über ein Relais ein Hämmerchen, das ein Kölbchen mit Blausäure zertrümmert. Hat man dieses ganze System eine Stunde lang sich selbst überlassen, so wird man sich sagen, dass die Katze noch lebt, wenn inzwischen kein Atom zerfallen ist. Der erste Atomzerfall würde sie vergiftet haben. Die Psi-Funktion des ganzen Systems würde das so zum Ausdruck bringen, dass in ihr die lebende und die tote Katze zu gleichen Teilen gemischt oder verschmiert sind."

Diese Parabel ist nicht nur ein Beispiel, wie unangemessen eine Übertragung mikrophysikalischer Phänomene (beispielsweise der verschmierten Zwitterzustände) auf makroskopische

Objekte der Alltagswelt ist (etwa Katzen). Sie verdeutlicht auch
die Dringlichkeit der Frage, wie die klassischen makroskopischen Eigenschaften aus der bizarren mikroskopischen Dynamik entstehen und was von dem berüchtigten Kollaps der Wellenfunktion eigentlich zu halten ist. Schrödinger jedenfalls
glaubte nicht an die Realität dieses Kollaps, sondern sah dahinter „nur einen bequemen Rechentrick". Er hielt seine Gleichung für „ein abstraktes, nicht intuitives mathematisches
Konstrukt; es ist schwer zu glauben, dass sie die Realität repräsentiert" – und rief einmal vor lauter Verärgerung: „Wenn die
verdammte Quantenspringerei doch wieder anfangen soll,
dann tut es mir Leid, die ganze Theorie gemacht zu haben."

Viele Physiker und Philosophen haben Schrödingers Katze
freilich ernst und wörtlich genommen – und sich damit einer
subjektivistischen Deutung der Quantentheorie verschrieben,
wie sie letztlich auch die Kopenhagener Interpretation ist: Hier
spielt der Beobachter eine entscheidende Rolle. Demnach würde die Physik letztlich vom Bewusstsein und nicht von der
Materie handeln – ein klassischer Fall von Antirealismus oder
Idealismus. Einstein, der sich immer gegen diese Auffassung
gewandt hatte und betonte, dass der Mond auch scheint, wenn
keiner hinschaut, wäre somit im Irrtum – und der Mond kein
selbstständiges Objekt am Himmel, sondern ein mentales Geschöpf. Deshalb verwundert es nicht, dass Stephen Hawking
einmal scherzte: „Wenn ich jemanden von Schrödingers Katze
sprechen höre, greife ich nach meinem Gewehr."

Rhizinusöl, „Maul halten" und Quantenstreit

„Es ist einigermaßen hart zu sehen, dass wir uns immer noch
im Stadium der Wickelkinder befinden", schrieb Albert Einstein 1950 in einem Brief an Erwin Schrödinger. Zu unaus-

gegoren schien ihm – allen experimentellen Erfolgen zum Trotz – die von ihm selbst mitbegründete Quantentheorie. „Vorhersagen sind schwierig – insbesondere wenn sie sich auf die Zukunft beziehen", kalauerte einst Niels Bohr. Selbst Einstein, sein großer wissenschaftlicher Kontrahent, hat ihm hier nicht widersprochen. Wie die Quantentheorie – oder ihre Deutung – künftig aussehen wird, lässt sich heute nicht sagen. Doch dem Wickelkinder-Stadium ist die Quantenphysik mittlerweile entwachsen. Sie hat, um im Bild zu bleiben, inzwischen die Pubertät erreicht – und da sind Konflikte und Orientierungsprobleme bekanntlich unvermeidbar.

Einer der zentralen Streitpunkte: Ist es wirklich sinnvoll anzunehmen, dass Schrödingers Katze in der Kiste zugleich tot und lebendig ist – oder eben keines von beidem –, solange sie niemand beobachtet? Und lässt sich ein Idealismus tatsächlich durchhalten? Er mag vielleicht philosophisch unwiderlegbar sein, doch erscheint er pragmatisch vollkommen bizarr und selbstwidersprüchlich. Dies zeigt sich, wie der Schriftsteller Robert Musil pointierte, schon daran, „dass man mit einigen Löffeln Rhizinusöl, die man einem Idealisten einflößt, die unbeugsamsten Überzeugungen lächerlich machen kann".

Viele Physiker sind deshalb nicht länger gewillt, die Kopenhagener Deutung und andere subjektivistische Tendenzen zu akzeptieren und suchen nach neuen, objektivistischen Lösungen. „Die Tatsache, dass eine angemessene philosophische Darstellung so lange dauert, ist zweifelsohne von der Tatsache verursacht, dass Niels Bohr eine ganze Generation von Theoretikern einer Hirnwäsche unterzog, so dass sie dachten, die Arbeit sei doch schon vor 50 Jahren erledigt worden", klagte Murray Gell-Mann, der heute am Santa-Fe-Institut in New Mexico arbeitet und durch das Quark-Modell der Materie berühmt wurde, in seiner Nobelpreis-Rede bereits 1976. Das zentrale Problem ist also ein hinreichendes Verständnis davon, was die

Quantentheorie wirklich bedeutet. Im Wesentlichen gibt es nur zwei Möglichkeiten: Entweder ist die Grundgleichung der Quantentheorie, die Schrödinger-Gleichung, richtig und muss nur – wie auch Albert Einstein dachte – vervollständigt werden. Oder sie ist streng genommen falsch und muss verändert werden.

„Unterschiedliche Interpretationen machen dieselben Voraussagen für die Ergebnisse von Messungen. Und das ist der Grund, warum man sich über die Interpretationen streiten kann", sagt James Hartle. „Gibt es dagegen verschiedene Voraussagen, dann handelt es sich um verschiedene Theorien, und die Diskussion um die Interpretationen ist unnötig: Wir könnten die Theorien experimentell unterscheiden. Eine wäre richtig, die anderen falsch."

Inzwischen herrscht ein wildes Durcheinander von Interpretationen und alternativen Theorien. Letztere könnten im Rahmen einer künftigen Theorie der Quantengravitation notwendig werden, sind aber spekulativ und haben noch keine Daten-Basis. Es gibt bislang nämlich kein einziges Experiment, das den Voraussagen der Quantentheorie widerspricht. Insofern liegt das Problem, wenigstens im Augenblick, nicht an der Theorie selbst, die sich für alle praktischen Belange bewährt hat. „Maul halten und rechnen!", lautet deshalb oft die (meistens Richard Feynman zugeschriebene) Devise, mit der man sich erst gar nicht durch philosophische Fragestellungen verzetteln und darin verlieren soll – und das gilt nicht nur für aufgeweckte Physikstudenten. Aber die Schwierigkeiten mit einer überzeugenden Deutung der Quantentheorie – und somit deren Verständnis überhaupt – lassen sich durch eine rein pragmatische Haltung nicht lösen. Sie werden allenfalls unter den Teppich gekehrt. Doch sie treten spätestens dann wieder zum Vorschein, wenn man die Quantentheorie auf das ganze Universum anwenden will, wie beispielsweise Hawking und

Hartle es tun. Denn bei dieser wahrhaft „universalen" Anwendung versagt der Kopenhagener Ansatz, den Beobachter und das Quantensystem zu trennen. Der Grund dafür ist trivial: Der Beobachter, der Messungen macht, ist in der Quantenkosmologie unweigerlich selbst ein Teil des Systems, schließlich befindet er sich nicht außerhalb des Universums.

Viele Geschichten

„Jeder, der älter als zwölf ist, weiß, dass es keine Gewissheit in dieser Welt gibt, oder? Und deshalb muss die Physik mit Wahrscheinlichkeiten umgehen", sagt James Hartle. „Wahrscheinlichkeiten sind von fundamentaler Bedeutung, die Ungewissheit ist unvermeidlich, und deshalb würde eine quantenphysikalische ‚Theorie von Allem' nicht eine bestimmte zeitliche Geschichte des Universums voraussagen, sondern vielmehr Wahrscheinlichkeiten für verschiedene Möglichkeiten von Ereignissen, die geschehen sein könnten." Das hat Hartle zufolge einen simplen Grund: „Es gibt keine Ereignisfolge, die durch die Gesetze der Physik besonders legitimiert wäre. Alle Ereignisse sind möglich, einige wahrscheinlicher als andere. Die Quantenkosmologie muss sich bewähren, indem sie die Dinge benennt, die mit sehr hoher Wahrscheinlichkeit von der Theorie vorhergesagt werden."

Das sind programmatische Aussagen. Aber dahinter steckt nicht bloß ein schön klingendes Programm, sondern eine handfeste Deutung der Quantentheorie: die Viele-Historien-Interpretation, die auch Konsistente-Historien- oder Dekohärente-Historien-Interpretation genannt wird. Es handelt sich um einen minimalistischen Zugang, der für viele Physiker den Vorteil hat, dass er der Kopenhagener Deutung relativ nahe steht und somit ein geringeres Umdenken erfordert als andere

Ansätze. Doch die Kopenhagener Deutung „ist viel zu speziell, als dass sie heute als die fundamentale Beschreibung anerkannt werden könnte", kritisiert Gell-Mann. „Allgemein betrachtet, muss sie nicht nur als Sonderfall, sondern auch als Näherung gelten." Stattdessen sollte die Quantentheorie von Historien oder Geschichten handeln, sind Gell-Mann und Hartle überzeugt. Seit 1986 haben sie gemeinsam diese neue Interpretation der Quantentheorie ausgearbeitet. Zum einen, um die Konfusion der Kopenhagener Deutung zu überwinden, die nur als Sonderfall für idealisierte Messungen gilt, bei denen das Quantensystem hinreichend von der Umgebung abgeschirmt ist und der Beobachter außerhalb und unabhängig davon steht. Und zum anderen, um Quantenkosmologie zu betreiben – also eine quantenphysikalische Beschreibung des Universums als Ganzes, das ja per definitionem nicht von außen gemessen werden kann. (Dieselbe Idee haben unabhängig Robert Griffiths von der Carnegie Mellon University in Pittsburgh sowie Roland Omnès von der Université de Paris-Sud in Orsay entwickelt.)

„Das ist die einzige Formulierung der Quantentheorie heute, die logisch widerspruchsfrei ist, die mit allen bekannten Ergebnissen von Experimenten übereinstimmt, die sich mit anderen Bereichen der modernen Physik vereinbaren lässt wie der Speziellen Relativitätstheorie und den Feldtheorien, die allgemein genug ist, um in der Kosmologie Anwendung zu finden, und sich für eine Theorie der Quantengravitation generalisieren lässt", preist Hartle die Vorzüge dieser Deutung gegenüber konkurrierenden Interpretationen.

Ein historischer Vorläufer und die entscheidende Anregung für die Viele-Historien-Interpretation ist die Viele-Welten-Interpretation der Quantentheorie. Ausgearbeitet wurde sie bereits Mitte der 1950er-Jahre von dem Physiker Hugh Everett III in seiner Dissertation bei John Wheeler in Princeton. Auch sie kommt ohne den Kollaps der Wellenfunktion aus, hat aber – zumindest in der gängigen Version – eine viel radikalere Konsequenz: Das Universum als Ganzes ist eine Überlagerung aller Möglichkeiten. Immer, wenn sich Alternativen auftun, spaltet sich das Universum gleichsam auf – beispielsweise in einen Strang, in dem Schrödingers Katze tot ist, und in einen anderen, in dem sie weiterlebt. Obwohl die Viele-Welten-Interpretation außerordentlich bizarr – und geradezu verschwenderisch – erscheint, sympathisieren viele renommierte Physiker mit ihr, weil sie die Existenz einer beobachterunabhängigen Realität akzeptiert und so einen objektivistischen Ausweg aus dem Subjektivismus von Niels Bohr und Konsorten bietet. Und genau diesen Ausweg aus den Quantenparadoxien haben auch Hartle und Gell-Mann beschritten.

„Unser Ansatz handelt von den Wahrscheinlichkeiten alternativer Historien des Universums. Historien sind Sequenzen von Dingen in der Zeit", erläutert Hartle. „Es gibt jede Menge alternativer Historien, zum Beispiel alternative Bahnen der Erde um die Sonne. Sie haben verschiedene Wahrscheinlichkeiten, die die Quantenmechanik zu berechnen ermöglicht." Dabei wird der Quantenformalismus des Messprozesses zu einer Theorie über die Verläufe objektiver Ereignisse verändert – einschließlich derer, die wir mit Messungen verbinden. Aber eben nicht nur dieser. „Die Kopenhagen-Quantenmechanik ist im Ansatz der Konsistenten Historien enthalten – als eine Näherung für Situationen mit Messungen", sagt Hartle. Real ist also nicht die Wellenfunktion – real sind die objektiven Geschichten mit einer bestimmten Wahrscheinlichkeit, ähnlich wie es Einstein vorschwebte. Allerdings ist der Zufall nicht eliminiert, den Einstein auch nicht wahrhaben wollte („Gott würfelt nicht!"), sondern steckt in der Statistik.

Gell-Mann und Hartle unterscheiden zwischen fein- und grobkörnigen Historien. Erstere sind Beschreibungen auf

Quantenniveau, für die meisten Alltagszwecke jedoch viel zu genau beziehungsweise gar nicht leistbar. Grobkörnige Historien hingegen sind Äquivalenzklassen vieler feinkörniger Geschichten. Im Allgemeinen sind bei ihnen die Interferenzen „ausgewaschen", weil die Wechselwirkung eines Quantensystems mit der Umwelt Schrödingers Wellenfunktion – lokal – zum Kollabieren bringt. Wegen dieser sogenannten Dekohärenz sehen wir keine lebendig-toten Katzen-Gemische. „Kein wirkliches quasi-klassisches Objekt kann ein solches Verhalten zeigen, weil die Wechselwirkung mit dem übrigen Universum zur Dekohärenz der Alternativen führt", erläutert Gell-Mann.

„Wenn wir einen Tisch beschreiben, beziehen wir uns oft nur auf seine Ausdehnung, seine Masse und so weiter. Diese Beschreibung ist grobkörnig, weil sie nicht den Ort aller Moleküle des Tisches erfasst, sondern nur einige durchschnittliche Eigenschaften", gibt Hartle ein Beispiel. „Alle nicht berücksichtigten Freiheitsgrade konstituieren eine Umwelt. Diese Umwelt muss nicht außerhalb liegen, sie kann auch im Inneren sein. In der Quantentheorie muss man einige Freiheitsgrade ignorieren, um Aussagen über andere zu machen. Das ist die Essenz der Dekohärenz."

Das wirft freilich gleich das erste Problem auf: Zwar zerstören schon die Photonen der Kosmischen Hintergrundstrahlung die verschmierten Quantenzustände rasch, wenn diese nicht beispielsweise im Labor extrem gut abgeschirmt sind – doch das Universum als Ganzes bleibt nach wie vor in der Superposition. Durch die Dekohärenz, die Wechselwirkung mit der Umwelt, vergrößert sich die Superposition sogar, so dass wir beispielsweise einen eindeutigen Katzen-Zustand wahrnehmen. Aber das verschiebt das Messproblem nur, denn letztlich müsste sich dann das ganze Universum in einem gespenstischen Überlagerungszustand aus allen Möglichkeiten befinden: in einer universellen Interferenz. Damit stellt sich die

Frage, ob die verschiedenen Historien gleichermaßen real sind – ähnlich wie in der Viele-Welten-Interpretation Everetts. „Man kann diese Aussage hinzufügen oder weglassen", antwortet Hartle. „Es hängt davon ab, was man unter ,real' versteht. Die Annahme beeinflusst nicht die Vorhersagekraft der Theorie. Daher bevorzuge ich es, die Aussage nicht hinzuzufügen, denn das vereinfacht die Diskussion." Insofern ist Hartle Pragmatiker oder Positivist. Und weiter: „Es wird nicht eine einzigartige Historie vorhergesagt, sondern eine Familie von Historien mit verschiedenen Wahrscheinlichkeiten. Die Quantentheorie unterscheidet also nicht zwischen den unterschiedlichen möglichen Historien außer hinsichtlich deren Wahrscheinlichkeit."

Allerdings sind viele Historien nicht wohldefiniert, kritisiert unter anderem Fay Dowker vom Perimeter Institute im kanadischen Waterloo. Weitere Bedingungen seien nötig, um die Klasse der dekohärenten Familien einzuschränken. Die Interpretation sei deshalb mehr ein Forschungsprogramm als eine Theorie. Hartle entgegnet: „Es gibt weder innere Widersprüche noch solche mit den Experimenten. Sicherlich mag man mehr fordern – etwa eine Spezifikation, welche der vielen Möglichkeiten wirklich geschieht. Die Viele-Historien-Interpretation tut dies nicht, weil es viele unvereinbare Mengen von Geschichten in der Quanten-Realität gibt. Es wäre interessant, wenn es konkurrierende Theorien gäbe. Aber unser Ansatz ist allgemein genug, um einen Rahmen für die moderne Physik zu liefern, Quantengravitation und Kosmologie eingeschlossen. Die dürfen wir nicht aufschieben, bis vielleicht einmal eine Formulierung der Quantentheorie existiert, die theoretische Vorurteile besser befriedigt. Wie schon Theodore Roosevelt sagte: „Man muss tun, was man kann, mit dem, was man hat und wo man ist."

Außerdem stellt sich die Frage nach der Eindeutigkeit der Vergangenheit. „In der Quantenphysik gibt es viele andere, miteinander unvereinbare Vergangenheiten", meint Hartle. Könnte eine tote Katze also vor fünf Minuten tot und gleichzeitig, in einer anderen Historie, lebendig gewesen sein? Zumindest gibt es für beide Alternativen eine bestimmte Wahrscheinlichkeit. Die Möglichkeit einer unbestimmten Vergangenheit ist für viele allerdings schwer zu schlucken. „Das wäre ein totales Desaster", sagt Tim Maudlin, Philosophie-Professor an der Rutgers University in New Brunswick. Lee Smolin vom Perimeter Institute im kanadischen Waterloo widerspricht: „Es wäre eine tiefgründige Entdeckung."

Neue Pfade in der Kosmologie

Die Viele-Historien-Interpretation der Quantentheorie ist gleichsam die Arena für die Quantenkosmologie von Stephen Hawking und James Hartle. Tatsächlich war der schon vorher entwickelte Hartle-Hawking-Ansatz sogar eine entscheidende Motivationsquelle für die Entwicklung der Viele-Historien-Interpretation. Denn ohne eine Deutung der Quantentheorie hängt die Quantenkosmologie in gewisser Weise in der Luft. Um sie zum Atmen zu bringen, bedarf es aber mehr. Es ist die Pfadintegral-Methode, mit der Hawking und Hartle für frische Luft in der Kosmologie sorgten.

Die Pfadintegral-Methode wurde 1948 von Richard Feynman entwickelt und ist eine mathematische Formulierung der Quantentheorie, die äquivalent ist zu den Formulierungen von Werner Heisenberg und Erwin Schrödinger, in mancher Hinsicht aber praktischer anzuwenden. Die Grundidee dahinter ist einfach: In der klassischen Physik legt ein Teilchen genau einen Weg zwischen zwei Punkten zurück; in der Quantenphysik gibt es dagegen extrem viele Wege, zum Teil sogar sehr verschlungene Pfade, auf denen das Teilchen vom Anfangs-

Viele Wege führen ans Ziel:

Und in der Quantenwelt werden auch alle beschritten – alle zugleich! Die Pfadintegral-Methode erlaubt es, diese Entwicklungen zu berechnen. Der klassische Weg von A nach B ist der kürzeste und wahrscheinlichste, aber alle anderen müssen auch berücksichtigt werden (in der Grafik sind nur ein paar skizziert). Diese Methode wendet Stephen Hawking an, um die vielen Historien des Universums zu erfassen und dessen Anfang zu rekonstruieren.

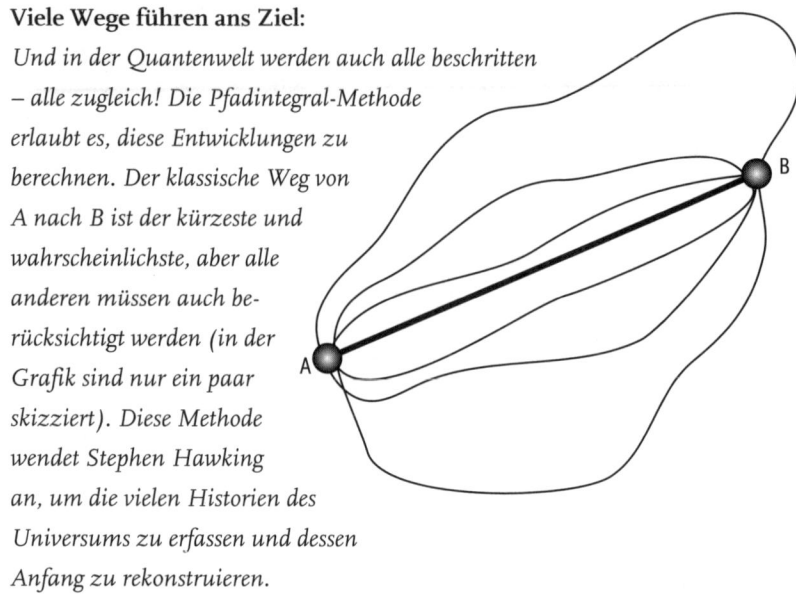

zum Endpunkt gelangt. Diese Wege nimmt es gemäß des Superpositionsprinzips sogar alle gleichermaßen – so wie ein Teilchen im Doppelspalt-Experiment auch durch beide Spalte gelangt, wie das Interferenzmuster auf dem Schirm dahinter zeigt. Die verschiedenen Wege sind zwar gleichberechtigt, aber nicht gleich wahrscheinlich. Der wahrscheinlichste Weg ist in der Regel derjenige, der in der klassischen Physik der einzige darstellt. Und Feynmans Pfadintegral-Methode ist ein Verfahren, die verschiedenen Wahrscheinlichkeiten zu berechnen, eine Art Aufsummierung der Möglichkeiten. Damit wird über alle möglichen Pfade integriert (im mathematischen Sinn). Im Endeffekt entspricht das Pfadintegral der Schrödinger-Gleichung, also der Psi- oder Wellenfunktion.

Das alles ist in der Quantentheorie gut etabliert. In der Quantenkosmologie geht man aber einen gewaltigen Schritt weiter. Hier integriert man nicht über die Wege von Teilchen oder

Wellen, sondern über die möglichen Entwicklungszustände
oder -verläufe des Universums insgesamt – also seine Historien. „In der Quantenphysik beschreiben wir ein System, in dem
wir seine Wellenfunktion angeben. Das ermöglicht uns, die
Wahrscheinlichkeit dessen, was wir sehen könnten, zu berechnen", sagt James Hartle. „Im Fall des Universums könnten wir
uns beispielsweise für seine Größe, seine Form und seine dreidimensionale Raumgeometrie interessieren. Mit der Wellenfunktion können wir die Wahrscheinlichkeit verschiedener
Antworten berechnen." Mit anderen Worten: Die Quantenphysik beschreibt eine Überlagerung aller von den Naturgesetzen
und den spezifischen Randbedingungen erlaubten Möglichkeiten, und mit der Pfadintegral-Methode lassen sich deren Wahrscheinlichkeiten abschätzen. Und genau das ist die Strategie
von Hawking und Hartle, die die Pfadintegral-Methode schon
1976 zur Beschreibung der Strahlung Schwarzer Löcher eingesetzt hatten.

„Im Fall der Quantengravitation würde Feynmans Idee einer Aufsummierung von Möglichkeiten bedeuten, dass man
verschiedene mögliche Geschichten für das Universum aufsummiert, das heißt verschiedene gekrümmte Raumzeiten.
Diese würden die Geschichte des Universums und aller in ihm
enthaltenen Objekte repräsentieren. Dabei müsste man angeben, welche Klasse möglicher gekrümmter Räume in die Aufsummierung von Möglichkeiten einbezogen werden soll. Von
der Wahl dieser Klasse von Räumen hinge ab, in welchem Zustand sich das Universum befindet", fasst Hawking die Pfadintegral-Methode in der Quantenkosmologie zusammen. Und
hier kommt das notorische Problem der Urknall-Singularität
ins Spiel: „Wenn die Klasse von gekrümmten Räumen, die den
Zustand des Universums definiert, Räume mit Singularitäten
einbezöge, würden die Wahrscheinlichkeiten solcher Räume
von der Theorie nicht bestimmt, sondern müssten auf irgend-

eine willkürliche Art zugeordnet werden. Das heißt, die Wissenschaft könnte die Wahrscheinlichkeiten für solche singulären Geschichten der Raumzeit nicht vorhersagen. Ihr wäre es also nicht möglich, vorherzusagen, wie sich das Universum verhält. Doch vielleicht ist der Zustand, in dem sich das Universum befindet, durch eine Summe definiert, die nur nichtsinguläre gekrümmte Räume einschließt. In diesem Fall würden die Naturgesetze das Universum vollständig bestimmen."

Mit anderen Worten: In der Quantenkosmologie kann die Pfadintegral-Methode nur dann das gesamte Universum beschreiben – mehr noch: alle möglichen Historien des Universums, die sich in einer Superposition befinden –, wenn sich die Urknall-Singularität vermeiden lässt. Andernfalls versagt jegliche Abschätzung der Wahrscheinlichkeit. „Wenn die Gesetze der Physik an den Singularitäten zusammenbrechen, können sie das überall tun. Man besitzt nur dann eine wissenschaftliche Theorie, wenn die Gesetze der Physik überall gelten, auch zu Beginn des Universums", betont Hawking und verdeutlicht das mit einer Analogie, die so ähnlich schon der britische Schriftsteller George Orwell formuliert hatte. „Dies könnte man als Triumph für die Prinzipien der Demokratie ansehen: Warum sollte der Beginn des Universums von den Gesetzen ausgenommen sein, die an allen anderen Punkten gelten? Wenn alle Punkte gleichberechtigt sind, kann man nicht zulassen, dass einige als gleicher behandelt werden sollen als andere."

Eine autokratische Diktatur in herrischer Selbstgefälligkeit ist schon auf der Erde unerträglich. Doch im Universum wäre eine solche Gesetzlosigkeit verheerend. Denn aus einer Singularität könnte gewissermaßen alles entspringen – auch eine Horde wilder rosafarbener Elefanten, die alle Alfred heißen und aus Shakespeares *Hamlet* den Satz „Es gibt mehr Dinge zwischen Himmel und Erde, als unsere Schulweisheit sich träumen lässt" trompeten. Also darf nur über Historien integriert werden, die keine Singularität am Anfang (oder sonst irgendwo) haben. Und genau das besagt Hawkings Keine-Grenzen-Annahme. Sie macht aus der Not gewissermaßen eine Tugend, indem sie als Randbedingung postuliert, dass die Raumzeit keinen „Rand" beziehungsweise „keine Grenze" hat – das heißt keine Anfangssingularität.

„Wenn die Keine-Grenzen-Hypothese richtig ist, gäbe es keine Singularitäten, und die wissenschaftlichen Gesetze würden überall ihre Gültigkeit behalten, auch im Anfang des Universums", pointiert es Hawking. Allerdings mit einer wichtigen Einschränkung: „Ich möchte betonen, dass die Vorstellung von einer endlichen Raumzeit ohne Grenze nur ein Vorschlag ist: Sie lässt sich von keinem anderen Prinzip ableiten. Wie jede andere wissenschaftliche Theorie mag ihre Entstehung ästhetische oder metaphysische Gründe haben, doch ihre Bewährungsprobe kommt, wenn überprüft wird, ob sie Vorhersagen macht, die mit den Beobachtungsdaten übereinstimmen." Hawkings Keine-Grenzen-Hypothese ist also nicht die fertige Lösung des Singularitätenproblems, sondern die Idee zu einer solchen Lösung. Ob sich diese Idee bewahrheitet, kann man nicht am Schreibtisch entscheiden. „Der ultimative Test ist, ob die Vorhersagen mit den Beobachtungen übereinstimmen. In der Vergangenheit war Kosmologie ein Gebiet, in dem wilde theoretische Spekulationen nicht durch Beobachtungen eingeschränkt wurden. Aber jetzt setzen präzise Messungen den theoretischen Modellen enge Grenzen."

Mit der Pfadintegral-Methode und der Keine-Grenzen-Hypothese, so argumentieren Stephen Hawking und Jim Hartle, lassen sich im Prinzip Voraussagen über unser Universum machen, die man mit astronomischen Beobachtungen überprüfen kann. Das klingt in der Theorie gut, ist in der Praxis aber sehr schwierig. Zum einen ist der quantenkosmologische Apparat bislang nämlich sehr grob und basiert auf vielen vereinfachenden Annahmen. Sonst wären die komplizierten Rechnungen überhaupt nicht möglich. Und zum anderen handelt es sich ja immer nur um Wahrscheinlichkeitsaussagen. Wieso aber sollten wir uns in der wahrscheinlichsten Historie wiederfinden? Schließlich beobachten wir nicht eine Überlagerung von Zuständen des Universums, sondern nur einen einzigen.

Hawking ist sich dieser Schwierigkeit schmerzhaft bewusst: „Welche Prinzipien wählen einen Zustand unter den vielen möglichen Zuständen aus, in denen das Universum existieren könnte, und geben uns somit einen Mechanismus an die Hand, Vorhersagen zu treffen oder verschiedene Eigenschaften des Universums, das wir heute sehen, in Beziehung zueinander zu setzen?"

Die Bedeutung des Menschen

Der Viele-Historien-Interpretation zufolge herrscht geradezu eine Überfülle von Möglichkeiten für das Universum. „Was hebt dann aber das besondere Universum, in dem wir leben, aus der Menge aller möglichen Universen hervor?", fragt Hawking und antwortet: „Sicherlich der Umstand, dass viele mögliche Geschichten des Universums nicht jene Sequenz von Galaxien- und Sternbildung durchlaufen, die für die Entwicklung von uns Menschen entscheidend war. Zwar gibt es die Möglichkeit, dass sich intelligente Wesen auch ohne Galaxien und Sterne entwickeln, aber sie erscheint doch recht unwahrscheinlich. So bedeutet die bloße Tatsache, dass wir als Wesen existieren, die fragen können: ‚Warum ist das Universum so, wie es ist?', eine Einschränkung, der die Geschichte, in der wir leben, genügen muss. Daraus folgt nämlich, dass sie zur Minderheit jener Geschichten gehört, in denen Galaxien und Sterne entstehen. Dies ist ein Beispiel für das sogenannte Anthropische Prinzip. Es besagt, das Universum müsse mehr oder weniger so sein, wie wir es sehen, denn wäre es anders, gäbe es niemanden, der es beobachten könnte."

Hier kommt also wieder einmal das Anthropische Prinzip als eine Art Notnagel zum Einsatz, um aus der unübersichtlichen Fülle eine Auswahl zu treffen. Dem Anthropischen Prinzip zufolge können wir trivialerweise nur ein Universum beobachten, das die physikalischen Bedingungen besitzt, die für unsere Existenz notwendig sind – also beispielsweise ein ausreichendes Alter, Sterne und Planeten. Das ist aber kein Anthropozentrismus, wie Hawking betont. „Wir sind nur an der Teilmenge jener Geschichten interessiert, in denen sich intelligentes Leben entwickelt. Es muss nicht unbedingt menschliche Züge besitzen. Kleine grüne Außerirdische täten es auch, täten es vielleicht sogar besser. Die Menschheit hat keine sehr gute Bilanz an intelligentem Verhalten aufzuweisen."

Das Anthropische Prinzip wirkt wie ein Sieb, um von den vielen Historien jene auszuwählen, die für unser Universum relevant sind. Dann stellt sich aber immer noch die Frage, ob das kosmologische Modell solche Geschichten überhaupt beschreiben kann, ob sie also im Pfadintegral enthalten sind und mit welcher Wahrscheinlichkeit. „Jede Geschichte in der Aufsummierung von Möglichkeiten beschreibt nicht nur die Raumzeit, sondern auch die Einzelheiten darin, einschließlich so hochentwickelter Organismen wie der Menschen, die die Geschichte des Universums beobachten können", betont Hawking. „Das mag eine weitere Rechtfertigung für das Anthropische Prinzip liefern, denn wenn alle Geschichten möglich sind, dann können wir, solange wir in einer der Geschichten vorhanden sind, das Anthropische Prinzip benutzen, um die gegenwärtige Beschaffenheit des Universums zu erklären." Diese Argumentation ist freilich problematisch – Hawkings

Kritiker zufolge vielleicht sogar ein Zirkelschluss. Trotzdem könnte es andere, wahrscheinlichere Möglichkeiten für den Zustand des Universums geben, also Historien, die mit unserer Existenz unvereinbar sind, doch in diesen könnten wir nicht leben. Insofern treffen wir durch unsere Beobachtungen schon eine Art Vorauswahl, und somit braucht die Historie unseres Universums kein typischer Strang im unvorstellbar reichhaltigen Bündel der Superpositionen sein. Es mag genügen, dass und wenn er existiert. Hawking räumt aber ein: „Dieser Aspekt einer Quantentheorie der Gravitation wäre weit befriedigender, wenn sich nachweisen ließe, dass bei der Verwendung der Pfad-integral-Methode unser Universum nicht nur eine der möglichen Geschichten ist, sondern auch eine der wahrscheinlichsten. Dazu müssen wir die Aufsummierung der Möglichkeiten für alle Raumzeiten berechnen, die keine Grenze haben."

Der Ansatz muss sich durch die astronomischen Messungen bewähren. Aber Hawking führt auch ein theoretisches Argument an. Das klingt manchen Kritikern zufolge wie ein verzweifeltes Eingeständnis, sich an einen rettenden Strohhalm zu klammern – eben weil der Keine-Grenzen-Vorschlag aus der Not eine Tugend macht. Für andere hat der Vorschlag jedoch einen ästhetischen und intellektuell originellen Reiz, weil er gewissermaßen eine „natürliche" Lösung des Singularitätsproblems darstellt – und schon die Tatsache, dass es eine solche Lösung gibt, darf als wichtige Entdeckung gewertet werden. Hawking hat sein theoretisches Argument wie so oft mit einer großen Portion Schalk und Selbstironie formuliert: „In gewisser Weise ähnelt der Versuch, den Zustand des Universum durch sein Aufsummierung von ausschließlich nichtsingulären Geschichten zu bestimmen, den Bemühungen eines Betrunkenen, der seinen Schlüssel unter einer Laterne sucht: Dort hat er ihn möglicherweise nicht verloren, aber es ist der einzige Ort, an dem er ihn finden kann. Entsprechend ist das

Universum vielleicht nicht in einem Zustand, der durch eine Aufsummierung von nichtsingulären Möglichkeiten definiert ist, aber es ist der einzige Zustand, in dem die Wissenschaft vorhersagen kann, wie das Universum sein müsste."

Die Magie des Imaginären

„In realer Zeit gibt es nur zwei Möglichkeiten: Entweder erstreckt sich die Zeit unendlich weit in die Vergangenheit, oder sie beginnt mit einer Singularität", fasst Hawking die grundlegende Alternative in der modernen Kosmologie zusammen. Diese Unterscheidung zwischen Ewigkeits- und Anfangskosmologien ist nicht neu, sondern wurde und wird in der Philosophie und Theologie seit vielen Jahrhunderten diskutiert; und der Philosoph Immanuel Kant hat sie sogar als eine der – unlösbaren – Antinomien der reinen Vernunft bezeichnet. Hawkings Keine-Grenzen-Vorschlag eröffnet eine weitere Möglichkeit, indem er gleichsam einen theoretischen Schritt zur Seite tritt. „Man kann sich aber auch eine andere Zeitrichtung vorstellen, die in rechten Winkeln zur realen Zeit verläuft", sagt Hawking. „Diese nennt man die imaginäre Richtung der Zeit. In der imaginären Richtung der Zeit muss es keine Singularitäten geben, die einen Anfang oder ein Ende des Universums bilden."

Hinter dieser Aussage steckt ein mathematischer Trick. Dabei wird die Zeitvariable t mit dem Faktor i multipliziert, das heißt durch i · t ersetzt. (Die imaginäre Zahl i ist definiert als $i^2 = -1$; somit lassen sich alle imaginären Zahlen auf dem imaginären Zahlenstrahl als reelle Vielfache von i ordnen, zum Beispiel ... $-2i$, $-i$, 0, i, $2i$, $3i$ ... analog zur Ordnung der reellen Zahlen ... -2, -1, 0, 1, 2, 3...) Dann führt man die Rechnungen aus und ersetzt anschließend i · t durch eine neue Zeitvariable T. Diese Operation, t durch i · t zu ersetzen, heißt Wick-Rotation, benannt nach dem italienischen Physiker Gian-Carlo Wick. Durch sie wird die vierdimensionale Raumzeit in einen vierdimensionalen Raum umgewandelt, in dem sich die physikalischen Berechnungen als Integrale über alle möglichen vierdimensionalen Geometrien ausführen lassen. Denn ohne die Wick-Rotation versagt die Pfadintegral-Methode in der Quantenkosmologie, weil die Ergebnisse falsch, sinnlos oder zumindest nicht eindeutig werden.

Die Einführung der imaginären Zeit, die Hawking auch in seinem Bestseller *Eine kurze Geschichte der Zeit* erwähnt hatte, und die bei den Lesern wohl die größten Verständnisschwierigkeiten oder Missverständnisse auslöste, ist also notwendig, um die Pfadintegral-Methode anzuwenden. Diese funktioniert nämlich nur, wie Hawking betont, „wenn man Geschichten wählt, die in der imaginären Zeit stattfinden und nicht in der realen Zeit, in der wir uns selbst wahrnehmen. Imaginäre Zeit mag sich ein wenig nach Science Fiction anhören, aber sie ist ein genau definierter mathematischer Terminus. Man kann sie sich in gewisser Weise als eine Zeitrichtung vorstellen, die rechtwinklig zur realen Zeit verläuft. Die Wahrscheinlichkeiten aller Teilchengeschichten mit bestimmten Eigenschaften, etwa dass sie zu bestimmten Zeitpunkten bestimmte Örter passieren, werden aufsummiert. Das Ergebnis muss dann auf die reale Raumzeit, in der wir leben, rückextrapoliert werden. Dies ist nicht gerade ein vertrautes Verfahren in der Quantentheorie, führt aber zu den gleichen Ergebnissen wie andere Methoden."

Die imaginäre Zeit ist also weniger geheimnisvoll und extravagant, als es zunächst den Anschein hat. Sie ist in erster Linie ein mathematisches Hilfsmittel. Doch sie nur als Trick abzutun, greift zu kurz, wie Hawking betont. „Man könnte meinen, imaginäre Zahlen seien lediglich eine mathematische Spielerei, die nichts mit der realen Welt zu tun habe", schrieb er und räumte ein, dass man „keine imaginäre Zahl von Apfelsinen kaufen oder eine imaginäre Kreditkartenrechnung erhalten" könne. „Aus positivistischer Sicht lässt sich jedoch nicht bestimmen, was real ist. Wir können lediglich nach den mathematischen Modellen suchen, die das Universum beschreiben, in dem wir leben. Wie sich herausstellt, sagt ein mathematisches Modell, das die imaginäre Zeit einbezieht, nicht nur Effekte voraus, die wir bereits beobachtet haben, sondern auch solche, die wir noch nicht haben messen können, von deren Vorhandensein wir aber aus anderen Gründen überzeugt sind."

Durch die Wick-Rotation wird die reale Zeit also gleichsam verräumlicht: Sie ist dann eine imaginäre Zeitkoordinate. Das macht einen entscheidenden Unterschied. Erst dadurch lässt sich die unphysikalische Singularität vermeiden. Darin besteht die eigentliche Erkenntnis: Es gibt singularitätsfreie quantenkosmologische Modelle. Inwiefern sie das Universum angemessen beschreiben, ist eine andere Frage. Aber es ist im Prinzip möglich, die Singularitätstheoreme zu umgehen und mit der Pfadintegral-Methode wissenschaftlich überprüfbare Aussagen zu machen.

Kosmologen veranschaulichen die Raumzeit des expandierenden Universums gerne mit einer Art Trichter, dessen Erweiterung nach oben die Ausdehnung des Alls symbolisiert. Unten, an der engsten Stelle ist er abgeschnitten. Diese Kante, der Rand, versinnbildlicht die Singularität. (Man kann sich den Trichter auch auf einen Punkt spitz zulaufend denken, dann steht dieser Punkt für die Singularität.) Hawkings „No-Boundary Proposal", die Keine-Grenze-Hypothese, besagt aber, dass das Universum keine Grenze, das heißt keinen Rand beziehungsweise keine Singularität hat. Stattdessen wird der harte Rand (oder die dornige Punktspitze) abgerundet, das heißt wie bei einem Federball durch eine Halbkugel ersetzt. Und genau dazu ist die imaginäre Zeit erforderlich. Denn diese Halbkugel, im physikalischen Jargon gesprochen ein sogenanntes Instanton, hat vier Raumdimensionen (siehe Abbildung Seite 315).

Das Instanton besitzt keinen Rand, keine Grenze in Raum und Zeit. Deshalb ist es sinnlos zu fragen, was dahinter kommt. Genauso unsinnig wie die Frage, was südlich des Südpols liegt. „Der Südpol ist ganz ähnlich wie jeder andere Punkt auf der Erdoberfläche", erläutert Hawking. „Zumindest wurde mir das gesagt. Ich habe zwar schon die Antarktis besucht, nicht aber den Südpol selbst." Und so, wie die Naturgesetze am Südpol in Kraft sind, sollte das auch beim Urknall der Fall gewesen sein. „Das würde den alten Einwand beseitigen, dass die Naturgesetze am Anfang des Universums keine Gültigkeit hatten. Stattdessen wäre auch dieser Anfang den Naturgesetzen unterworfen. Die Idee, die Jim Hartle und ich entwickelt haben, beschreibt die spontane Quantenentstehung des Universums ähnlich wie die Bildung von Gasblasen in einem Kochtopf mit Wasser", versuchte es Hawking in seinem Buch *Das Universum in der Nussschale* anschaulich zu machen. „Die Keine-Rand-Bedingung schränkt die möglichen Geschichten des Universums exakt auf diejenigen Raumzeiten ein, die keinen Rand in der imaginären Zeit haben. Mit anderen Worten: Die Randbedingung des Universums ist, dass es keinen Rand hat."

Und James Hartle drückt das so aus: „Wenn man die Zeitrichtungen mit Hilfe imaginärer Zahlen misst, erhält man eine vollkommene Symmetrie zwischen Zeit und Raum, eine mathematisch sehr schöne und natürliche Idee. Diese mathematische Einfachheit der imaginären Zeit liegt dem Keine-Grenzen-Ansatz zugrunde – einer Hypothese mit der einfachsten aller möglichen Anfangsbedingungen des Universums."

Hawking führt den Gedanken fort: „Auch wenn die Randbedingung des Universums sein sollte, dass es keinen Rand hat, so besitzt es nicht nur eine einzige Geschichte. Auch dann

Universum in reeller Zeit · Universum in imaginärer Zeit

Singularität beim Kollaps — Endknall

Anfangssingularität — Urknall — singularitätsfreies Instanton

Reelle und imaginäre Zeit: *Wird das Universum im Rahmen der Allgemeinen Relativitätstheorie beschrieben, hat es im Urknall eine Singularität – eine Stelle, wo die Naturgesetze außer Kraft sind – und ebenso im Endknall, falls es dazu käme. Das ist mit dem Schnittpunkt von Längengraden an den Polen vergleichbar (links). Doch in der Natur kann eine Singularität aufgrund ihrer unendlichen Dichte, Energie und Krümmung nicht existieren – sie ist ein mathematisches Artefakt, das den Zusammenbruch der Theorie markiert. Daher suchen Kosmologen nach singularitätsfreien Modellen. Stephen Hawking entwickelte ein solches mithilfe der imaginären Zeit. Sie steht gleichsam senkrecht zur uns vertrauten reellen Zeit. In ihr gibt es – wie bei den Breitengraden – keine Singularität (rechts). Ob die imaginäre Zeit nur ein mathematischer Trick ist, wird kontrovers diskutiert.*

hat es eine Vielzahl von Geschichten, wie sie Feynman beschreibt. Jeder möglichen geschlossenen Fläche entspricht eine Geschichte in der imaginären Zeit, und jede Geschichte in der imaginären Zeit bestimmt eine Geschichte in der reellen Zeit." Das Adjektiv „reell" bezieht sich auf die reellen Zahlen, mit denen sich die reale Zeit ordnen beziehungsweise messen lässt. (Die reellen Zahlen liegen wie Punkte auf dem Zahlenstrahl und umfassen sowohl die rationalen – und somit auch ganzen – Zahlen als auch die irrationalen wie die Kreiszahl Pi, die Eulersche Zahl e oder die Wurzel aus zwei; die imaginären Zahlen stehen senkrecht zu den reellen.) „Vielleicht ist die imaginäre Zeit in Wirklichkeit die reale Zeit und das, was wir reale Zeit nennen, nur ein Produkt unserer Phantasie", spinnt Hawking den Gedanken weiter. „In der realen Zeit hat das Universum einen Anfang und ein Ende. Aber in der imaginären Zeit gibt es keine Singularitäten oder Grenzen. Vielleicht ist also das, was wir imaginäre Zeit nennen, in Wirklichkeit viel fundamentaler und das, was wir reale Zeit nennen, nur eine Idee, die wir erfinden, um besser beschreiben zu können, wie das Universum unserer Meinung nach beschaffen ist."

Die (real) zeitlosen Instanton-Modelle vermeiden jedenfalls die leidige Frage, was vor dem Urknall war. „Zeit ist definiert durch das Intervall zwischen Ereignissen", lässt Hawking seine Computerstimme verkünden. „Es gibt keinen externen Maßstab der Zeit, bei dem das Universum plötzlich mit dem Urknall begann. Daher hat die Frage, was eine Minute vor dem Urknall geschah, keinen Sinn. Die Zeit war nicht definiert."

Alles aus Nichts?

„Zeit hat nur dann Bedeutung, wenn im Universum etwas geschieht. Wir messen die Zeit nach regelmäßig ablaufenden Prozessen wie die Rotation der Erde um ihre Achse und deren Kreisbahn um die Sonne. Ohne Raum und Materie lässt sich Zeit nicht definieren", argumentiert auch der Kosmologe Alexander Vilenkin. Unabhängig von Hawking und schon vor dessen Arbeit mit Hartle hat Vilenkin ebenfalls ein Instanton-Modell entwickelt. Das „Federball"-Symbol fungiert inzwischen sogar als Logo des Tufts Institute of Cosmology, dessen Direktor Vilenkin ist.

1982 hatte Vilenkin in der Fachzeitschrift *Physics Letters* einen bahnbrechenden Artikel mit dem Titel *Creation of Universes from Nothing* veröffentlicht. Dabei geht es um nichts Geringeres als den Versuch, die Entstehung des Universums aus dem Nichts quantenkosmologisch zu beschreiben. Vilenkin vergleicht diesen Vorgang mit dem Zerfall eines radioaktiven Atoms. In der klassischen Physik wäre dieser undenkbar, aber die Quantenphysik erlaubt auch sehr unwahrscheinliche Dinge, etwa das Durchtunneln einer Energiebarriere. Genau das geschieht, wenn ein zerfallendes Atom ein Alpha-Teilchen aussendet. Vilenkin zufolge könnte unser gesamtes Universum durch einen vergleichbaren Quantentunnel-Effekt ins Dasein gelangt sein – „eine Idee, die mir anfangs völlig verrückt vorkam". Weil sofort danach die Inflationsphase startete, wurde es groß. „Inflation ist der einzige bekannte Vorgang, ein riesiges Universum zu erzeugen." Viele andere Universen brachten es nicht so weit – sie blieben winzig, kollabierten kurz nach ihrer spontanen Entstehung wieder und verschwanden im Nichts.

Auch Vilenkin vergleicht die Quantentunnel-Kreationen mit der Bildung von Gasblasen in kochendem Wasser. Im Unterschied dazu haben die Universen freilich keine Umgebung. In diesem Quantenvakuum existieren nicht einmal Raum und Zeit. „Das ist so nahe am Nichts, wie es nur geht. Wenn es weder Raum noch Zeit gibt, kann man sich keine physikalischen Größen mehr vorstellen. Man kann höchstens sagen, es gibt den Raumzeit-Schaum des Quantenvakuums. Und manchmal bilden sich Blasen mit einer kritischen Größe, die zu expandieren beginnen. So entsteht ein Universum."

Auch Stephen Hawking proklamiert für sein Modell, dass das Universum aus dem Nichts ins Dasein sprang – zumindest in der Hinsicht, dass nichts „unter" oder „vor" dem Instanton ist. „Man kann im wörtlichen Sinn von der Entstehung aus dem Nichts sprechen: nicht aus dem Vakuum, sondern aus dem absoluten Nichts, da es nichts außerhalb des Universums gibt."

Was unvorstellbar schien, haben Hawking und Vilenkin also mit ein paar Gleichungen von einem metaphysischen Ereignis zu einem physikalischen gemacht. Und da keine Zeit vor der Entstehung der Zeit existierte, gab es auch keinen Countdown für den Urknall.

Dies sind radikale Gedanken (und viele Philosophen werden damit nicht einverstanden sein). Aber es sind eben nicht bloß Gedanken, sondern Beschreibungen in der dezidierten Sprache der mathematischen Physik. Wie Hawking und Hartle benutzte auch Vilenkin in seinem Quantentunnel-Modell die Wheeler-DeWitt-Gleichung – die Verallgemeinerung der Schrödinger-Gleichung für das ganze Universum. Die Randbedingungen und Lösungen dieser Gleichung, die die Wellenfunktion des Universums beschreibt, sind freilich seit langem umstritten – auch zwischen Hawking und Vilenkin. Zudem gilt ihr Anwendungsbereich für kleinste Skalen möglicherweise nur eingeschränkt.

Exkurs: Quantenkosmologie für Neugierige

Stephen Hawking schrieb im Vorwort seines Bestsellers *Eine kurze Geschichte der Zeit*, man habe ihm gesagt, jede Formel würde die Zahl der Leser halbieren. Also bitte sofort zum nächsten Unterkapitel weiterblättern, sonst bekommt der Autor dieses Buchs große Schwierigkeiten mit seinem Verlag ...

Die Mutigen und Unerschrockenen mögen hingegen an dieser Stelle einmal einen kühnen Blick auf jene fundamentale Gleichung werfen, mit denen Quantenkosmologen nichts weniger als die Entstehung und Entwicklung des ganzen Universums zu beschreiben versuchen – also eine „Weltformel" par excellence. Es ist die Wheeler-DeWitt-Gleichung (strenggenommen sind es sogar unendlich viele Gleichungen). Sie wurde in den 1960er-Jahren von den amerikanischen Physikern Bryce DeWitt und John Archibald Wheeler formuliert. In ihrer einfachsten Schreibweise lautet die Gleichung (beziehungsweise ihre Zwangsbedingung): H ψ = 0. Das klingt kurz und knackig und lässt sich ohne weiteres als Aufdruck auf einem T-Shirt tragen. Auf Partys würde so ein T-Shirt bestimmt für Gesprächsstoff sorgen. Doch Vorsicht – bohrende Nachfragen sind garantiert! Um ein peinliches Schweigen gar nicht erst aufkommen zu lassen, lohnt es sich also, ein paar Details zu vertiefen.

H ψ = 0 ist die sogenannte Hamilton-Zwangsbedingung, eine fundamentale Angelegenheit, mit der sich die quantenkosmologische Theorie des Universums spezifizieren lässt. Eine Zwangsbedingung charakterisiert die Wechselwirkungen physikalischer Felder – etwa von Schwerkraft und Materie –, die durch bestimmte Funktionen zunächst unabhängig voneinander beschrieben werden. Dadurch ist gewährleistet, dass beispielsweise eine Änderung der Materie mit veränderten Gravitationsbedingungen einher geht und umgekehrt. Mit H ψ = 0 allein kann man freilich noch nicht allzu viel anfangen. Entscheidend ist ja, die Wheeler-DeWitt-Gleichung zu lösen. Sie lässt sich aus der Hamilton-Zwangsbedingung folgendermaßen ableiten:

$$[-1/6 \cdot l_{Pl}^4 \cdot ((a \cdot \psi(a, \phi))' \cdot 1/a)' \cdot 1/a + 3/2 \cdot k \cdot a] \, \psi(a, \phi)$$
$$= 8\pi G \cdot H\phi(a)\psi(a, \phi)$$

Das sieht kompliziert aus und ist es auch. Also ganz langsam und ein Schritt nach dem anderen:

- l_{Pl} bezeichnet die Planck-Länge (10^{-35} Meter).
- a ist der Skalenfaktor des Universums. Er beschreibt die Größenveränderung des Weltraums und kann somit auch als Maß einer „inneren Zeit" des Universums verwendet werden. Falls der Weltraum nicht gleichförmig, sondern anisotrop expandiert – also beispielsweise in eine Richtung schneller als in eine andere –, dann müssen verschiedene, richtungsabhängige Größen a_1, a_2, ... verwendet werden.
- ψ ist die Wellenfunktion des Universums – gewissermaßen die universale Erweiterung der in der Quantentheorie grundlegenden Schrödinger-Gleichung, angewendet nun auf die Welt als Ganzes. ψ hängt vom Skalenfaktor a ab (der Strich ' in der Gleichung steht für die mathematische Ableitung – es handelt sich also um eine Differenzialgleichung) sowie von der Natur der Materie ϕ.
- Der Hamilton-Operator H (benannt nach dem irischen Physiker und Mathematiker William Rowan Hamilton) ist ein besonders trickreiches Instrument der Physiker. Er bezeichnet in der Quantenphysik einen Energieoperator, der für die Beschreibung der Dynamik und Wechselwirkung eines Quantensystems eine entscheidende Rolle spielt. Während sich in der klassischen Physik die Energie direkt aus den Feldgrößen errechnen lässt, muss sie in der Quantenphysik aus der Wellenfunktion ψ extrahiert werden. Mathematisch geschieht dies durch den Hamilton-Operator, den man zum Beispiel mit Ableitungen auf die Wellenfunktion anwenden muss.
- $H\phi$ ist der Hamilton-Operator für die Materie. In dieser Größe steckt gleichsam die gesamte Theorie der Materie, genauer: die Gesamtenergie aller Materiefelder. (In den Hamilton-Operator könnte im Prinzip auch die Materie-

beschreibung der Stringtheorie eingebaut werden.) „Materie" ist dabei ein weiter Begriff und meint nicht nur alle bekannten Elementarteilchen sowie Strahlung und Gravitationswellen, sondern auch die ominöse Dunkle Materie, die nicht elektromagnetisch wechselwirkt, und sogar Energiefelder wie das hypothetische Inflaton, das die Epoche der Kosmischen Inflation geprägt hat, und die mysteriöse Dunkle Energie, die die Ausdehnung des Universums beschleunigt.

- k bezeichnet die Geometrie oder globale Krümmung des Raums (0 = flach, +1 = positiv gekrümmt wie eine Kugeloberfläche, −1 = negativ gekrümmt wie ein Sattel).
- G steht für Newtons Gravitationskonstante (6,672 · 10^{-11} Kubikmeter pro Kilogramm und Sekundenquadrat). Setzt man a = 0, wird die Differenzialgleichung singulär.

Dieser Punkt entspricht der klassischen Urknall-Singularität, wo Raum und Zeit verschwinden und Energie, Dichte und Temperatur unendlich werden. Die bisherigen Versuche der Quantenkosmologen – etwa von Bryce DeWitt, Stephen Hawking, Alexander Vilenkin und Andrei Linde – zielten darauf, die Anfangsbedingungen der Wheeler-DeWitt-Gleichung gleichsam per Hand so zu wählen (manche sagen: gut zu raten) oder die Gleichung so zu erweitern, dass die Singularität verschwindet beziehungsweise die Bedingungen für a = 0 nicht unphysikalisch werden. Eine künftige Theorie der Quantengravitation sollte aber – und dafür gibt es bereits vielversprechende Ansätze, besonders von Martin Bojowald von der Pennsylvania State University – die Bedingungen durch grundlegendere Prinzipien begründen. Inwiefern die Keine-Grenzen-Vermutung dann auf ein tieferes Fundament gestellt werden kann oder sich in mathematischen Staub auflöst, lässt sich heute schwer abschätzen.

Viel Lärm um Nichts

„Die Hartle-Hawking-Hypothese entbehrte nicht einer gewissen mathematischen Eleganz, verlor jedoch nach meinem Empfinden durch den Wechsel in die imaginäre Zeit einen Großteil seines intuitiven Reizes", hat Alexander Vilenkin kritisiert. Tatsächlich ist die vielleicht größte Schwierigkeit des Hawking-Hartle-Modells die physikalische Interpretation der mathematischen imaginären Zeit und der Übergang von ihr zur realen Zeit. Physiker sprechen von der Euklidischen Metrik des halbkugelförmigen Instantons, das gleichsam mathematisch nahtlos an die Lorentz-Metrik des für das expandierende Universum stehenden Trichters angefügt wird – das lässt sich auf dem Papier schön zusammenbringen, aber was bedeutet die Beschreibung für die Realität? Wie entsprang die Zeit aus der Zeitlosigkeit?

Alexander Vilenkins Modell geht von einer anderen Randbedingung aus als Hawking und Hartle mit ihrer Keine-Grenzen-Hypothese und benötigte die imaginäre Zeit nicht. Ihm zufolge tauchte das Universum „plötzlich aus dem Nirgendwo auf und begann sich sofort inflationär auszudehnen. Der Radius des neugeborenen Universums wird von seiner Vakuum-Energiedichte bestimmt. Je höher sie ist, desto kleiner der Radius." Das steht in einem spannenden Kontrast zu Hawkings Modell. „Der Tunneleffekt-Vorschlag favorisiert eine Entstehung aus der höchsten Vakuumenergie und dem kleinsten Universum. Im Gegensatz dazu hält der No-Boundary-Vorschlag ein Universum für am wahrscheinlichsten, das die geringstmögliche Vakuumenergie und die maximal denkbare Größe besitzt", sagt Vilenkin. „Das wahrscheinlichste Produkt der spontanen Entstehung aus dem Nichts wäre demnach ein unendlicher, leerer und flacher Raum. Es fällt mir schwer, das zu glauben!" Umgekehrt fällt es Hawking und Hartle schwer, die Ewige Inflation zu akzeptieren, die Vilenkins Ansatz nahe legt. Die Kontroverse ist nach wie vor offen, und es gibt bereits Uneinigkeiten auf der Ebene der mathematischen Formulierung (ob an einer entscheidenden Stelle ein Plus- oder Minus-Zeichen stehen muss).

Unabhängig vom konkreten Modell ist auch unklar, was ein „Anfang der Zeit" eigentlich bedeuten soll. Zu fragen, was vor dem Urknall war, wäre zwar sinnlos. Doch das ist schwierig zu verstehen. Denn die Zeit begann nicht mit dem Zeitpunkt 0, ähnlich wie ein Konzert beginnt – es „gab" ja kein Vorher und somit auch kein Vorgang des Beginnens. Bestimmte Fragen kann man gewissermaßen gar nicht mehr stellen. Der Philosoph Adolf Grünbaum von der University of Pittsburgh verglich das mit der Frage „Wann hast du deine Frau zu schlagen begonnen?", wenn der Befragte sie niemals geschlagen hat.

Und ob es ein erstes Ereignis gegeben hat, ist ebenfalls unklar. Der Kosmologe Paul Davies beispielsweise verneint dies: Das sei so, als wenn man fragte, welche die erste auf null folgende Zahl sei (nicht 1, nicht 0,1, nicht 0,01 ...) – denn jede Zeitspanne lasse sich halbieren. Ist andererseits die Zeit wie die Materie gequantelt, gibt es eine kleinste Zeit-Einheit, die Planck-Zeit (10^{-43} Sekunden). Dann wäre ein erster Moment vorstellbar. Die Frage, was davor kam, wäre jedoch unsinnig – genauso wie die Frage nach der Mutter eines Vereins, obwohl jedes Mitglied dieses Vereins eine Mutter hat. Doch wie oder warum es zum Urknall beziehungsweise zum ersten Moment kam, würde man doch wissen wollen – und in der Analogie mit dem Verein ist eine solche Frage ja auch beantwortbar. Doch wenn das Universum keine Ursache hat, zielt auch die Warum-Frage letztlich ins Leere.

Tatsächlich schmettert Alexander Vilenkin die Frage nach der Kausalität einer Entstehung aus dem Nichts ab: „Es ist ein Quantenprozess und erfordert keine Ursache." Ebenso die

Frage, was vorher war: „Vor dem Tunnelvorgang gab es weder Raum noch Zeit, somit ist die Frage nach einem Davor sinnlos. Nichts – ein Zustand ohne Materie, Raum und Zeit – scheint der einzig befriedigende Anfangspunkt für die Weltentstehung zu sein."

Doch selbst wenn dies so wäre, und davon sind bei weitem nicht alle Quantenkosmologen überzeugt, hätte man keine Letzterklärung, sondern ein noch schwierigeres Problem. Denn die philosophische Frage, warum etwas ist und nicht nichts, hat Vilenkin ja nicht beantwortet, sondern vielmehr elegant umgangen. In gewisser Weise ist sein Nichts gar keines, sondern noch immer etwas: eine Art Quantenvakuum – wenn auch ohne jede Eigenschaft der klassischen Physik. Und das gilt analog auch für Hawkings „Instanton" der imaginären Zeit. Zum anderen hat die Tunnel-Hypothese einen hohen Preis, wie Vilenkin selbst zugibt: „Freilich ist der Zustand von „nichts" nicht mit einem absoluten Nichts gleichzusetzen. Das Tunneln wird mit den Gesetzen der Quantenphysik beschrieben, also muss „nichts" diesen Gesetzen gehorchen. Die Gesetze der Physik müssen existiert haben, auch wenn es kein Universum gab."

Wie aber können physikalische Gesetze unabhängig von Raum, Zeit, Materie und Energie existieren? Besitzen sie eine radikale Autonomie, wie schon der griechische Philosoph Platon mutmaßte? Oder hängen sie wie Gedanken von einem Geist ab, und was soll man sich unter so einem – nicht zeitlich vorgeordneten, sondern zeitlosen und fundamentalen – Geist vorstellen?

Auch Stephen Hawking rätselt über solche Fragen und weiß keine Antwort darauf – geschweige denn, wie sie überhaupt aussehen könnte. Ein Verweis auf die Naturgesetze – selbst eine umfassende Weltformel, falls sie einmal gefunden würde – ist nämlich unzureichend. Hawking: „Auch wenn nur *eine* einheitliche Theorie möglich ist, so wäre sie doch nur ein System von

Regeln und Gleichungen. Wer bläst den Gleichungen den Odem ein und erschafft ihnen ein Universum, das sie beschreiben können? Die übliche Methode, nach der die Wissenschaft sich ein mathematisches Modell konstruiert, kann die Fragen, warum es ein Universum geben muss, welches das Modell beschreibt, nicht beantworten. Warum muss sich das Universum all dem Ungemach der Existenz unterziehen?"

Hawking und Gott

„Die meisten Menschen sind zu der Überzeugung gelangt, Gott habe dem Universum gestattet, sich nach einer Reihe von Gesetzen zu entwickeln, und er enthalte sich jedes Eingriffs, um diese Gesetze nicht außer Kraft zu setzen. Gott sei aber immer noch nötig gewesen, um das Uhrwerk aufzuziehen und über den Anfang zu entscheiden. Solange das Universum einen Anfang hat, können wir annehmen, dass es auch einen Schöpfer gibt", schrieb Hawking in seiner *Kurzen Geschichte der Zeit*. „Doch wenn das Universum wirklich völlig in sich selbst abgeschlossen ist, wenn es wirklich keine Grenze und keinen Rand hat, dann hätte es auch weder einen Anfang noch ein Ende: Es würde einfach *sein*. Wo wäre dann noch Raum für einen Schöpfer?"

Diese Frage sorgte für viele Diskussionen und Aufgeregtheiten. Theologen weigern sich selbstverständlich, Gott auf eine „Anfangsbedingung" des Universums zu reduzieren, und die meisten Gläubigen sind davon überzeugt, dass Gott auch mit der Welt in Wechselwirkung steht – etwa Gebete erhört oder Wunder bewirkt. Wie das physikalisch vor sich gehen soll, bleibt zwar ein Rätsel (oder Wunder), aber mit diversen metaphysischen Annahmen lässt sich so etwas immer irgendwie behaupten oder auf die unergründlichen Ratschlüsse Gottes abwälzen.

Insofern kann die Physik Gott sicherlich nicht aus dem Universum vertreiben. Auch nicht mit Hawkings Modell.

„Die Frage, ob Gott das Universum erschaffen hat, steht in keiner direkten Beziehung zu der Frage, ob das Universum einen Rand hat, auch wenn das viele Menschen glauben. In Wirklichkeit hat das eine wenig mit dem anderen zu tun", widerspricht beispielsweise Hawkings früherer Mitarbeiter Don Page, ein gläubiger Christ, seinem ehemaligen Dissertationsgutachter. Auch George Ellis, der Co-Autor von Hawkings erstem Buch, ist ein gläubiger Christ, ein Quäker, aber er hält sich mit kosmotheologischen Spekulationen sehr zurück. Und wie Page betrachten viele Theologen Gott sowieso nicht bloß als Schöpfer, sondern auch als Erhalter der Welt. In diesem Sinn hätte er nicht nur den Urknall gezündet oder aus dem Nichts geschaffen („creatio ex nihilo") oder dem Quantenvakuum, sondern er würde gleichsam die Welt ständig neu schaffen („creatio continua") beziehungsweise in ihrer Existenz bewahren. Etwa so, als hielte er sie in einer imaginären Hand, weil sie sonst ins Nichts fiele. Dieser Welterhalt könnte zum Beispiel dadurch erfolgen, dass die Naturgesetze gültig bleiben oder dass die materielle Realität in Wirklichkeit nur ein Gedanke (oder Traum?) eines (Gottes?) Bewusstseins ist.

Ein solcher Glaube – oder frommer Wunsch – kann physikalisch nicht widerlegt, aber sehr wohl philosophisch kritisiert werden. Und eigentlich tut Hawking genau das, indem er argumentiert, dass Gott in der modernen Kosmologie nicht mehr denknotwendig ist. Das sahen viele Physiker, darunter Isaac Newton, früher durchaus anders. Und noch immer interpretieren manche Kosmologen (etwa Frank Tipler von der Tulane University in New Orleans) und theologisch orientierte Philosophen (beispielsweise William Lane Craig von der Talbot School of Theology im kalifornischen La Mirada) die Urknall-Singularität als eine Erklärungslücke, die gleichsam durch Gott gestopft werden muss. Ein solcher „Lückenbüßer-Gott" hat zwar selbst bei den meisten Theologen längst abgedankt. Aber wer ihn als Schöpfer und Erhalter der Welt begreift, kann diese letztlich nicht radikal autonom denken. Doch genau das tut Stephen Hawking.

Wenn die physikalische Beschreibung des Universums an einer Singularität enden würde, „könnte die Wissenschaft die Aussage machen, dass das Universum einen Anfang gehabt haben muss, sie könnte aber nicht vorhersagen, *wie* dieser Anfang ausgesehen hätte. Dazu müsste man den lieben Gott herbeibemühen", schreibt Hawking. „In imaginärer Zeit gäbe es keine Singularität, an der die wissenschaftlichen Gesetze ihre Gültigkeit verlören, das Universum hätte keinen Rand, an dem man sich auf Gott berufen müsste. Das Universum würde weder erschaffen noch zerstört. Es wäre einfach da." Weil die leidige Urknall-Singularität mit dem Keine-Grenzen-Vorschlag von Hawking – und ebenso mit dem Quantentunnel-Modell von Alexander Vilenkin – vermieden wird, ist die Frage, wie es zum Urknall kam, zu einem Gegenstand der physikalischen Kosmologie geworden. „Das Universum gibt es, weil die Allgemeine Relativitätstheorie und die Quantentheorie seine Existenz ermöglichen und erfordern", sagt Hawking. „Wenn ich Recht habe, ist das Universum in sich selbst gegründet und wird von den Naturgesetzen allein regiert."

In einem Interview im israelischen Fernsehen zu seinem 65. Geburtstag 2007 bekräftigte Hawking diese These: „Ich denke, dass das Universum spontan aus dem Nichts entstand gemäß den Gesetzen der Physik." In gewisser Weise habe es weder Anfang noch Ende. „Die Grundannahme der Wissenschaft ist der wissenschaftliche Determinismus: Die Naturgesetze bestimmen die Entwicklung des Universums, wenn sein Zustand zu einem bestimmten Zeitpunkt gegeben ist. Diese Gesetze können von Gott erlassen worden sein oder nicht, aber er kann nicht eingreifen und die Gesetze brechen, sonst wären es keine Gesetze. Gott bliebe allenfalls die Freiheit, den Anfangszustand des Universums auszuwählen. Aber selbst hier könnten Gesetze herrschen. Dann hätte Gott überhaupt keine Freiheit."

Das gilt analog auch für Alex Vilenkins ex-nihilo-Modell. „Ursprünglich meinte ich sogar, die Theologen könnten das Szenario mögen, denn es geht ja um die Schöpfung aus dem Nichts", schmunzelt Vilenkin, der nicht an einen Schöpfer glaubt. „Aber ich denke nicht, dass sie das tun, denn der Quantentunnel-Effekt ist entmystifizierend."

Im Gegensatz dazu wirkt eine Bemerkung von Stephen Hawking am Ende von *Eine kurze Geschichte der Zeit*, die er beinahe gestrichen hätte („dann wären vielleicht nur halb so viele Exemplare verkauft worden"), geradezu mystifizierend: „Wenn wir die Antwort auf diese Frage fänden", schrieb er und meinte die Frage, warum es das Universum gibt, „wäre das der endgültige Triumph der menschlichen Vernunft – denn dann würden wir Gottes Plan kennen." Hatte Hawking damit nur einen publikumswirksamen Effekt im Sinn oder wollte er gleichsam doch ein Hintertürchen für Gott offen halten?

Zunächst muss man festhalten, dass die offizielle deutsche Übersetzung des Satzes „If we find the answer to that, it would be the ultimate triumph of human reason – for then we should know the mind of God" problematisch ist; man sollte besser vom „Geist Gottes" sprechen. Gäbe es einen „Plan", würde das bedeuten, dass eine Absicht dahinter steckt und somit jemand, der diese Absicht hat. „Geist" ist dagegen ein dehnbarer Begriff und kann sogar ganz abstrakt eine rationale – oder rational beschreibbare – Struktur meinen, was auch für die Naturgesetze gelten mag.

Und so hatte Hawking hier den Begriff „Gott" auch verwendet, wie er später in einem Interview sagte – nicht in der Bedeutung eines personalen Schöpfers, sondern „in einem unpersönlichen Sinn, so wie es Einstein für die Naturgesetze tat".

Eine andere Art von Gott hat in Hawkings Weltbild keinen Platz. Das heißt freilich nicht, dass er per se religionsfeindlich ist, auch wenn sein Atheismus mit ein Grund gewesen sein mag, dass seine Ehe mit der gläubigen Jane Hawking zerbrach. Im Gegenteil, Hawking hatte im Kalten Krieg in seinem Rollstuhl angeblich Bibeln nach Russland geschmuggelt, um dort Baptisten zu unterstützen. Und er half der jüdisch-orthodoxen L'Chaim-Gesellschaft, sich in Cambridge zu etablieren, auch wenn er den religiösen Lehren sehr reserviert gegenübersteht. „Es ist gut möglich, dass Gott auf eine Weise handelt, die nicht mit wissenschaftlichen Gesetzen beschrieben werden kann", räumt er ein. „Aber in diesem Fall bleibt nur persönlicher Glauben übrig." Doch das ist wohl einfach bloß Wunschdenken. Für die Annahme eines fürsorglichen Schöpfers sieht Hawking jedenfalls keinen Grund: „Wir sind so unbedeutende Kreaturen auf einem kleinen Planeten eines sehr durchschnittlichen Sterns in den Außenbezirken von einer Galaxie unter 100 Milliarden anderen im beobachtbaren All. Daher ist es schwer, an einen Gott zu glauben, der sich um uns kümmert oder auch nur unsere Existenz bemerkt."

Teil V

Mysteriöse Zeit

Die Welt in ihrer Tiefe verstehen,
heißt den Widerspruch verstehen.

Friedrich Nietzsche (1844–1900),
deutscher Philosoph und Dichter

Die Rätsel der Zeit

Stephen Hawkings Konzept der imaginären Zeit wirft, wenn es sich nicht nur um einen mathematischen Trick ohne physikalische Bedeutung handelt, die bodenlose Frage auf, was Zeit ist – auch und besonders die uns vertraute scheinbar „reale" Zeit. Mit einem Verständnis der Zeit könnte die Erklärungskraft der kosmologischen Theorien stehen oder fallen. Und das ist beunruhigend, zumal die „Weltformel" der Wheeler-De-Witt-Gleichung keinen eigenständigen Zeit-Parameter enthält, also in gewisser Weise zeitlos ist. Bedeutet dies, dass die Zeit gar nicht fundamental ist, sondern ein Nebenprodukt von etwas anderem? Aber wovon? Und was ist die Zeit überhaupt?

Diese Frage ist nicht neu. „Was ist also Zeit? Wenn mich niemand danach fragt, weiß ich es; will ich es einem Fragenden erklären, weiß ich es nicht", hat Aurelius Augustinus, Bischof von Hippo im heutigen Algerien, vor über 1500 Jahren geschrieben. Seither hat die Zeit kaum etwas von ihrem Rätsel verloren – im Gegenteil. Und sogar die Wirklichkeit der Zeit hatte Augustinus bereits hinterfragt: „Die Zeit kommt aus der Zukunft, die nicht existiert, in die Gegenwart, die keine Dauer hat, und geht in die Vergangenheit, die aufgehört hat zu bestehen." Ist Zeit also gar nicht real oder etwas ganz anderes, als die Alltagserfahrung glauben macht?

Diese dramatische Frage hat der japanische Dichter Tanikawa Shuntarō poetisch auf den Punkt gebracht:
„Mit drei hatte ich keine Vergangenheit
Mit fünf –
meine Vergangenheit reicht bis gestern
Mit sieben –
meine Vergangenheit reicht bis zum Zopfzeitalter
Mit elf –
meine Vergangenheit reicht bis zum Dinosaurier

Mit vierzehn –
meine Vergangenheit ist wie im Schulbuch
Mit siebzehn –
ängstlich starre ich auf die Unendlichkeit des Vergangenen
Mit achtzehn –
ich weiß nicht, was Zeit ist."

Schon in der Antike haben viele Philosophen diese Ratlosigkeit verspürt und versucht, dem Wesen der Zeit auf die Schliche zu kommen. Viele Antworten wurden vorgeschlagen auf die Frage „Was ist Zeit?":

- „Ein sich bewegendes Bild der Ewigkeit" (Platon),
- „die Zahl der Bewegungen im Hinblick auf das Davor und Danach" (Aristoteles),
- „das Leben der Seele in Bewegung, wenn sie von einem Zustand des Handelns oder Erlebens zum anderen über-geht" (Plotin),
- „eine Gegenwart der vergangenen Dinge, Gedächtnis der gegenwärtigen Wahrnehmung und der künftigen Erwar-tung" (Augustinus).

Aber alle diese Bestimmungen helfen nicht weiter. Denn als Definitionen wären sie zirkulär, weil sie ja temporale Begriffe bereits enthalten. Fest steht nur, dass in den Zeit-Begriffen Bewegung, Veränderung, Kausalität und sogar Bewusstsein auf eine ziemlich undurchsichtige Weise miteinander ver-schränkt sind. Und nicht einmal über den Status von Zeit und Raum herrscht Einigkeit: Sind Raum und Zeit ...

- ... selbst eigenständige Gegenstände beziehungsweise Dinge?
- ... Eigenschaften von Gegenständen?
- ... Relationen zwischen Gegenständen?
- ... Sachverhalte?

- ... A-priori-Vorstellungen beziehungsweise (angeborene) Anschauungs- oder Denkformen des menschlichen Geistes und damit Bedingungen der Möglichkeit von Erfahrung überhaupt, nicht aber etwas Objektives des subjektunabhängigen Reichs der „Dinge an sich"?
- Oder Konstrukte unseres Gehirns, unseres Bewusstseins oder der Grammatik unserer Sprache, denen gar keine eigentliche, selbstständige Existenz zukommt?

Diese Fragen münden letztlich auch in eine Kontroverse, die seit langem in der Physik und Philosophie geführt wird und trotz vieler Fortschritte – die Relativitätstheorie eingeschlossen – nicht gelöst ist. Vereinfacht und zugespitzt stehen sich zwei Auffassungen unversöhnlich gegenüber:

- Dem Reduktionismus oder Relationismus der Zeit zufolge, wie ihn etwa Aristoteles, Gottfried Wilhelm Leibniz oder Ernst Mach verfochten haben, existiert Zeit nur, weil und wenn es Veränderungen und somit Beziehungen zwischen Dingen gibt. Im Extremfall ist Zeit dann ein abgeleitetes Produkt, ein Epiphänomen oder eine Illusion.
- Dem Platonismus oder Absolutismus der Zeit zufolge, favorisiert beispielsweise von Platon oder Isaac Newton, kann Zeit auch ohne Veränderung vergehen. Demnach wäre es möglich, dass das ganze Universum erstarrt und trotzdem eine „leere" Zeit verstreicht – vielleicht Milliarden Jahre zwischen dem Lesen dieses Satzes und des nächsten. Zeit wäre dann fundamental und nicht auf etwas anderes zurückführbar.

Die Zeit ist auch nicht mehr das, was sie einmal war

In der Physik ist die Zeit (t) spätestens seit Galileo Galilei eine Variable in Gleichungen wie $h = 1/2 \cdot g \cdot t^2$ und $v = g \cdot t$ (h ist im Fallgesetz die Höhe, g die Fall- oder Schwerebeschleunigung, v die Fallgeschwindigkeit). Dies war ein erfolgreicher pragmatischer Ansatz, der Zeit nicht definiert, sondern operationalisiert. Albert Einstein hat dies später – nicht nur scherzhaft – so ausgedrückt: „Zeit ist das, was die Uhr anzeigt."

Die Zeitmessung basiert freilich auf dem Postulat der Gleichförmigkeit eines Naturprozesses und hat somit eine naturgesetzliche Grundlage, etwa die Konstanz der Lichtgeschwindigkeit oder die Regelmäßigkeit von atomaren Prozessen – (fast) frei von Störungen durch äußere Faktoren. Es kommt eine Vielzahl von als „Uhren" verwendbarer Naturvorgänge in Betracht, deren Tauglichkeit und somit Genauigkeit empirisch revidierbar ist. Beispielsweise ist die Erdrotation, der Prototyp der Tagesuhr, für die modernen Erfordernisse inzwischen viel zu unregelmäßig. Dass die verschiedenen Zeitmessungen zusammenpassen und vergleichbar sind, ist keineswegs trivial. Aber bislang hat sich das Ideal der Einheit der Zeit als regulatives Prinzip bewährt, und daran lässt sich die Kohärenz des physikalischen Wissens erkennen.

Allerdings kann man den Instrumentalismus, der den Begriff der Zeit auf Zeitbestimmungen einschränkt, als unzureichend kritisieren. Der niederländische Schriftsteller Cees Nooteboom brachte es so auf den Punkt: „Schon immer wurde die Zeit mit den Instrumenten verwechselt, die sie messen." Und der Quantenphysiker Richard Feynman prägte sogar das Bonmot „Zeit ist, was passiert, wenn sonst nichts passiert". Das ist freilich wiederum zirkulär oder ein Rückfall in die Konzeption der absoluten Zeit, wie sie Isaac Newton in seiner *Philoso-*

phiae Naturalis Principia Mathematica von 1687 definiert hatte: „Die absolute, wahre und mathematische Zeit fließt auf Grund ihre eigenen Natur und aus sich selbst heraus ohne Beziehung zu etwas Äußerem gleichmäßig dahin." Mit dieser Vorstellung hat freilich Einsteins Relativitätstheorie aufgeräumt.

Gemäß Newton vergeht Zeit ohne Beziehung zu etwas Äußerem. Die Zeit ist quasi ein Substratum, in dem physikalische Ereignisse situiert sind. Das bedeutet: Man kann sich gleichsam überall im Universum eine imaginäre Uhr denken, und alle diese Uhren zeigen stets dieselbe Zeit an. Simultanität und Zeitspannen sind dann unabhängig vom Bezugssystem der Beobachter. Das jedoch hat die Spezielle Relativitätstheorie widerlegt: Uhren mit hoher Geschwindigkeit gehen langsamer (Zeitdilatation). Würde ein Raumfahrer beispielsweise mit dem erträglichen Beschleunigungs- und Bremsandruck von 1 G (entspricht der Erdschwerkraft) mit bis zu 99,9992 Prozent der Lichtgeschwindigkeit zu einem 500 Lichtjahre entfernten Stern fliegen und wieder zurück, wäre er aufgrund der relativistischen Zeitdilatation nur um knapp 25 Jahre gealtert, während auf der Erde 1000 Jahre vergangen wären. Für lichtschnelle Photonen verrinnt überhaupt keine Zeit. Einsteins Konzeption der relativen Zeit zufolge hängt die Zeitmetrik also vom jeweiligen Bezugssystem ab. Objektiv sind nur raumzeitliche Abstände, nicht räumliche oder zeitliche. Es gibt gleichberechtigte Eigenzeiten, aber keine universelle Gleichzeitigkeit.

In Newtons Mechanik ist die Metrik der Zeit intrinsisch. Diese Auffassung hat die Allgemeine Relativitätstheorie widerlegt. Ihr zufolge kovariiert die Raumzeit-Metrik mit Masse und Energie: Raum und Zeit sind nicht voneinander getrennt, sondern in einem vierdimensionalen Raumzeit-Kontinuum miteinander verknüpft, das wiederum von Masse und Energie beeinflusst wird. Dies bedeutet: Uhren in einem Gravitationsfeld gehen langsamer. Am Rand eines Schwarzen Lochs bleibt die

Zeit gleichsam stehen – aus der Ferne betrachtet. Die Raumzeit kann sogar eine innere Dynamik haben und ist insofern
physikalisch real (beispielsweise sind leere, expandierende
Universen denkbar, das heißt Lösungen von Einsteins Feldgleichungen).

„Die Relativitätstheorie macht der Vorstellung den Garaus,
es gebe eine absolute Zeit", hat Stephen Hawking Einsteins
Revolution in der Physik zusammengefasst. „Wir müssen uns
mit dem Gedanken anfreunden, dass die Zeit nicht völlig los-
gelöst und unabhängig vom Raum existiert, sondern sich mit
ihm zu einer Entität verbindet, die wir Raumzeit nennen."
Doch wenn dem so ist, hat dies so drastische Konsequenzen,
dass der menschliche Alltagsverstand damit nicht nur hoff-
nungslos überfordert erscheint, sondern geradezu selbst in
Zweifel gezogen werden muss.

Ist die Zeit nur eine Illusion?

„Die Zeit, die ist ein sonderbar Ding", schrieb Hugo von Hof-
mannsthal im Libretto für Richard Strauss' 1911 uraufgeführte
Oper *Der Rosenkavalier*. „Wenn man so hinlebt, ist sie rein gar
nichts. Aber dann auf einmal, da spürt man nichts als sie. Sie
ist um uns herum, sie ist auch in uns drinnen. In den Ge-
sichtern rieselt sie, im Spiegel da rieselt sie, in meinen Schläfen
fließt sie. Und zwischen mir und dir da fließt sie wieder, laut-
los, wie eine Sanduhr."

Dieser Fluss der Zeit ist das uns Vertrauteste und zugleich
das Rätselhafteste – aber trotzdem vielleicht eine blanke Illusion. Zumindest kommen immer mehr Physiker und Philosophen zu dem Schluss, dass es die Zeit objektiv überhaupt nicht
gibt. „Das zu erkennen, ist vielleicht die größte intellektuelle
Herausforderung, mit der die Menschheit jemals konfrontiert

wurde", sagt der Philosoph und Physiker Vesselin Petkov von der Concordia University im kanadischen Montreal.

Diese radikale Revolution unseres Welt- und Selbstverständnisses ist eine Konsequenz von Albert Einsteins Relativitätstheorie – oder genauer: ihrer philosophischen Deutung. Doch bis sich diese Einsicht durchzusetzen begann – und gegen sie gibt es bis heute viel Widerstand –, hat es erstaunlich lange gedauert. „Zwar regte die Relativitätstheorie mehr philosophische Kommentare an und übte mehr Einfluss auf die Mainstream-Philosophie aus als jede andere wissenschaftliche Theorie – mit Ausnahme vielleicht der Gravitationstheorie von Isaac Newton. Aber es ist eine bemerkenswerte Tatsache, dass ihre Wirkung auf die Metaphysik eher marginal blieb", sagt Simon Saunders, der an der University of Oxford Philosophie lehrt.

Doch schon die metaphorische Sprechweise selbst macht Probleme: „Fließt" die Zeit aus der Zukunft durch die Gegenwart in die Vergangenheit, oder schiebt sich die Schnittstelle der Gegenwart gleichsam voran? Warum hat die Zeit überhaupt eine Richtung? Ist es sinnvoll, vom Vergehen der Zeit zu sprechen? Wie schnell vergeht sie denn – eine Sekunde pro Sekunde etwa? (Freilich darf man dann auch nicht fragen, wie lang ein Meter ist.) Und was ist dieses mysteriöse „Jetzt", der messerscharfe Schnitt der Gegenwart, der die für unveränderlich erachtete Vergangenheit von der als offen und nebulös erlebten Zukunft trennt?

Präsentismus – wenn die Gegenwart alles ist

Vielen Philosophen zufolge gibt es streng genommen nur die Gegenwart. Sie haben diese Weltanschauung Präsentismus genannt (von lateinisch „praesens": anwesend, gegenwärtig). Vergangenheit und Zukunft sind demnach nicht real, sondern existieren lediglich als Erinnerung und Vorstellung und geben gleichsam eine Richtung an. So war schon der griechische Philosoph Heraklit der Auffassung, dass alles fließt („panta rhei") und sich alles bewegt („panta chorei"). Und Aristoteles zufolge ist alles nur in der Gegenwart wirklich, die die „Vergangenheit und Zukunft verbindet", die beide nicht existieren: „Ein Teil der Zeit war und ist nicht, während der andere sein wird und noch nicht ist."

Doch diese Auffassung hat die paradoxe Konsequenz, dass Aussagen über Aristoteles, der vor gut 2300 Jahren lebte und die Zeit als „Zahl der Bewegung nach dem Früher oder Später" definierte, eigentlich sinnlos sind. Genauso wie Aussagen über eine Station auf dem Mars, die in den nächsten 40 Jahren erbaut werden soll. Denn die Sätze über Aristoteles oder die Marsstation verlieren ihren „Referenten" und die Eigenschaft, wahr oder falsch zu sein.

Wie für Petkov und andere hat auch für Saunders die Relativitätstheorie den Präsentismus erledigt: „Physikalische Theorien waren einst mit ihm vereinbar, aber sie sind es nicht mehr." Der Wissenschaftstheoretiker Yuri Balashov von der University of Georgia formuliert es noch schärfer: „Jeder, der die Relativitätstheorie ernst nimmt, kann den Präsentismus nicht ernst nehmen."

Der Grund: Im Gegensatz zur Annahme der Physik vor Einstein gibt es in der Relativitätstheorie keine universelle Gleichzeitigkeit. Zuvor konnte man sich gleichsam an jedem beliebigen Punkt im Universum Uhren vorstellen, die exakt synchronisiert laufen. Doch so „tickt" die Natur nicht, wie Einstein entdeckt hat. Vielmehr hängt die Zeit vom Bezugssystem ab. Je schneller sich eine Uhr bewegt oder je stärker das Gravitationsfeld ist, in dem sie sich befindet, desto langsamer geht sie. Bei Lichtgeschwindigkeit oder am Rand eines Schwarzen Lochs vergeht quasi überhaupt keine Zeit.

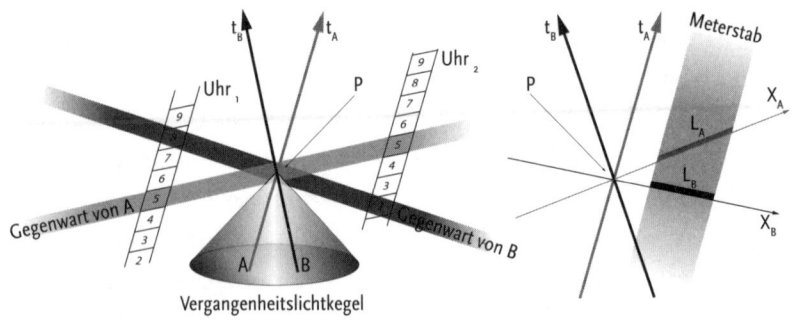

Vergangenheitslichtkegel

Relativität von Raum und Zeit: *Treffen sich zwei Beobachter A und B mit stark unterschiedlicher Geschwindigkeit an einem Punkt P, dann stimmen ihre Messungen von Raum und Zeit nicht überein. Diese relativistischen Effekte – Zeitdilatation und Längenkontraktion genannt – widersprechen dem „gesunden" Menschenverstand. Sie sind aber experimentell nachgewiesen und ein Hinweis darauf, dass Raum und Zeit nicht getrennt, sondern als vierdimensionale Raumzeit vereinigt sind. In den Diagrammen werden die separaten Orts- und Zeitkoordinaten x und t für beide Beobachter dargestellt. Die beiden Digitaluhren (links) und der Meterstab (rechts), jeweils als in der Raumzeit ausgedehnte „Weltlinie" eingezeichnet, befinden sich im Koordinatensystem von A in Ruhe, während B an ihnen vorbeirast. Für A zeigen die beiden Digitaluhren dieselbe Zeit an (hier: 5 Sekunden), für B jedoch nicht – es existiert also keine universelle, objektive Gleichzeitigkeit. Auch erscheint dasselbe Objekt für A und B verschieden lang, denn B sieht den Meterstab verkürzt. Die Vergangenheit am Punkt P ist aber eindeutig: Sie ist in der Relativitätstheorie durch den Vergangenheitslichtkegel charakterisiert – alles was ein Ereignis bei P maximal mit Lichtgeschwindigkeit beeinflussen kann.*

Diese für den Alltagsverstand extrem ungewohnten Aussage, dass die Zeit vom Bezugssystem abhängt, ist nicht nur eine Konsequenz der Mathematik, sondern sie wurde auch durch Messungen bestätigt – beispielsweise durch den Vergleich von ultrapräzisen Atomuhren auf der Erde und in Satelliten. Tatsächlich wäre das GPS-Navigationssystem schon nach wenigen Minuten unbrauchbar, wenn dabei nicht die Relativitätstheorie berücksichtigt würde. Sie hat also im Gegensatz zu Einsteins eigener Ansicht inzwischen sogar eine Bedeutung im Alltag erlangt.

Eine Konsequenz der Relativitätstheorie hat Roger Penrose mit folgendem paradoxen Gedankenexperiment illustriert: Zwei Menschen, die sich auf der Straße begegnen, können – wenn sich ihre Geschwindigkeiten extrem unterscheiden – völlig verschiedene „Gegenwarten" besitzen. Der eine, der sich in Richtung Andromeda-Nebel bewegt, lebt zum Beispiel in einer Zeit, in der dort über eine Invasion beraten wird. Der andere, obwohl er gerade am selben Ort ist, lebt dagegen in einer Zeit, in der sich die feindlichen Raumschiffe bereits auf den Weg gemacht haben. In diesem Gedankenexperiment ist also die Gegenwart für die beiden Beobachter so verschieden, dass sie sich quasi in unterschiedlichen Welten aufhalten.

Doch eine solche „Relativierung der Existenz", wie Physiker dies nennen, erscheint grotesk. „Der Begriff der Existenz kann nicht relativiert werden, ohne dass seine Bedeutung vollständig zerstört würde", widersprach schon Einsteins Kollege in Princeton, der berühmte Mathematiker Kurt Gödel. Da er sogar Lösungen der Allgemeinen Relativitätstheorie fand, die rotierende Universen als Zeitmaschinen beschreiben, in denen man auf geeigneten Bahnen in seine eigene Vergangenheit reisen kann, kam er zu einem anderen Schluss: Die Zeit muss eine Illusion sein.

„Die relativierte Existenz widerspricht auch Experimenten, die das Zwillingsparadoxon bestätigen", schlägt Vesselin Petkov in dieselbe Kerbe. Das Zwillingsparadoxon ist eigentlich gar keines, sondern eine weitere bizarre Konsequenz der Relativitätstheorie. Es beruht ebenfalls auf der „Zeitdilatation": Je schneller sich ein System relativ zu einem anderen bewegt,

desto stärker wird die Zeit dieses dahinrasenden Systems gedehnt – das heißt, desto langsamer vergeht sie. Würde ein
Raumfahrer fast lichtschnell durchs All reisen, wäre sein auf
der Erde zurückgebliebener Zwillingsbruder beim Wiederse-
hen viel mehr gealtert als der Raumfahrer oder, je nach Geschwindigkeit und Reisedauer, sogar schon lange tot.

Die Zeit kann sich dehnen

Dass die Zeitdilatation in der Natur wirklich vorkommt, beweist die Geschwindigkeitsabhängigkeit vom Zerfall kurzle-
biger instabiler Teilchen, beispielsweise der Myonen. Das sind
schwere Geschwister der Elektronen. Ruhende Myonen haben
eine Halbwertszeit von 1,5 Millionstel Sekunden. Als Physiker
1976 in einem Experiment Myonen auf 99,94 Prozent der
Lichtgeschwindigkeit beschleunigten, stellten sie fest, dass diese rund 29-mal länger existierten. Tatsächlich besagt die Spezielle Relativitätstheorie, dass die „Eigenzeit" der Myonen um
den Faktor 29 gedehnt ist. Auch der Nachweis von Myonen in
Meereshöhe beweist die Zeitdilatation. Denn sonst müssten
diese Teilchen, die in den oberen Atmosphärenschichten durch
den Aufprall der Kosmischen Strahlung erzeugt werden, fast
alle zerfallen, bevor sie die Erdoberfläche erreichen. Hier spielt
übrigens noch ein weiterer relativistischer Effekt eine Rolle –
die schon von dem niederländischen Physiker Hendrik Antoon
Lorentz entdeckte, aber erst von Einstein erklärte Längenkontraktion: Nahe der Lichtgeschwindigkeit verkürzen sich Abstände und Objekte in Bewegungsrichtung. Für die Myonen ist
der Weg zum Erdboden also quasi gestaucht.

Zeitdilatation und Längenkontraktion widersprechen unserem Alltagsverstand, der von einer absoluten Gegenwart und
Gleichzeitigkeit ausgeht, weil er im Lauf seiner Evolution nur

an langsame Geschwindigkeiten angepasst wurde. Doch die theoretischen und experimentellen Einwände lassen sich nicht aus der Welt schaffen. „Der Präsentismus ist eine vorrelativistische Sichtweise der Realität, weil er auf absoluter Simultanität gegründet ist", sagt Petkov. „Der Präsentismus widerspricht der Speziellen Relativitätstheorie und ist deshalb falsch."

Die herkömmlichen dreidimensionalen Beschreibungen sind durchaus möglich, wie Petkov betont. Einstein selbst hatte diese Sprechweise verwendet. Doch in Wirklichkeit ist die Realität dahinter vierdimensional, wenn man die Relativitätstheorie ernst nimmt. „Wenn die Welt dreidimensional wäre, dann wären die kinematischen Konsequenzen der Speziellen Relativitätstheorie und die Experimente, die sie bestätigen, unmöglich", fasst Petkov zusammen. „Physikalische Objekte sind in der Zeit ausgedehnt, was bedeutet, dass sie vierdimensional sind."

Die Raumzeit und ihre Schatten

Die Zeit als vierte Dimension – was sich hier so leicht liest, ist eine radikal neue Sicht der Welt. Denn in gewisser Weise wird die Zeit dadurch verräumlicht, auch wenn sie sich in den Gleichungen von den drei Raumdimensionen durch ein umgekehrtes Vorzeichen unterscheidet, also ein Minuszeichen, wenn die Raumkoordinaten positiv gesetzt werden. Mehr noch: Raum und Zeit sind in der Relativitätstheorie zu einer untrennbaren Einheit verschweißt: der Raumzeit.

Diese Konsequenz erkannte als erster Hermann Minkowski, bei dem Einstein am Züricher Polytechnikum Mathematik-Vorlesungen gehört – aber meistens geschwänzt – hatte. Am 21. September 1908 sprach der spröde wirkende Mathematiker in einem Vortrag vor der Versammlung Deutscher Naturforscher und Ärzte in Köln über die drei Jahre zuvor von Einstein formulierte Spezielle Relativitätstheorie. In seinem Vortrag sagte er die folgenden, pathetischen und oft zitierten Worte, die in ihrer Tragweite aber noch lange nicht ganz verstanden wurden: „Die Tendenz ist eine radikale. Von Stund' an sollen Raum für sich und Zeit für sich völlig zu Schatten herabsinken, und nur noch eine Art Union der beiden soll Selbstständigkeit bewahren."

Zwar hatten weder Lorentz noch Einstein das Raum-Konzept attackiert. Aber aus der Perspektive der Speziellen Relativitätstheorie gibt es keinen absoluten Raum, sondern gewissermaßen unendlich viele Räume – ähnlich wie eine unendliche Zahl zweidimensionaler Ebenen in einem dreidimensionalen Volumen gedacht werden kann. Die Vereinigung von Raum und Zeit, das ist die erstaunliche Lehre der Relativitätstheorie, ergibt einen vierdimensionalen Raumzeit-Block. Mit Minkowskis Worten: „Die dreidimensionale Geometrie wird zu einem Kapitel in der vierdimensionalen Physik."

Von der vierten Dimension zum Block-Universum

Die Zeit als vierte Dimension hat eine lange Tradition. Schon vor Hermann Minkowskis Interpretation der Speziellen Relativitätstheorie 1908 hatte der britische Schriftsteller Herbert George Wells darüber geschrieben – in seinem 1895 veröffentlichten Roman *Die Zeitmaschine*. Und noch früher, 1884, spekulierte der britische Mathematiker Charles Howard Hinton über eine vierdimensionale Raumzeit, in der gewöhnliche Partikel gleichsam als Fäden vorkommen – eine fast prophetische Vorwegnahme des von Minkowski geprägten Begriffs der Weltlinie, der in der Relativitätstheorie eine zentrale Rolle spielt.

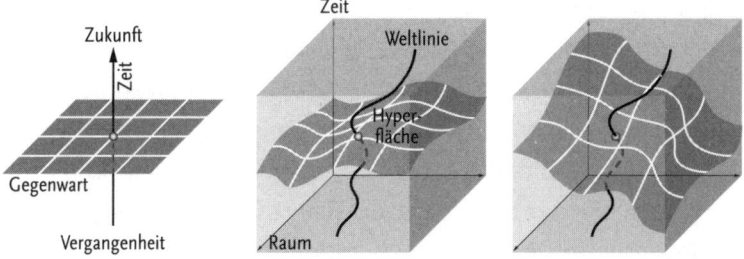

Isaac Newtons Absolutismus   Albert Einsteins Block-Universum (Raumzeit)

Veränderte Zeitauffassung: *Die Zeit ist auch nicht mehr das, was sie einmal war. Isaac Newton galt sie als absolut – überall im Universum konnte man sich Uhren aufgestellt denken, die für beliebige Beobachter synchron laufen, der Zeitpunkt eines „Jetzt" sollte universell sein. Albert Einstein hingegen erkannte, dass die Zeit untrennbar mit dem Raum verbunden ist, bei hohen Geschwindigkeiten und die Raumzeit krümmenden Schwerefeldern gedehnt erscheint sowie für unterschiedliche Beobachter verschieden ist. Deshalb existiert keine objektive Gleichzeitigkeit, sondern für jeden Beobachter eine unendliche Menge beliebiger „Hyperflächen", die alle zusammen die Raumzeit des Block-Universums ergeben. In ihr sind die Weltlinien der Beobachter von Anfang bis Ende fixiert.*

Die vierdimensionale Realität wird oft als „Block-Universum" bezeichnet, denn sie entwickelt sich nicht, sondern ist gleichsam als Ganzes und „auf einmal" da. Wenn es Gott gäbe und er außerhalb der Zeit existierte, wie schon der Kirchenvater Augustinus glaubte, könnte er gewissermaßen die Welt in ihrer Totalität von Anfang bis Ende überblicken.

Der Begriff des unveränderlichen „Block-Universums" geht auf den amerikanischen Psychologen und Philosophen William James zurück. In seinem Essay *The Dilemma of Determinism* von 1884 kritisierte er die Vorstellung des Determinismus, die der Idee eines freien Willens widerspräche. Denn der Determinismus behauptet, „dass die Bereiche des Universums, die bereits feststehen, absolut darüber verfügen, was aus den anderen Bereichen werden soll. In der Gebärmutter der Zukunft liegen nicht verschiedene Möglichkeiten verborgen. [...] Das Ganze steckt in jedem einzelnen Teil und ist zu einer absoluten Einheit verschweißt, zu einem Eisenblock, in dem keine Zweideutigkeit oder ein Schatten einer Veränderung sein kann."

Dieses Bild des ein für allemal fixierten Eisenblocks liegt der Philosophie des Eternalismus zugrunde. Die Vorstellung ist freilich viel älter und geht schon auf die Eleatische Philosophenschule um Parmenides und Zenon zurück, die die Realität der Zeit leugneten: Nicht das von Heraklit propagierte Werden, sondern das ewige, unveränderliche Sein ist die Wirklichkeit.

Eine eindrucksvolle literarische Umsetzung des quasi-räumlichen Alles-auf-einmal-Zeiterlebens ist 1970 dem amerikanischen Science-Fiction-Autor Norman Spinrad in seiner Geschichte *The Weed of Time* gelungen. Darin hebt ein außerirdisches Kraut, das von der ersten Expedition zu einem anderen Planeten auf die Erde zurückgebracht wird, die Illusion der Zeitlichkeit auf – wenn man es isst, hat man sein ganzes Leben von der Geburt bis zum Tod vor Augen und kann doch nichts daran ändern. Eine ähnliche Idee verfolgt Ted Chiangs *Story of Your Life* von 1999. Darin wird beschrieben, wie eine neue Sicht von Sprache und Denken das Zeiterleben so verändert, dass man sein ganzes Leben quasi simultan vor sich sieht.

Eternalismus – wenn alles auf einmal da ist

Dass Gestern, Heute und Morgen alles eins und gleichberechtigt sein sollen und die subjektive Befindlichkeit gleichsam ihrer Priorität beraubt wird, ist für viele ein Schock oder Ärgernis. Doch die physikalischen Erkenntnisse lassen sich nicht einfach vom Tisch wischen oder beliebig umdeuten, auch wenn die Physik kein totalitäres Monopol auf die Betrachtung der Wirklichkeit beanspruchen sollte.

Wie lässt sich die Minkowski-Raumzeit interpretieren? Antwort: Entweder als ein vierdimensionaler mathematischer Raum, der die Zeitentwicklung der dreidimensionalen Welt repräsentiert, oder als mathematisches Modell einer vierdimensionalen Welt, in der die Zeit die vierte Dimension ist. Diese zweite Deutung ist für Petkov, Saunders und andere die angemessene, denn nur sie vermeidet das Paradoxon, dass die Existenz relativ ist.

Dieses Block-Universum der Raumzeit ist quasi zeitlos oder ewig. Deshalb wird dem Präsentismus eine andere philosophische Sicht der Welt gegenüber gestellt: der Eternalismus (von lateinisch „aeternus": ewig). Im Eternalismus sind alle Zeitpunkte und ihre Bezugssysteme gleich wirklich. Die Zeit ist eine reale vierte Dimension analog zu den drei Raumdimensionen. Zukunft und Vergangenheit sind ebenfalls wirklich. Und Objekte existieren nicht nur in der Gegenwart, sondern auch in Vergangenheit und Zukunft – Aristoteles und die Marsstation sind gleichsam in der Raumzeit des Block-Universums fixiert: als sogenannte Weltlinie.

Die Objekte sind räumlich wie zeitlich – genauer „raumzeitlich" – ausgedehnt. Das erscheint schwer vorstellbar, ist aber analog zu einem Fahrrad, das in einer Türöffnung abgestellt wurde. Auch dieses Fahrrad besteht ja aus zusammenhängenden räumlichen Teilen, die sich außerhalb und innerhalb der Türe befinden: das Hinterrad beispielsweise noch draußen, das Vorderrad schon im Hausflur. Zudem besteht das Fahrrad aus zeitlichen „Teilen", etwa einem Stadium mit einer Reifenpanne und der in einer „Richtung" der Weltlinie zunehmenden Zahl an Rostflecken. Dies sollte freilich nicht als eine Abfolge von Stadien interpretiert werden. Die Alltagssprache tut sich sehr schwer mit dieser Weltdeutung. Aber das ist der

Punkt: „Veränderung, Vergehen, zeitliches Werden haben ihre gewöhnliche Bedeutung nur in der dreidimensionalen Welt", sagt Petkov.

Albert Einstein, der Minkowskis Raumzeit zunächst als „überflüssige Gelehrsamkeit" bezeichnet hatte, musste wenig später die Bedeutung der Erkenntnis seines ehemaligen Lehrers einsehen. 1916 gestand er ein: „Ohne Minkowskis wichtige Gedanken wäre die Allgemeine Relativitätstheorie vielleicht in den Windeln stecken geblieben." Später hatte sich Einstein den – damals noch nicht so bezeichneten – Eternalismus ebenfalls zu eigen gemacht. 1952 betonte er im 5. Anhang zur 15. Auflage seines Buchs *Relativity: The Special and General Theory*, dass es natürlicher erscheint, die physikalische Realität als eine vierdimensionale Existenz zu denken statt wie bisher als Entwicklung einer dreidimensionalen Existenz. Und 1955 schrieb er, kurz bevor er starb, in einem Kondolenzbrief anlässlich des Todes eines Freundes: „Für uns gläubige Physiker hat die Scheidung zwischen Vergangenheit, Gegenwart und Zukunft nur die Bedeutung einer wenn auch hartnäckigen Illusion."

Das emporkriechende Bewusstsein

Wenn die Zeit also gar nicht existiert, sondern bloß eine Illusion ist, dann gibt es in Wirklichkeit gar keinen Ablauf von Ereignissen. Das ist nur unsere subjektive irrige Empfindung – obwohl man das schwer glauben kann, wenn man doch häufig viel zu wenig Zeit hat oder ängstlich auf seinen Alterungsprozess starrt.

Der Mathematiker Hermann Weyl hat dies in seinem Buch *Philosophie der Mathematik und Naturwissenschaft* schon 1927 folgendermaßen beschrieben: „Der Schauplatz der Wirklichkeit ist nicht ein stehender dreidimensionaler Raum, in dem die Dinge in zeitlicher Entwicklung begriffen sind, sondern die vierdimensionale Welt, in welcher Raum und Zeit unlöslich miteinander verwachsen sind. Diese objektive Welt geschieht nicht, sondern sie ist – schlechthin; ein vierdimensionales Kontinuum, aber weder Raum noch Zeit. Nur vor dem Blick des in den Weltlinien der Leiber emporkriechenden Bewusstseins ‚lebt' ein Ausschnitt dieser Welt ‚auf' und zieht an ihm vorüber als räumliches, in zeitlicher Wandlung begriffenes Bild."

Wenn es nicht so paradox klänge, könnte man sagen, dass Weyl mit dieser Beschreibung seiner Zeit weit voraus war. Aber seine Worte machen auch deutlich, welches Problem der Eternalismus aufwirft: Wie kommt es in einem ewig-statischen Block-Universum zur Zeitempfindung?

Weyl definierte unser Bewusstsein implizit als etwas, das sich entlang der Weltlinien des Körpers bewegt – der „Zeitfluss" wäre also abhängig vom Bewusstsein. Das ist entweder eine widersprüchliche Behauptung oder bedeutet, dass das Bewusstsein vielleicht überhaupt keine physikalische Wirklichkeit besitzt. Tatsächlich haben Philosophen wie René Descartes immer wieder behauptet, dass es in der Zeit, aber nicht im Raum ist. Ein solcher Leib-Seele oder Geist-Gehirn-Dualismus ist freilich für viele Philosophen nicht akzeptabel – und folgt aus dem Eternalismus auch nicht. Doch die unbehagliche Frage bleibt, weshalb wir eine „Gegenwart" und einen „Zeitfluss" erleben – und nicht alles auf einmal –, und warum sich unser Bewusstsein nicht simultan auf die Weltlinie unseres raumzeitlichen Körpers erstreckt. „Können wir sicher sein, dass einige der Leute, die wir treffen, nicht bloß bewusstlose Körper sind?", fragt deshalb Petkov halb im Scherz und halb erschrocken.

Für manche Forscher sind solche Fragen freilich ein Indiz dafür, dass mit dem Eternalismus fundamental etwas nicht

stimmen kann. „Das Block-Universum gibt einen zutiefst un-
angemessenen Blick auf die Zeit", kritisiert beispielsweise
John Lucas von der University of Oxford. „Es versagt bei der
Beschreibung des Vergehens der Zeit, der Bedeutung der Gegenwart, der Zeitrichtung und des Unterschieds zwischen Zukunft und Vergangenheit."

Ein wachsender Block?

„Die Vorstellung vom Block-Universum nimmt die Physik und
Biologie der realen Welt nicht ernst, sondern zeigt eine idealisierte Sicht der Dinge", kritisiert Hawkings früherer Mitarbeiter
George F. R. Ellis. Er steht dem Eternalismus skeptisch gegenüber. Für ihn ist die Zeit weder illusorisch noch bloß subjektiv,
sondern objektiv – eine Eigenschaft belebter wie unbelebter
komplexer Systeme, in denen es Zufälle gibt und deren Entwicklung weder genau vorausgesagt noch im Detail im Nachhinein beschrieben werden kann.

Ellis hält das Block-Universum für eine abstrakte Beschreibung, die lediglich auf bestimmten – sehr großen – Skalen
vernünftig und angemessen ist, weil hier entsprechende Ver-
einfachungen und Mittelungen möglich und erfolgreich sind.
Ellis sympathisiert mit der Theorie des „wachsenden Block-
Universums", die schon 1923 der englische Philosoph Charlie
Dunbar Broad formuliert hat: Hiernach ist die Vergangenheit
fixiert, aber die Zukunft offen und unbestimmt. Sie entwickelt
sich jedoch nicht in raumzeitlichen Schichten, die sich gleichsam nach und nach auf den Block des Universums stapeln,
sondern überall mit separaten Hier-und-Jetzt-Punkten. „Werden findet wirklich statt, und die Physik sollte das besser akzeptieren. Wenn Relativierung der Preis ist, dann sei es so", sagt
Ellis – und gibt damit zu, dass seine Sicht genau in die schon

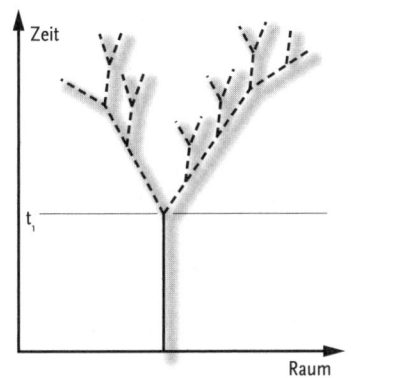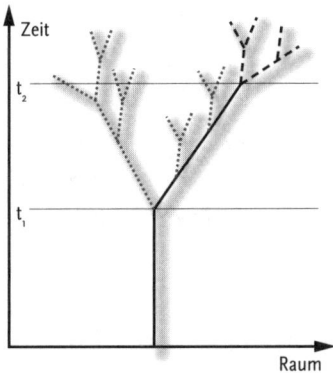

— geschehenes Ereignis – – mögliches Ereignis ⋯⋯ mögliches, aber nicht geschehenes Ereignis

Zufall und Zukunft: *Die These von der sich entwickelnden Raumzeit ist eine Alternative zum statischen Raumzeit-Blockuniversum. Im „wachsenden Blockuniversum" ist nur die Vergangenheit determiniert, die Zukunft dagegen ein Spielraum der Möglichkeiten, von denen jedoch zu jedem Zeitpunkt nur eine realisiert wird. Die Grafik veranschaulicht dies mit der Zufallsbahn eines Teilchens, sie zeigt die Weltlinie des Geschehens zu zwei Zeitpunkten. Es ist aber umstritten, ob eine solche „offene Zukunft" und ein absoluter Zufall existieren, die nicht bloß im subjektiven Nichtwissen bestehen.*

von Kurt Gödel kritisierten Probleme mündet, die der Eternalismus ja gerade zu überwinden versprach.

Dieser Nachteil geht aber mit einem Vorteil einher, der die Hauptschwierigkeit des Eternalismus umgeht – neben dessen Widerspruch zur phänomenologischen Intuition der Alltagserfahrung: Im wachsenden Block-Universum ist Platz für einen absoluten Zufall, der nicht nur auf dem subjektiven Unwissen beruht – dem relativen Zufall –, sondern an sich im Universum herrscht und nicht von grundlegenderen Vorgängen verursacht wird. Als ein solcher absoluter Zufall gelten Quantenprozesse, etwa der Zerfall eines radioaktiven Atoms. Diese Sichtweise dominiert zurzeit in der Physik, auch wenn sie keineswegs erwiesen ist. Deterministen wie Einstein – mit seinem Diktum „Gott würfelt nicht" – nehmen zwar an, dass der Spuk eines Tages vorübergehen wird, dass man also Prozesse finden könnte, die als „verborgene Variablen" den Zufall bestimmen. Doch dies ist keineswegs ausgemacht. Und Stephen Hawkings Forschungen zur Quantenphysik Schwarzer Löcher deuten sogar auf die Existenz eines noch weitergehenden Zufalls hin. Hawking: „Die Teilchenemission aus Schwarzen Löchern scheint den Schluss nahe zu legen, dass Gott nicht nur manchmal würfelt, sondern die Würfel auch gelegentlich an einen Ort wirft, wo man sie nicht sehen kann."

Das Superpositionsprinzip der Quantenphysik wirft die interessante Frage auf, ob man sich das „wachsende Block-Universum" nicht auch auf den Kopf vorgestellt denken könnte – statt Shakespeares „seeds of time" also „feeds of time": eine Art Flussdelta von verschiedenen Rinnsalen der Vergangenheit, die alle in den Punkt der Gegenwart münden. Dann wäre nicht (nur) die Zukunft offen, sondern auch die Vergangenheit.

Dieser für Historiker geradezu blasphemische Gedanke stellt sich im Rahmen der Viele-Historien-Interpretation der Quantenphysik von Hartle und Gell-Mann allerdings ganz ernsthaft. (Denn alle physikalisch erlaubten Geschichten existieren mit einer gewissen Wahrscheinlichkeit auch.) Und jüngst hat ihn auch Stephen Hawking mit seinem „Top-down"-Ansatz in der Kosmologie gewagt. Darin wird aus den gegenwärtigen Beobachtungen gleichsam über eine Vielzahl möglicher Entwicklungsverläufe des Universums integriert, denn alle möglichen Geschichten des Universums, die mit den Messungen jetzt vereinbar sind, wären für die Quantenkosmologie relevant (dazu mehr am Ende dieses Buchs). Das wirft allerdings neue irritierende philosophische und physikalische Fragen auf, darunter die nach dem Verhältnis von Zeit und Zufall.

Zeit und Zufall

„Der Garten der Pfade, die sich verzweigen, ist ein zwar unvollständiges, aber kein falsches Bild des Universums ... unendliche Zeitreihen, ... ein wachsendes, schwindelerregendes Netz auseinander- und zueinanderstrebender und paralleler Zeiten. Dieses Webmuster aus Zeiten, die sich einander nähern, sich verzweigen, sich scheiden oder einander jahrhundertelang ignorieren, umfasst alle Möglichkeiten", schrieb der argentinische Dichter Jorge Luis Borges 1941 in einer seiner berühmten Kurzgeschichten. Der magische Realismus, den er literarisch mitbegründet hat, wird auch von Physikern gerne für die seltsame Welt herangezogen, die sie mit ihren Gleichungen beschreiben.

Wenn es wirklich absolute, nicht nur in unserer eingeschränkten Kenntnis begründete Zufälle gibt – etwa beim radioaktiven Zerfall von Atomkernen –, dann legt dies für viele Physiker und Philosophen eine Art Borges'sche Zeitverzweigung der Möglichkeitsreihen nahe. Und das scheint im Gegensatz zum zeitlosen Block-Universum zu stehen, in dem alles determiniert ist – das also keinen Platz für absolute Zufälle hat.

Doch solche Quantenereignisse sind nicht notwendig ein K.o.-Kriterium für den Eternalismus, auch wenn sie einige physikalische Klimmzüge erfordern – Kröten, die viele Wissenschaftler nicht zu schlucken bereit sind:

- Zum einen könnte man sich eine „Überlagerung" oder „Aufspaltung" aller möglichen Block-Universen vorstellen – in Anlehnung an die „Vielwelten"-Interpretation der Quantenphysik. Wie in Borges *Garten der Pfade, die sich verzweigen* würden also in dieser Superposition von Blöcken alle Möglichkeiten ausgeschöpft und wirklich sein. Stephen Hawkings kosmologische Modelle können sich so interpretieren lassen, auch wenn er selbst diese Frage lieber offen lässt.

- Zum anderen wurde über gleichsam gestückelte, desinteg-
rierte Weltlinien spekuliert – im Block-Universum verteilte
Punktmengen, die ein Quantenteilchen darstellen, das der
Heisenbergschen Unbestimmtheitsrelation zufolge nur einen unscharfen, statistischen Gesetzen gehorchenden und
insofern zufälligen Aufenthaltsort hat. Einen solchen vierdimensionalen Atomismus hat der Physiker Anastas Anas-
tassov von der Universität Sofia seit den 1980er-Jahren entwickelt. Demzufolge bestünde beispielsweise ein Elektron
aus rund 10^{20} über ein Ein-Sekunden-Intervall verstreuten
„Quantonen".

- Schließlich ist auch denkbar, dass auf mikroskopischer Ebene andere Gesetze herrschen, die gleichsam unterhalb der
Perspektive der Auflösungsgrenze des Block-Universums
regieren. Der „Eisenblock" würde dann etwas wabern und
fluktuieren, könnte man ihn von außen ganz genau inspizieren, aber diese Kleinigkeiten würden am Gesamtbild
nichts ändern.

Das sind freilich alles im Augenblick nur Mutmaßungen und
Spekulationen. Die Frage, ob es einen absoluten Zufall gibt
oder nicht, ist nicht entschieden. Doch dem erbarmungslosen
Fortschreiten der Zeit, so scheint es, kann niemand entrinnen.

Teil VI

Gerichtete Zeit

Je weniger man über das Universum weiß,
desto leichter ist es zu erklären.

Léon Brunschvicg (1869–1944),
französischer Philosoph

Im Strom der Zeit

„Die Zeit fließt mitten in der Nacht", schrieb der britische Dichter Alfred Lord Tennyson. Doch dieser stetige, scheinbar auch ohne sein Wahrgenommenwerden existierende Fluss der Zeit ist vielleicht nur eine Illusion – jedenfalls aber ein Problem. Denn die fundamentalen Naturgesetze sind zeitsymmetrisch. Sie enthalten oder bevorzugen also keine Richtung von der Vergangenheit in die Zukunft. Unsere Alltagserfahrung lehrt jedoch das Gegenteil. Denn in den komplexen Systemen der Natur und Zivilisation lassen sich nur eindeutig gerichtete Prozesse beobachten: Blüten werden zu Äpfeln, die später verfaulen; Milch tropft in den schwarzen Kaffee und macht ihn braun; ein Glas fällt vom Tisch und zerspringt in tausend Scherben.

Wer sieht, wie sich aus Verrottetem ein roter Apfel formt, aus der Kaffeetasse Milchtropfen in die Höhe hüpfen und aus den Splittern am Boden ein Glas aufersteht, der fühlt sich wohl im falschen Film – oder betrachtet einfach einen solchen, weil der nämlich rückwärts läuft. Denn selbst die zyklischen Prozesse in der Natur wie der Lauf des Mondes oder die Jahreszeiten sind eingebettet in nicht umkehrbare Entwicklungen.

Diese Irreversibilität ist der Grund, warum es viel unwahrscheinlicher und komplizierter ist, dass etwas entsteht und sich weiterentwickelt, als dass es in Schutt und Asche fällt oder von Heuschrecken aufgefressen wird.

Das kann man physikalisch sogar quantifizieren: mit dem Konzept der Entropie. Sie ist ein Maß für die Unordnung eines Systems. Und Unordnung ist viel wahrscheinlicher als Ordnung – für einen kleinen Milchtropfen im Kaffee gibt es beispielsweise viel weniger Möglichkeiten der molekularen Kombinatorik als für eine gute Durchmischung. Deshalb, so der Zweite Hauptsatz der Thermodynamik (der Erste konstatiert die Erhaltung der Energie), kann die Entropie im Durchschnitt nur zunehmen.

Die Entstehung lokaler Ordnung widerspricht dem Zweiten Hauptsatz der Thermodynamik nicht, sondern erfolgt auf Kosten einer höheren Unordnung im gesamten System. Die Entropie kann zwar global im Allgemeinen nicht abnehmen, wohl aber lokal. Die Ausbildung von komplexen Strukturen, also Ordnung, ist deswegen zwar möglich, aber eben nur, weil sie mit einer größeren Unordnung in der Umgebung einhergeht. Konkret: Wer seinen Schreibtisch aufräumt, muss mehr Kopfsalat essen, der wiederum seine Energie von den Kernverschmelzungsprozessen der Sonne bezieht – die lokale Ordnung wächst zwar, aber das Chaos im Sonnensystem ebenfalls.

Stephen Hawking hat zur Illustration dieses Phänomens in seiner *Kurzen Geschichte der Zeit* folgende Überschlagsrechnung angestellt, die aufgrund des ähnlichen Umfangs auch für dieses Buch gilt: „Wenn Sie sich an jedes Wort in diesem Buch erinnern, sind in Ihrem Gedächtnis etwa zwei Millionen Informationseinheiten gespeichert. Die Ordnung in Ihrem Gehirn ist um zwei Millionen Einheiten angewachsen. Doch während Sie das Buch gelesen haben, sind mindestens tausend Kalorien geordneter Energie – in Form von Nahrung – in ungeordnete Energie umgewandelt worden – in Form von Wärme, die Sie durch Wärmeleitung und Schweiß an die Luft abgegeben haben. Dies wird die Unordnung des Universums um ungefähr zwanzig Millionen Millionen Millionen Millionen Einheiten erhöhen – also ungefähr um das Zehnmillionenmillionenmillionenfache der Ordnungszunahme in Ihrem Gehirn. Und das gilt nur für den Fall, dass sie sich an *alles*, was in diesem Buch steht, erinnern." (Hawking schlug deshalb im Scherz vor, der Leser möge sofort mit der Lektüre aufhören.)

Der Zweite Hauptsatz markiert also eine Richtung der Zeit – oder der Entwicklungen in der Zeit, was nicht dasselbe sein muss. Doch er ist nicht die Lösung, sondern das Zentrum des Problems. Denn alle bekannten fundamentalen Naturgesetze sind, wie erwähnt, zeitsymmetrisch: Sie enthalten keine bevorzugte Zeitrichtung; sie unterscheiden nicht prinzipiell zwischen Zukunft und Vergangenheit. Physiker sprechen von Zeitumkehr-Invarianz. Das bedeutet: Jeder Prozess könnte auch umgekehrt ablaufen.

Warum tut er es nicht?

Man kann diese Frage als unsinnig zurückweisen, wenn man wie Hawking thermodynamisch argumentiert: „Die Unordnung wächst mit der Zeit, weil wir die Zeit in der Richtung messen, in der die Unordnung wächst." Doch das ist keine Lösung des Problems, wie auch Hawking zugibt: „Warum muss es die thermodynamische Zeitrichtung überhaupt geben?" Die Entwicklungen könnten ja auch abwechselnd vorwärts und rückwärts gehen – oder überhaupt nicht stattfinden.

Zehn Zeitpfeile

„Warum erinnern wir uns an die Vergangenheit, aber nicht an die Zukunft?", brachte Stephen Hawking die Asymmetrie unserer Zeiterfahrung auf den Punkt. Für diese Unumkehrbarkeit, die Irreversibilität vieler Prozesse und somit die Zeitrichtung, hat der britische Physiker Arthur Stanley Eddington bereits 1927 den Begriff „Zeitpfeil" („arrow of time") geprägt.

Heute werden mindestens zehn verschiedene Zeitpfeile – Klassen von zeitgerichteten Phänomenen – unterschieden:

- Der psychologische Zeitpfeil: Wir erinnern uns, wie Hawking es zuspitzte, an die Vergangenheit, die unverrückbar erscheint, aber nicht an die Zukunft, die für uns noch nicht feststeht. Wir erleben einen „Fluss" der Zeit, der nicht umkehrt, sondern uns von der Geburt bis zum Tod treibt.

- Der kausale Zeitpfeil: Wirkungen kommen nie vor ihren Ursachen, und diese haben zusammenhängende Strukturen.

- Der evolutionäre Zeitpfeil: Komplexe natürliche, aber auch kulturelle Systeme unterliegen einer gerichteten Entwicklung und oft auch Differenzierung. Exponentielles Wachstum wird nur in selbstorganisierten Systemen beobachtet.

- Der radioaktive Zeitpfeil: Dem exponentiellen Wachstum steht der exponentielle Zerfall von radioaktiven Elementen gegenüber, der ebenfalls eine Zeitrichtung anzeigt.

- Der elektromagnetische Zeitpfeil: Strahlung breitet sich von einem Punkt konzentrisch aus, trifft aber nie von allen Seiten in einem zusammen. (Das gilt auch für Schallwellen oder Wellen, die entstehen, wenn man einen Stein ins Wasser wirft.)

- Der thermodynamische Zeitpfeil: Die Entropie in einem geschlossenen System wird maximal, das heißt das System strebt seinem thermodynamischen Gleichgewicht entgegen. Kaffee kühlt beispielsweise auf die Umgebungstemperatur ab, und hineingegossene Milchtropfen bleiben nicht zusammen, sondern verteilen sich gleichmäßig.

- Der teilchenphysikalische Zeitpfeil: Der Zerfall bestimmter Partikel, der neutralen K-Mesonen (Kaonen) in Pionen, lässt indirekt auf eine Zeitasymmetrie schließen, weil er andere Symmetrien verletzt.

- Der quantenphysikalische Zeitpfeil: Messungen – oder ganz allgemein die Wechselwirkungen mit der Umwelt (Dekohärenz) – stören ein Quantensystem, bei dem sich alle möglichen Zustände überlagern, und führen dazu, dass nur ein einziger klassischer Zustand beobachtet wird. Dieser „Kollaps der Wellenfunktion" beschreibt beispielsweise, warum Schrödingers berüchtigte Katze nicht zugleich tot und lebendig ist. Statt eines Kollapses könnte sich die Realität aber auch in verschiedene, fortan voneinander unabhängige und getrennte Paralleluniversen aufspalten, so dass alle Alternativen realisiert werden – in der einen Welt ist die Katze tot, in der anderen lebendig.

- Der gravitative Zeitpfeil: Die Schwerkraft bildet Strukturen aus – beispielsweise Galaxien und Sterne aus winzigen Dichteschwankungen im einst fast homogenen Urgas des Universums. So können selbst Schwarze Löcher entstehen: „Einbahnstraßen" der Materie, Orte höchster Entropie und vielleicht sogar irreversible Informationsvernichter.
- Der kosmologische Zeitpfeil: Der Weltraum dehnt sich seit dem Urknall aus.

Diese zehn temporal gerichteten Prozesse scheinen auf den ersten Blick wenig miteinander zu tun zu haben. Doch da zumindest heute alle Zeitpfeile in dieselbe Richtung zeigen, liegt es nahe, nach einem Ur- oder Superzeitpfeil zu suchen, auf den sich alle anderen zurückführen lassen. Erfolgversprechende Kandidaten sind der quantenphysikalische, der kosmologische und der thermodynamische Zeitpfeil. Der thermodynamische ist für den psychologischen und evolutionären verantwortlich, wie Hawking betont. Auch für Schwarze Löcher und somit für gravitative Prozesse lässt sich eine Entropie definieren.

Warum fließt die Zeit vorwärts?

Woher stammt die Asymmetrie der Zeit – oder zumindest der Prozesse in der Zeit –, wenn die meisten Naturgesetze zeitumkehrinvariant sind, also keine Zeitrichtung bevorzugen? Im Wesentlichen lassen sich vier Arten von Antworten unterscheiden.

- Irreduzibilität: Die Zeitrichtung ist kein ableitbares Phänomen, sondern ein essenzielles Merkmal der Zeit: Zeit vergeht einfach und ist unabhängig beispielsweise von der Entropie. Zahlreiche Philosophen sind dieser Meinung. Tim
Maudlin von der Rutgers University in New Brunswick, New
Jersey, verteidigt sie beispielsweise und wirft den Skeptikern
vor, sie könnten nur für die Zeitsymmetrie argumentieren,
wenn sie diese bereits voraussetzten. Diesen Einwand könnte man freilich umkehren und Maudlin ankreiden, dass er
das Problem gar nicht gelten lässt.
- Gesetze: Vielleicht gibt es ein fundamentales, aber noch
unbekanntes Naturgesetz, das zeitasymmetrisch ist. So
hofft Roger Penrose, aus einer Theorie der Quantengravitation, die die Quanten- und Relativitätstheorie vereinigt, würde ein solcher Zeitpfeil folgen. Das könnte auch den ominösen, von vielen Physikern angenommenen Kollaps der
Wellenfunktion in der Quantenphysik erklären. Die Quantentheorie müsste dann letztlich so abgewandelt werden,
dass sie eine Zeitasymmetrie enthält. „Dann würde sich die
Vergangenheit von der Zukunft aus errechnen lassen, aber
nicht umgekehrt. Diese Möglichkeit würde Historiker in
eine bessere Position bringen als Physiker", überlegt
Hawkings früherer Mitarbeiter Don Page. Andere Forscher
wie der russisch-belgische Nobelpreisträger Ilya Prigogine
lokalisieren Zeitpfeile in den Eigenzeiten komplexer Systeme fern vom thermodynamischen Gleichgewicht, für die sie
spezielle Gesetzmäßigkeiten postulieren.
- Randbedingungen: Die meisten Physiker – so auch H. Dieter Zeh von der Universität Heidelberg und Lawrence Schulman von der Clarkson University – nehmen an, dass die
Irreversibilität der Natur nicht auf zeitasymmetrischen Gesetzen beruht, sondern eine Folge spezifischer, sehr unwahrscheinlicher Anfangs- oder Randbedingungen ist.

Wenn dafür nicht ein außerordentlicher Zufall verantwortlich ist, wird das Problem somit auf die Entstehung des Universums und folglich auf eine Quantenkosmologie verschoben.

- Illusion: Wenn die Zeit nicht objektiv ist – eine Eigenschaft der Welt oder zumindest ihrer Gegenstände oder deren Beziehung –, sondern subjektiv, dann suchen Physiker an der falschen Stelle nach einer Erklärung. Immanuel Kant hielt die Zeit für eine Anschauungs- oder Denkform des menschlichen Geistes und damit für eine Bedingung der Möglichkeit von Erfahrung überhaupt. Andere Philosophen sprechen von einem Konstrukt unseres Bewusstseins oder der Grammatik unserer Sprache. Vielleicht existieren die Zeitpfeile also gar nicht in der Welt an sich. Wenn die ganze Geschichte des Universums als Einheit existiert, ist die Zeit in gewisser Weise eine Täuschung.

Eine Zahl größer als unser Universum

„Durch die Zeit verhindert die Natur, dass alles auf einmal geschieht", lautet ein Spruch, den der 2008 gestorbene Physiker John Wheeler auf der Toilette eines Cafés in Austin, Texas, gelesen und immer wieder gern zitiert hat. Diese Toiletten-Weisheit gibt freilich keine Antwort darauf, wie die Natur beziehungsweise Zeit das schafft – und warum überhaupt.

Die meisten Physiker suchen in der Thermodynamik eine Antwort auf diese Frage, und verschieben diese somit letztlich auf die Anfangsbedingungen des Universums. Dazu gehört auch Stephen Hawking. „Der Zweite Hauptsatz der Thermodynamik ergibt sich aus dem Umstand, dass stets mehr ungeordnete Zustände als geordnete existieren", rekapituliert er und verdeutlicht dies mit dem Beispiel von Puzzle-Teilen in einer Schachtel: „Es gibt eine und nur eine Anordnung, in der sich die Teile zu einem Bild zusammenfügen. Dagegen existiert eine sehr große Zahl von Kombinationen, in denen Teile ungeordnet sind und kein Bild ergeben." Ähnlich die Moleküle der Milch im Kaffee: Sie könnten sich wieder zu einem Tropfen zusammenballen. Sie tun dies zwar nicht, weil es sehr, sehr viel unwahrscheinlicher ist. Doch dass es sehr, sehr viel unwahrscheinlicher ist, liegt nicht an den Naturgesetzen, sondern an den Rand- beziehungsweise Anfangsbedingungen. Und genau diese markieren das Welträtsel. Der Physiker Robert Wald von der University of Chicago brachte dies lakonisch so auf den Punkt: „Warum existiert der thermodynamische Zeitpfeil? Weil die gegenwärtige Entropie so gering ist! Und warum ist sie so gering? Weil sie früher noch geringer war!"

Gegen diese Erklärung lässt sich nichts einwenden. Aber sie ist so elegant wie unzureichend. Denn sie verschiebt das Problem nur, wie Wald deutlich machte: Sie rückt es an den Anfang unseres Universums. Der allerdings liegt in finsterer Vergangenheit – und dies ist nicht nur metaphorisch zu verstehen. Erst 380.000 Jahre später wurde es Licht, als sich das Weltall so weit abgekühlt hatte, dass die heute noch messbare Kosmische Hintergrundstrahlung freigesetzt wurde. Da sie – abgesehen von winzigen Temperaturschwankungen in der Größenordnung von einem Hunderttausendstel Grad – homogen ist, muss die Materie damals außerordentlich gleichförmig verteilt und mit der Strahlung im thermischen Gleichgewicht gewesen sein. (Für Experten: Das Spektrum der Kosmischen Hintergrundstrahlung gehorcht nahezu perfekt der Schwarzkörperstrahlung.) Das mutet auf den ersten Blick paradox an, wird ein solches Gleichgewicht doch oft für das Maximum der Entropie gehalten – wie beim Wärmetod des Universums, den sich Physiker im 19. Jahrhundert als das öde Ende der Welt ausgemalt hatten, bei dem nur noch Wärme übrig sei, sonst nichts.

Entropie-Zunahme ohne Schwerkraft

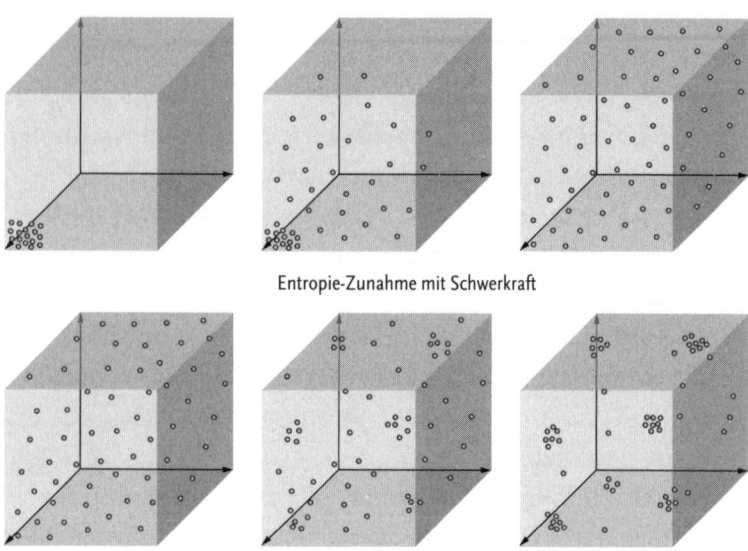

Entropie-Zunahme mit Schwerkraft

Zeit

Wachsende Unordnung: *Die Entropie – das physikalische Maß für die Unordnung eines Systems – kann statistisch im Lauf der Zeit nur zunehmen und definiert deshalb gewissermaßen sogar die Richtung der Zeit („Zeitpfeil"). Wird in einem leeren Raum beispielsweise eine Gasflasche geöffnet, verteilen sich die Gas-Moleküle alsbald gleichförmig über das gesamte Volumen – das thermodynamische Gleichgewicht als Zustand maximaler Entropie ist dann erreicht (oben). Bei großen Räumen wie im frühen Universum führt hingegen die Schwerkraft zu lokalen Verklumpungen eines zunächst fast homogenen Gases (unten) – so sind die Sterne und Galaxien entstanden. Mit dieser Gravitationswirkung geht, was lange nicht bekannt war, ebenfalls eine Zunahme der Entropie einher. Umstritten ist jedoch, ob sich im – außerdem ständig expandierenden – Weltraum überhaupt ein thermodynamisches Gleichgewicht einstellen kann, ein „Wärmetod", und ob die Entropie sich sinnvoll definieren lässt.*

Doch der Schein trügt: Der homogene Feuerball des frühen Universums besitzt keine hohe, sondern eine sehr niedrige Entropie! Denn in der Bilanz darf die Schwerkraft nicht vernachlässigt werden, was lange nicht erkannt wurde. Und diese hat die gegenläufige Tendenz: Verklumpung, nicht Homogenisierung.

Auf großräumigen Skalen zeigt Homogenität also keine hohe, sondern im Gegenteil eine sehr niedrige Entropie an, weil der Entropie-Anteil der Gravitation so gering ist. Die stärksten „Konzentrationen" der Schwerkraft, die Schwarzen Löcher, sind auch die größten Entropie-Ansammlungen. Der Gravitationskollaps führt, physikalisch gesprochen, zur höchstmöglichen Unordnung. Ein einziges Schwarzes Loch mit einer Masse von einer Million Sonnen (wie beispielsweise im Zentrum der Milchstraße) hat 100-mal so viel Entropie wie alle gewöhnlichen Teilchen im gesamten beobachtbaren Weltraum. Doch die Homogenität der Kosmischen Hintergrundstrahlung und weitere astronomische Beobachtungen zeigen ganz deutlich, dass Schwarze Löcher im frühen Universum nicht dominiert haben – und das ist bis heute so geblieben.

Vor diesem Hintergrund erscheint die einstige extreme Gleichförmigkeit der Materieverteilung und die „Flachheit" der Raumzeit unseres Universums selbst fast wie ein Wunder. Das hat als Erster Roger Penrose erkannt – und sogar quantifiziert. Im Vergleich zu allen möglichen Konfigurationen von Materie und Energie in unserem Universum ist der tatsächliche Zustand des Alls extrem unwahrscheinlich. Penrose hat ihn auf nur $1:10^{10^{123}}$ beziffert.

Diese doppelte Hochzahl 10 hoch 10 hoch 123 (10 hoch eine 1 gefolgt von 123 Nullen) ist unvorstellbar riesig. Sie hat so viele Nullen, dass sie ausgedruckt im Format dieses Buchs einen Stapel ergeben würde, dessen Volumen sehr viel größer als das Volumen unseres beobachtbaren Universums wäre.

Ein Universum voll von Schwarzen Löchern ist also extrem viel wahrscheinlicher als unseres. Doch ein solches sehen wir nicht – wir könnten noch nicht einmal darin leben. Insofern ist $1:10^{10^{123}}$ sogar eine Voraussetzung für unser Dasein.

Wir existieren in einer lebensfreundlichen Welt voller Ordnung, im thermodynamischen Sinn, weil der Urknall höchst „ordentlich" war. Und, so sind die meisten Wissenschaftler inzwischen überzeugt, genau deshalb läuft das Universum wie ein „Uhrwerk" ab – mit einer eindeutigen Zeitrichtung. „Die Entdeckung des kosmologischen Ursprungs der geringen Entropie des Universums ist eine der größten Errungenschaften der Physik des späten 20. Jahrhunderts", kommentiert der Philosoph Huw Price von der University of Sydney.

Doch was hat das Uhrwerk unseres Universums aufgezogen? Wie kam es zu diesem höchst speziellen U(h)rknall? Verbirgt sich dahinter der Zufall, eine naturgesetzliche Notwendigkeit oder sogar ein grandioser Plan? Tatsächlich wurde in der kosmischen Unwahrscheinlichkeit sogar eine Art „Entropie-Beweis" der Existenz Gottes gesehen – ein Argument, das freilich weder theologisch überzeugen kann noch physikalisch weiterhilft.

Die Frage bleibt also: Was verursachte die geringe Entropie des frühen Universums?

Terror, Wikingerhelme und die Beule im Teppich

Wer aus dem 40. Stock des Hochhauses in der New Yorker Greenwich Street direkt nach unten schaut, blickt in eine ungefähr quadratische Baugrube, in der sich – ebenerdig durch Absperrungen kaum einsehbar – ein paar Bagger und Lastwagen zu schaffen machen. Was unspektakulär und beinahe träge er-

scheint, ist Weltgeschichte geworden: Ground Zero. Hier standen bis zum 11. September 2001 die beiden höchsten Wolken-
kratzer von New York, das World Trade Center. Das erst 2006
fertig gestellte Hochhaus nebenan, das mit seiner Fassade aus
Glas und Metall im Sonnenlicht so hell aufblitzt wie die ein-
stigen Doppeltürme, hat die Hausnummer „7 World Trade
Center" und ist neuerdings Sitz der weltbekannten New York
Academy of Sciences (NYAS). Dort eröffnete Brian Greene von
der Columbia University im Oktober 2007 eine internationale
Konferenz zum „Arrow of Time" mit den Worten: „olleh dna
emoclew". Damit hatte der mit seinem im Jahr 2000 erschienenen Bestseller *Das elegante Universum* auch im deutschspra-
chigen Raum bekannt gewordene Physiker den Zeitpfeil scherzhaft für eine Sekunde umgedreht, „welcome and hello!"

Greene spielte auf eine Selbstverständlichkeit im täglichen
Leben an, die für Physiker und Philosophen doch eines der
größten Welträtsel überhaupt ist: Die Richtung der Zeit. Dass
diese Irreversibilität nicht trivial ist, sondern immer wieder
äußerst tragisch, verdeutlicht besonders die Tatsache des Todes. Das drängt sich auch ins Bewusstsein, wenn man aus dem
fensterlosen Vortragssaal der NYAS in den verglasten Flur tritt
und auf Ground Zero hinabschaut: Die schlanken Türme des
World Trade Centers werden sich nie mehr aus den Trümmern
aufrichten, in die sie nach dem Terroristen-Angriff zusammengestürzt sind.

Im Unterschied zu den widerstreitenden Weltbildern der
Ideologien in Politik und Religion, die oft zu verheerenden
Zusammenstößen führen – von Mord und terroristischen Attacken bis zum Krieg mit Massenvernichtungsmitteln und deren Pseudorechtfertigung im Namen vermeintlich höherer
Werte – sind die Auseinandersetzungen in der Wissenschaft
stets friedlich. Denn so hartnäckig die Überzeugungen vielleicht auch sind und so hart die Meinungen zuweilen aufein-

ander prallen, zum Wesen der Wissenschaft gehört doch die Suche nach der Wahrheit und zugleich das Wissen, dass sich diese allenfalls näherungsweise erkennen lässt. Jede wissenschaftliche Erkenntnis ist fehlbar, denn: „Es irrt der Mensch, so lang er strebt", wie es Johann Wolfgang Goethe in seinem *Faust*-Drama ausgedrückt hat. Wer aber weiß, dass niemand im Besitz der absoluten Wahrheit sein kann, auch er selbst nicht, und dass dies erst recht für Werte gilt, wird damit und dafür auch keine Gewalt rechtfertigen oder begehen.

Entsprechend laufen wissenschaftliche Auseinandersetzungen zuweilen verbittert ab, im besseren, souveräneren und weisen Fall dagegen mit selbstkritischer und ironischer Gelassenheit. So auch am ersten Abend der NYAS-Konferenz, als sich einige Kontrahenten zu einer Podiumsdiskussion versammelten. Lachend zückte der Moderator, Andreas Albrecht von der University of California in Davis, ein Plastikschwert, um symbolisch die Kontrolle zu behalten. Und er setzte Max Tegmark, in Anspielung auf dessen schwedische Herkunft, einen Wikingerhelm auf den Kopf. Den konnte der burschikose und nicht minder dickköpfige Kosmologe vom Massachusetts Institute of Technology gut gebrauchen. Seine Augen funkelten angriffslustig unter dem viel zu großen Plastikhelm hervor, aber wenigstens in einem Punkt waren sich alle auf dem Podium mit ihm einig: „Das Problem ist trotz seines Alters nicht alt und müde. Es ist quicklebendig und stimuliert die Forschung."

Lee Smolin vom Perimeter Institute im kanadischen Waterloo, bekannt für seine extravaganten Ansichten und originellen Ideen, schnappte sich Tegmarks Wikingerhelm, bevor er für die eigenen Thesen stritt. Mit seiner Kritik legte er die Axt an die Wurzeln des von Isaac Newton begründeten Schemas physikalischer Erklärungen. Diese beruhen klassischerweise auf variierenden Anfangs- oder Randbedingungen einerseits und von ihnen strikt geschiedenen ewigen Naturgesetzen andererseits. Doch in der Kosmologie wird diese Unterscheidung problematisch. „Wir müssen über eine neue Art von Gesetzen nachdenken – sich entwickelnde Gesetze", versuchte Smolin seine Zuhörer zu überzeugen. Schon früher hatte er darüber spekuliert, dass aus Schwarzen Löchern gleichsam neue Universen sprießen und sich dabei die Naturkonstanten geringfügig ändern können, so dass eine Art kosmischer Darwinismus stattfindet, bei dem Universen mit mehr Schwarzen Löchern mehr Nachkommen haben. Wie dieses Szenario das Problem der niedrigen Entropie löst, ist freilich noch nicht klar. Doch Smolin ist, im Gegensatz zu vielen seiner Kollegen inzwischen überzeugt: „Die Zeit ist real!"

Paul Davies, Physik-Professor an der Arizona State University in Tempe, argumentierte ebenfalls für einen neuen Blick auf die fundamentalen Fragen: „Alles andere verschiebt nur die Beule im Teppich." Mit seinem Vortrag schlug er in dieselbe Kerbe wie Smolin. Er sprach sogar von „Flexilaws", um bereits im Begriff die angeblich ehernen Gesetze zu dynamisieren. Aber wie aus dieser neuen Flexibilität die filigranen Strukturen der Welt erwachsen sollen, konnte er nur mit einer Karikatur demonstrieren: Darin rieselt der Sand in einer Sanduhr nicht einfach zu dem gewohnten Haufen unten im Stundenglas, sondern formt dort eine kühn geschwungene Sandburg – eine witzige Umkehr der Entropie.

Totgeborene und menschenfreundliche Universen

Max Tegmark hat in gewisser Weise den größten Kosmos von allen. Was sich wie ein pubertäres Spiel anhören mag, ist freilich eine kühne kosmologische These. Er glaubt an einen „platonischen Status" der Naturgesetze, die ihm zufolge gleichsam über den Dingen stehen, außerhalb und unabhängig von der schnöden materiellen Realität. Wie Smolin und Davies nimmt auch er die Existenz anderer Universen an – mehr noch: Er behauptet sogar, dass alle überhaupt möglichen Universen wirklich sind und letztlich mathematische Strukturen darstellen. „Einige von ihnen besitzen Zeit, andere nicht. Aber sie sind nicht in der Zeit. Die Zeit existiert in ihnen, nicht umgekehrt."

Sprach's und nahm Smolin auf der NYAS-Podiumsdiskussion den Wikingerhelm wieder weg. Und er setzte seiner provokanten These noch eins drauf: „Warum ist die Entropie so niedrig? Weil wir in einem Multiversum leben." Soll heißen: Weil alles möglich ist, muss auch unser Universum möglich sein. Und da wir nicht überall existieren können – die meisten Universen sind gleichsam totgeboren, weil ihre Naturgesetze beispielsweise niemals die Entstehung von Sternen und schweren Elementen ermöglichen – sollten wir uns nicht über die lebensfreundlichen Bedingungen wundern. Genauso wenig überraschend ist es ja, dass wir auf der Erde und nicht auf Merkur oder Pluto sind, denn dort wäre es viel zu heiß oder zu kalt. Tegmark glaubt also – wie viele andere Physiker –, dass die Zeit vorwärts läuft und die Entropie niedrig ist, weil wir in einem Universum, in dem das nicht so wäre, schlicht nicht existieren könnten. Und uns deshalb auch nicht über die geringe Entropie zu wundern bräuchten.

Dieses Argument, zuweilen Schwaches Anthropisches Prinzip genannt, ist freilich umstritten – und für Forscher wie Smolin überhaupt keine wissenschaftliche Erklärung. Trotzdem hat es seine Sympathisanten. Dazu zählt auch Stephen Hawking, der es folgendermaßen definiert hat: „Wir sehen das Universum so, wie es ist, weil wir nicht da wären, um es zu beobachten, wenn es anders wäre."

Schon in den 1980er-Jahren hatte Hawking das Schwache Anthropische Prinzip herangezogen, um zu erklären, warum wir die thermodynamische und kosmologische Zeitrichtung wahrnehmen können. Er hatte damit aber zunächst nur gemeint, dass wir uns nicht zu wundern brauchen, weshalb wir nicht in einem kontrahierenden Universum leben. (Dazu später mehr.) Und er wollte mit dem Anthropischen Prinzip auch nicht den Ursprung der Zeitpfeile erklären.

Tatsächlich reicht das Anthropische Prinzip nicht aus, um die Zeitrichtung verständlich zu machen. Denn das beobachtbare Universum ist sehr viel geordneter, als für die menschliche Existenz nötig. Genauer gesagt: Die Wahrscheinlichkeit dafür, dass sich unser gesamtes Sonnensystem mit der Erde und all ihren Lebensformen aus zufällig passend angeordneten Teilchen bildet, beträgt zwar nur $1:10^{10^{58}}$ – aber sie ist extrem viel größer als die $1:10^{10^{123}}$ für das ganze beobachtbare Universum. Das Anthropische Prinzip als Auswahlkriterium eines lebenstauglichen Universums aus dem multiversalen Reich der Möglichkeiten macht den tatsächlichen Entropie-Wert also überhaupt nicht plausibel.

Kosmischer Schwindel

„Gedanken leben ebenso von der Bestätigung wie vom Widerspruch", schrieb der österreichische Schriftsteller Stefan Zweig einmal. Und der Widerspruch zwischen $1:10^{10^{58}}$ und $1:10^{10^{123}}$ ist enorm. Damit verwandt ist ein anderes Problem: Selbst wenn unser beobachtbares Universum bloß eine zufällig entstandene Insel der Ordnung in einem viel größeren Ozean des Chaos wäre – eine statistische Fluktuation, wie der Wiener Physiker Ludwig Boltzmann schon 1895 überlegt hatte –, dann bliebe es dennoch unverständlich, warum diese Fluktuation so langlebig ist. Immerhin sind rund 13,7 Milliarden Jahre seit dem Urknall verstrichen. Viel wahrscheinlicher wäre es, dass die spontane

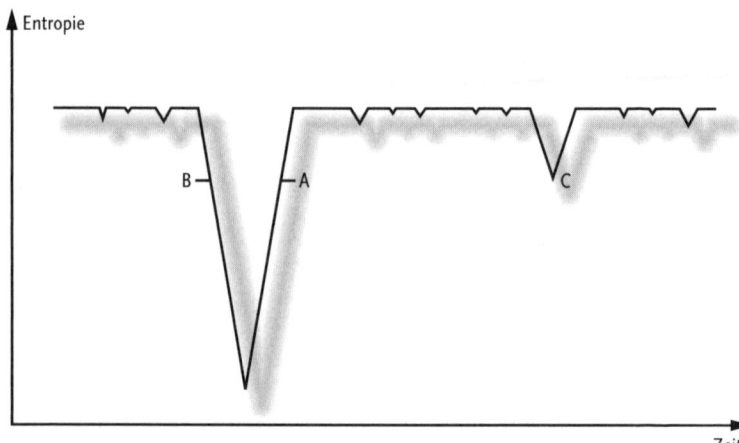

Ordnung aus dem Chaos: *Auch wenn ein System im Zustand der maximalen Unordnung – also Entropie – ist, entstehen in sehr langen Zeiträumen durch zufällige Prozesse vorübergehend „Inseln der Ordnung" und somit lokale Zeitrichtungen (Punkt C in der Kurve). Immer wieder wurde daher spekuliert, dass das gesamte beobachtbare Universum eine solche Insel inmitten des Chaos ist. Intelligente Beobachter könnten nur in einem solchen „Entropie-Gradienten" leben (Punkt A). Diese Auffassung hat aber zwei grundlegende Schwierigkeiten: Zum einen wäre es sehr viel wahrscheinlicher, dass alles um A sich eben erst aus dem Chaos gebildet hat (wie bei C) – aber dann wäre die Vergangenheit eine Illusion. Zum anderen würden Lebensformen am Punkt B die Zeitrichtung genau umgekehrt wie bei A erleben.*

Fluktuation erst letzten Donnerstag oder vielleicht sogar nur vor wenigen Sekunden zustande kam – mit all den Pseudospuren einer vermeintlichen Vergangenheit: die Erinnerungen an frühere Steuererklärungen und Kindergeburtstage, die Fossilien von Dinosauriern, die Meteoriten aus der Anfangszeit des Sonnensystems und die Kosmische Hintergrundstrahlung vom Urknall selbst. Kurz: Ein solches Schwindel-Universum – oder bloß ein einziges Gehirn, in dem sich eine solche Pseudowelt manifestiert – sollte sich sehr, sehr viel häufiger zufällig bilden als ein hoch strukturiertes, geordnetes Weltall von mindestens 100 Milliarden Lichtjahren Durchmesser. Diesen oft übersehenen Einwand brachte übrigens bereits 1939 der Physiker Carl Friedrich von Weizsäcker vor.

Man kann aus der Not freilich auch eine Tugend machen. Sean M. Carroll vom California Institute of Technology und Jennifer Chen von der University of Chicago haben genau das getan. Sie argumentierten 2004, dass unser Universum tatsächlich nur eine Fluktuation unter unzähligen ist. Denn der gesamte leere Raum, das Quantenvakuum, enthält noch mehr Entropie als Schwarze Löcher, die nur die maximale Entropie in einem bestimmten Volumen besitzen. Quantengravitationszustände der Raumstruktur hingegen erlauben es, in einem durch Dunkle Energie beschleunigt expandierenden Weltraum eine noch höhere Entropie zu versammeln. Aber ein solches Vakuum bringt immer wieder zufällige Fluktuationen hervor, die durch die Inflation riesig werden, bis sie sich durch die ewige Ausdehnung aufgrund der Dunklen Energie wieder völlig entleeren. Und solche Zyklen, so Carroll und Chen, sind wahrscheinlicher als zufällige Fluktuationen von Dinosauriern und Schwindel-Universen. Bis zur exakt Ewigen Wiederkehr unseres Universums ist freilich viel Geduld erforderlich – $10^{10^{56}}$ Jahre. Trotzdem gibt es in diesem Szenario keine bevorzugte Zeitrichtung. „Denn in beiden Zeitrichtungen tauchen durch Fluktuationen Babyuniversen auf, entleeren sich und setzen ihrerseits Babys in die Welt. In extrem großem Maßstab sieht ein solches Multiversum im Mittel zeitsymmetrisch aus – sowohl in der Vergangenheit wie in der Zukunft entstehen neue Universen und pflanzen sich unbegrenzt fort. Zu jeden von ihnen gehört ein Zeitpfeil, doch in der Hälfte aller Fälle weist er in die zu den übrigen entgegengesetzte Richtung."

Wer freilich solche Zyklen auch für Schwindeleien hält, muss die Erklärung für die geringe Entropie des Alls woanders suchen. Anders gesagt: Wenn der Fluss der Zeit kein Zufall ist, dann muss er einer Quelle entspringen.

Quellenkunde und Vergesslichkeit

„Ad fontes" („zu den Quellen") – dieser Wahlspruch der Humanisten in der Frühen Neuzeit könnte auch für die modernen Physiker gelten: Um die Richtung der Zeit zu verstehen, müssen sie gleichsam den Ursprung der Zeit ergründen.

Doch so wie die geschichtlichen Quellen oft unvollständig, irreführend und dunkel sind, ist es auch mit der Frühzeit des Universums. Angesichts der viel größeren Zeiträume ist es eine Überraschung, dass sich überhaupt noch etwas erhalten hat – und dass Kosmologen es teilweise entschlüsseln können.

Freilich hat das beobachtbare Universum viele Informationen aus der Urzeit gleichsam „vergessen". Das ist eine Folge der Kosmischen Inflation (wenn sie denn wirklich stattgefunden hat). Diese gewaltige Ausdehnung des Weltraums hat zur Folge, dass im beobachtbaren Universum kaum noch etwas von der Zeit vor der Inflation erhalten blieb – falls die Inflation überhaupt einen Anfang nahm (und nicht seit aller Ewigkeit anhält), wovon die meisten Kosmologen aber ausgehen. Doch selbst dann kann sich unser Universum beliebig spät von der inflationierenden Epoche getrennt haben, wie etwa Alan Guth und Alex Vilenkin annehmen. Bereits hundert Volumen-Verdopplungen hätten ausgereicht, um alle Spuren aus der vorinflationären Zeit zu verwischen. (Auch das mag ein Grund sein, warum Hawking der Ewigen Inflation skeptisch gegenüber steht – sie würde schlichtweg eine empirische Bestätigung seiner Keine-Grenzen-Hypothese unmöglich machen.)

Sogar als Ursache für die geringe Entropie unseres Universums wurde die Kosmische Inflation schon angenommen, beispielsweise von Andreas Albrecht. Aber allmählich setzt sich mehr und mehr die Auffassung durch, dass die Inflation dies nicht allein zu leisten vermochte. Immerhin könnte sie der Schlüssel zur Pforte einer solchen tieferen Erklärung sein, die dann die Anfangsbedingungen der Inflation verständlich machen müsste – was sich freilich als erneute Verschiebung des Problems kritisieren lässt.

Universaler Wettstreit

Konkurrenz belebt bekanntlich das Geschäft. Das könnte auch in kosmischem Maßstab gelten – quasi ein Wettstreit der Universen um ein langes Leben.

Laura Mersini-Houghton von der University of North Carolina in Chapel Hill hat in den letzten Jahren ein pfiffiges kosmologisches Modell entwickelt, das auf einem solchen Wettstreit beruht und den Beginn des Zeitpfeils erklären könnte. Die aus Albanien stammende Wissenschaftlerin, die zusammen mit Brian Greene auch das NYAS-Meeting organisiert hatte, beschrieb nämlich eine Art Selektionsmechanismus, der nur solche Universen groß und stark werden lässt, die eine niedrige Entropie besitzen. Andere mag es auch geben, aber sie vergehen sofort wieder. Insofern gilt zwar auch hier das Schwache Anthropische Prinzip, das eine Selektion der Beobachtung ausdrückt – in den kurzlebigen Universen könnten keine Menschen entstehen –, aber ähnlich wie in Smolins Szenario läge ihm eine quasi natürliche Selektion zugrunde, die ganz unabhängig von Beobachtern wäre.

Voraussetzung ist auch hier die Existenz vieler physikalischer Möglichkeiten, also eines Multiversums. Laura Mersini hat dies im Rahmen der in den letzten Jahren viel diskutierten „Landschaft" der Stringtheorie durchgerechnet. Dieser heiße Kandidat für eine Theorie der Quantengravitation hat eine enorme Menge von Lösungen – vielleicht 10^{500} –, wie sich zum Leidwesen vieler Physiker seit etwa dem Jahr 2000 herausgestellt hat. Jeder Lösung könnte ein bestimmtes Universum mit eigenen Naturgesetzen entsprechen.

Laura Mersini macht aus der Not eine Tugend: „Erst dieser Pluralismus erlaubt es uns, verschiedene Möglichkeiten der Natur zu vergleichen. Gäbe es nur ein einziges Universum, wäre es doch Unsinn zu fragen, warum es die Eigenschaften hat, die es hat, und nicht andere."

Für eine anthropische Erklärung wäre freilich selbst die gigantische Zahl 10^{500} winzig klein verglichen mit $10^{10^{123}}$, der Zahl aller möglichen Konfigurationen von Materie und Energie in unserem Universum. Doch Laura Mersini hat einen Mechanismus in den quantenkosmologischen Grundgleichungen entdeckt, der wie ein Filter wirkt: In der Landschaft der möglichen Anfangsbedingungen für eine Inflation kommt es gleichsam zu einem Kampf zwischen den Eigenschaften der Materie und der Schwerkraft. Die meisten Kombinationen dieser Größen führen entweder zu Universen, die sofort wieder kollabieren, also durch eine Kosmische Inflation nicht ausreichend wachsen können, oder zu solchen, die in eine zyklische Dynamik geraten und sich in einer Ewigen Wiederkehr selbst wiederholen, also ebenfalls nicht entwickeln können. Nur eine bestimmte „Mischung" der Anfangsbedingungen führt zur Inflation – und zugleich zu Universen mit niedriger Entropie. Aus der Fülle der theoretischen Möglichkeiten sind Weltenräume von der Sorte des unsrigen daher ziemlich wahrscheinlich – die meisten Alternativen verbleiben gleichsam im Schaum des Ozeans der Unordnung und bilden also auch keinen Zeitpfeil aus.

Am Anfang war ... ein Ring?

Sogar noch einen Schritt weiter ging Brett McInnes von der Universität Singapur mit seinen kühnen Ideen – und zitiert dabei gerne eine Passage aus der amerikanischen Zeichentrickserie *Die Simpsons*, in der Stephen Hawking mehrere Gastauftritte hatte (genauer: sein gelbgesichtig gezeichnetes alter ego) und zu Homer Simpson sagte: „Deine Theorie eines ringförmigen Universums ist interessant, Homer. Ich muss sie wohl stehlen." Wie Laura Mersini nimmt auch McInnes an, dass ein Multiversum aus zahllosen einzelnen Universen existiert, die voneinander abstammen können oder sich aus einem ursprünglichen Vakuum-Zustand gewissermaßen abnabeln. McInnes spricht hierbei von „guten" und „schlechten" Babys – nur die guten starten mit einer niedrigen Entropie und somit einem Zeitpfeil. Dieser kann sich McInnes zufolge freilich nicht spontan bilden – sonst träte wieder Carl Friedrich von Weizsäckers Einwand in Kraft –, sondern muss ererbt sein, egal wie viele Generationen von Universen eventuell vorher schon existiert haben. „Die Inflation erschafft keinen Zeitpfeil, sondern setzt ihn voraus."

Doch der aus Australien stammende Physiker hat eine verblüffende Entdeckung gemacht: In der Mathematik existiert genau eine Klasse von Gebilden, die als Modell für kosmologische Raumzeiten eine ihnen notwendig innewohnende Asymmetrie besitzen – ganz unabhängig zunächst von jeder physikalischen Anwendung. Das lässt sich streng mathematisch beweisen. Diese Klasse wäre also quasi aus geometrischen Gründen der ideale Startblock für einen Superzeitpfeil, und sie hat eine ringförmige Gestalt.

Noch ist unklar, was dieses Ergebnis bedeutet und ob es wirklich als Grundlage für eine Welterklärung dienen kann. Interessanterweise wurde eine Torus-Topologie, die ringförmige

Gestalt der Raumzeit, auch schon bemüht, um gewisse Probleme im Szenario der Kosmischen Inflation zu lösen. Und wenn der Torus nur groß genug ist, bleibt seine Struktur den astronomischen Beobachtungen sowieso wohl für immer unzugänglich. Dagegen spricht auch nicht die Flachheit des Weltraums – der könnte ja ein Miniaturausschnitt des Torus sein ähnlich einem winzigen Teil der Profilnoppe eines Autoreifens, von der aus für ein hypothetisches Kleinstlebewesen die Ringstruktur des Reifens ebenfalls nicht erfassbar wäre.

Man kann sogar darüber spekulieren, ob Hawkings Keine-Grenzen-Bedingung sich mit einer Torus-Topologie vereinbaren lässt – und sei es nur, dass sich aus dem Urring Universen abnabeln könnten, die der Keine-Grenzen-Bedingung genügen. Das ist momentan unklar, aber nicht ausgeschlossen, wie Brett McInnes betont. Tatsächlich haben die Kosmologen Hirosi Ooguri, Cumrun Vafa und Erik Verlinde im Jahr 2005 den Hartle-Hawking-Ansatz auf ein Modell der Stringkosmologie angewendet, das auch eine imaginäre Zeit, besitzt – und ringförmige Topologien enthält.

Ein komplexes Gebiet also … Bis sich die verwirrende Situation klärt, wird wohl noch einige Zeit vergehen müssen. Jedenfalls ist auch Hawking überzeugt, dass das Anthropische Prinzip – oder gar eine übergeordnete Macht – nicht die Erklärung der Zeitrichtung sein kann und dass die Zeitpfeile gleichsam durch einen speziellen Anfangszustand des (oder unseres) Universums in die Zukunft abgeschossen wurden. Die Keine-Grenzen-Bedingung hätte dann, um die Metapher noch weiter zu strapazieren, womöglich auch hier den Bogen raus.

„Nicht die Expansion des Universums verursacht die Zunahme der Unordnung, sondern die Keine-Grenzen-Bedingung bewirkt, dass nur in der Ausdehnungsphase die Unordnung zunimmt und die Verhältnisse für intelligentes Leben geeignet sind", schrieb Hawking. Das ist freilich eine missverständliche

Formulierung. Denn insofern die Keine-Grenzen-Bedingung eine physikalische Beschreibung – oder Annahme – ist, kann sie nichts „bewirken". Doch sie postuliert einen speziellen Anfangszustand, und wenn dieser wirklich war, dann ist er möglicherweise auch mit einer niedrigen Entropie einhergegangen. Das kosmische „Uhrwerk" hätte dann nicht aufgezogen werden müssen, um mit oder in der Zeit abzulaufen, sondern es wäre (im Doppelsinn) einfach so – einfach so.

„Die Hypothese, dass das Universum keine Grenze habe, sagt die Existenz eines ausgeprägten thermodynamischen Zeitpfeils voraus, weil das Universum in einem gleichmäßigen und geordneten Zustand beginnen muss", meint Hawking. „Und wir beobachten die Übereinstimmung des thermodynamischen und des kosmologischen Pfeils, weil es intelligente Wesen nur in der Ausdehnungsphase geben kann. Die Kontraktionsphase wird für Geschöpfe wie uns ungeeignet sein, weil sie keinen ausgeprägten thermodynamischen Pfeil hat." Dieser letzte Satz hat es freilich in sich: Denn er ist sowohl ein Eingeständnis eines Fehlers als auch dessen Korrektur.

Wenn die Zeit rückwärts läuft

„Was geschähe, wenn das Universum in seiner Ausdehnung innehielte und anfinge, sich zusammenzuziehen? Würde der thermodynamische Pfeil sich umkehren und die Unordnung mit der Zeit abnehmen?", fragte sich Hawking bereits Anfang der 1980er-Jahre. Und damit war er nicht der erste.

Manche Forscher nehmen tatsächlich an, dass sich die Zeit einmal umkehren wird. Entweder global oder sogar lokal, das heißt an einzelnen Stellen im All. Und vielleicht lauern zeitverkehrte Inseln bereits in unserer Nähe. Mit dieser kühnen Hypothese sorgte Lawrence S. Schulman für Aufregung, der an der Clarkson University in Potsdam, US-Bundesstaat New York, forscht. Analog zum Kosmologischen Prinzip – „Unsere räumliche Position im Universum ist Durchschnitt" – spricht er von einem Temporalen Kosmologischen Prinzip: „Unsere Zeitrichtung ist nichts Besonderes."

Im Computer simulierte Schulman, wie sich zwei einfache Teilchensysteme mit niedriger Entropie – also einem geordneten Arrangement beispielsweise in der Ecke einer großen Kiste – im Lauf der Zeit verändern, das heißt ihre Entropie und somit den Grad der Unordnung erhöhen. Der Witz dabei: Schulman startete die Entwicklung der beiden Systeme räumlich getrennt in derselben „Kiste", aber mit entgegengesetzten Zeitpfeilen. Das heißt, die Zeitrichtung des einen Systems zeigte aus der Perspektive des anderen jeweils von der Zukunft in die Vergangenheit. Während sich die beiden Systeme auf Grund der Zufallsbewegungen ihrer Teilchen zu immer größerer Unordnung hin entwickelten, kamen sie auch in räumlichen Kontakt. Mit einem Parameter simulierte Schulman dabei unterschiedliche Grade der Wechselwirkung bei verschiedenen Rechnungen. „Wenn zwei Regionen stark miteinander interagieren, muss mindestens eine von beiden ihren Zeitpfeil verlieren", sagt er. Doch bei schwächerer Wechselwirkung blieben die gegenläufigen Zeitpfeile zu seiner großen Verblüffung erhalten. „Ich hatte nicht vermutet, dass dies herauskommen würde, als ich mit meiner Arbeit begann. Das Ergebnis überraschte mich so sehr wie jeden anderen Kollegen. Das Resultat entstand wie durch Schwarze Magie. Aber es ist keine Magie, sondern eine Folge der Gleichungen."

Und diese Zauberei braucht keineswegs auf ein einfaches künstliches System beschränkt zu sein, sondern könnte das ganze Universum betreffen. Darüber hat Thomas Gold schon 1958 spekuliert. Der Kosmologe an der Cornell University – einer der Väter des Steady-State-Modells – vermutete, dass der

Zeitpfeil mit der Ausdehnung des Weltraums zusammenhängt und sich umkehren könnte, wenn das All sich wieder zusammenzieht. Diese Kontraktion zu einem Endknall erscheint unvermeidlich, wenn die Gesamtmasse des Universums einen kritischen Wert übersteigt oder wenn die Energiedichte des Vakuums negativ ist. Zwar sprechen die astronomischen Beobachtungen der letzten Jahre nicht dafür, aber die Kollaps-Möglichkeit wird sich vermutlich niemals völlig ausschließen lassen.

Unabhängig davon, ob der Kollaps kommen wird oder nicht: Die Erforschung der Konsequenzen eines kontrahierenden Universums hat für die Physik der Zeit und besonders des Zeitpfeils eine große Bedeutung. „Die entscheidende Frage ist hier, ob Golds Vorstellung von der Zeitumkehr in einem zusammenstürzenden Universum einen Sinn hat oder nicht – und nicht, ob unserem Universum tatsächlich ein Endknall bevorsteht", sagt der australische Philosoph Huw Price, der ein viel beachtetes Buch über das Problem des Zeitpfeils geschrieben hat. „Falls der Zweite Hauptsatz der Thermodynamik seine Richtung umkehrt, wenn das Universum kontrahiert, würde das Universum in ein Zeitalter der Wunder eintreten. Strahlung würde in Sternen zusammenlaufen, Äpfel würden sich in Komposthaufen bilden und zu Bäumen aufsteigen, und Menschen würden aus ihrer Asche auferstehen, jünger werden und schließlich ungeboren werden."

Auch Hawking malte sich ein solches Szenario aus: „Das würde für die Menschen, die die Kontraktionsphase noch erleben, eine Fülle Science-Fiction-artiger Möglichkeiten eröffnen. Würden sie beobachten, wie sich die Scherben von Tassen auf dem Fußboden zusammenfügen und auf den Tisch zurückspringen? Würden sie sich an die Kurse von morgen erinnern und ein Vermögen an der Börse verdienen können?"

Kollision der Zeiten

Doch so grotesk wäre dieses Szenario gar nicht. „Es ist einfach eine Beschreibung unserer gegenwärtigen Welt in einer zeitverkehrten Sprache und überhaupt nicht verwunderlich. Der Unterschied zu unserer Erfahrung ist bloß semantisch, nicht physikalisch", sagt Paul Davies. „Rätselhaft ist, dass unsere Vorwärtszeit sich in eine Rückwärtszeit entwickeln kann – oder umgekehrt, denn die Situation ist symmetrisch." Darin liegt die eigentliche Provokation von Golds Hypothese – aber zugleich eine Chance, die Zeitrichtung zu erklären.

„Die Expansion oder Kontraktion des Weltraums ist für den Zeitpfeil verantwortlich", meint Schulman, dessen Arbeit in direkter Tradition von Gold steht. „Kaffee kühlt ab, weil der Quasar 3C 273 sich immer weiter entfernt", spitzt er die Hypothese zu und meint damit dieselbe Ursache beider Prozesse. Entscheidend dabei sei, dass sich die Zeitrichtung nur in der makroskopischen Welt bemerkbar macht, nicht in der Welt der Atome. „Der Zeitpfeil ist kein mikroskopischer Parameter."

Doch wie kann sich ein Zeitpfeil umdrehen? Was würde geschehen, wenn der Weltraum sich zu seiner maximalen Größe ausgedehnt hätte und unter dem Schwerkraft-Einfluss der Materie wieder zu kontrahieren begönne?

„Das hängt davon ab, wie viel Zeit zwischen Ur- und Endknall vergeht", sagt Schulman. „Wenn das Intervall groß genug ist, so dass sich in der Mitte ein thermodynamisches Gleichgewicht einstellt, existiert kein Zeitpfeil mehr, der sich umkehren könnte." Denn dann gäbe es keine makroskopischen Objekte, die ihn anzeigen würden. Doch vermutlich begänne der Weltraum viel früher zu kontrahieren. In jedem Fall werden die Zeiger der Uhren nicht plötzlich anhalten und rückwärts gehen. Man würde subjektiv nicht verkehrt herum leben, sich auf der Toilette Materie einverleiben und sie am Mittagstisch vom

Mund auf den Teller legen, immer jünger werden und schließlich im Mutterbauch verschwinden, wie es der britische Schriftsteller Martin Amis in seinem Roman *Pfeil der Zeit* (1991) eindrucksvoll beschrieben hat. Denn auch das bewusste Erleben würde sich umdrehen, und keiner könnte die veränderte Zeitrichtung bemerken. Selbst der Weltraum schiene sich für Astronomen weiter auszudehnen.

Das sind verblüffende – und manche sagen: unglaubliche – Schlussfolgerungen. Doch was der Alltagserfahrung verborgen bliebe, könnten subtile Phänomene in der Natur doch verraten. Die entscheidende Frage dabei ist, ob das zeitverkehrte Universum der Zukunft – oder jedenfalls einzelne Bereiche davon – gleichsam aus dieser Zukunft durch unsere Gegenwart in unsere Vergangenheit laufen könnte. Mit anderen Worten: Sind Systeme mit entgegengesetzten Zeitpfeilen im selben Raumbereich möglich, können sie sich quasi durchdringen und dabei wechselseitig bemerkbar machen?

„Wenn die Geometrie der Welt symmetrisch wäre, was eine Expansion und schließlich wieder eine Kontraktion bedeutet, dann sehe ich nicht, warum der thermodynamische Zeitpfeil eine unabhängige Asymmetrie mit sich bringen sollte", sagt Schulman. „Die Symmetrie würde dann für makroskopische Objekte heißen, dass sowohl die Randbedingungen der Vergangenheit als auch die der Zukunft wichtig sind. Einer der beiden Zeitpfeile mag viel deutlicher sichtbar sein – je nachdem, ob man dem Ur- oder Endknall zeitlich näher ist. Aber es ist leicht, sich Systeme vorzustellen, in dem beide eine wichtige Rolle spielen."

Diese Fragestellung versucht Schulman mit seinen Computersimulationen zu beantworten. „Es kommt darauf an, das Problem korrekt zu definieren. Wenn man den richtigen Kontext hat, zeigt die statistische Physik, dass entgegengesetzte Zeitpfeile tatsächlich miteinander vereinbar sind." Das heißt, es könnte zeitverkehrte Inseln geben, deren Zeitrichtung entgegengesetzt zu ihrer Umgebung ist. Schulman schließt aus seinen Berechnungen, dass sie intakt bleiben, wenn sie ausreichend isoliert sind. Schwache Einflüsse von Schwerkraft und Elektromagnetismus würden die gegenläufige Zeitrichtung nicht zerstören. Tatsächlich könnten sich solche zeitverkehrten Regionen in unserer Nähe befinden – vielleicht nur wenige Lichtjahre entfernt. Theoretisch könnten sich dort aus Scherben Tassen bilden und Säuglinge könnten zurück in den Mutterbauch verschwinden – freilich nur aus unserer Perspektive betrachtet, und eine Beobachtung solcher Vorgänge wird wohl nie möglich sein.

„Die Gravitation dieser Orte ließe sich messen. Solche zeitverkehrte Materie würde alle Eigenschaften der unsichtbaren oder Dunklen Materie haben, von der wir annehmen, dass sie den Großteil der Masse unseres Universums ausmacht", spekuliert Schulman. Denn wenn die Materie aus einer fernen Zukunft stammt, wären dort längst alle Sterne erloschen. Denkbar wäre auch, dass die Dunkle Materie aus einer Kollision zwischen normaler Materie und ausgebrannten kosmischen Leichen einer fernen Zukunft entstand und gar keinen Zeitpfeil mehr besitzt.

„Die Dinge, die heute geschehen, könnten von den Randbedingungen am Ende des Universums beeinflusst werden", sinniert Schulman und stellt damit unser gewöhnliches Verständnis von Ursache und Wirkung auf die Probe. „Ob es den umgekehrten Zeitpfeil in unserem Universum gibt, müssen Beobachtungen zeigen. Ich sage nur, dass es von der Theorie her nicht ausgeschlossen ist."

Zurück aus der Zukunft

Eine Möglichkeit, der verkehrten Zeit auf die Spur zu kommen, hat John Wheeler bereits in den siebziger Jahren vorgeschlagen: Zerfallsmessungen radioaktiver Elemente mit extrem langen Halbwertszeiten. Dieser Zerfall geschieht normalerweise exponentiell. Aber wenn die Zeit künftig die Richtung wechselt, müsste der Zerfallsmodus schon heute anders sein, weil die Zerfallsprodukte aus der Zukunft „zurückkämen". Im Prinzip würde es also ausreichen, einige Kilogramm von Elementen wie Rhenium-187 und Samarium-147 zu inspizieren, deren Halbwertszeit in der Größenordnung von 100 Milliarden Jahren liegt, um Anzeichen dafür zu entdecken, dass unser Universum einmal kollabieren wird. Man könnte dann Kosmologie betreiben, ohne aus dem Fenster zu sehen. Schulman ist allerdings skeptisch: Vermutlich reichen selbst alle Rhenium- und Samarium-Atome in der Milchstraße nicht aus, um den Effekt im Lauf eines Menschenlebens zu messen. Außerdem könnten quantenphysikalische Feinheiten – etwa die Dauer eines Quantensprungs – die Prognosen zunichte machen.

„Ich denke aber, dass andere Prozesse aufschlussreich wären, die wirklich langsam sind und weite Bereiche des Universums umfassen", meint Schulman. „Dazu muss man freilich aus dem Fenster schauen." Der Physiker denkt dabei an Galaxien und Galaxienhaufen: Deren Verteilung und Bewegung hängt empfindlich von den Anfangsbedingungen im frühen Universum ab und kann in großen Supercomputern inzwischen sehr detailliert berechnet werden. Wenn sich Theorie und Beobachtungen nicht in Einklang bringen lassen, wäre dies vielleicht ein Indiz für Einflüsse aus der Zukunft. Die großräumigen Strukturen im Universum hätten gleichsam eine Erinnerung an die Zukunft. Diese weitreichenden Schlussfolgerungen wurden von Physikern sehr interessiert, aber auch zwiespältig aufgenommen. „Das ist eine coole Sache", kommentiert Max Tegmark. „Schulman hat gezeigt, dass die Konsistenz eines Modells mit zwei simultanen Zeitpfeilen mit recht einfachen Mitteln erforscht werden kann", meint Amos Ori, Professor am Israel Institute of Technology (Technion), beeindruckt. Und David T. Pegg von der Griffith University im australischen Brisbane sagt: „Ich sehe keine offensichtlichen Irrtümer in den Rechnungen. Schulman hat seine Sache überzeugend vorgetragen. Und ich bin bereit, das Modell zu akzeptieren, bis es gegenteilige Indizien gibt."

Paul Davies bezweifelt dagegen, ob Schulmans Rechnungen ausschließen können, dass geringe Wechselwirkungen mit der Umgebung den verkehrten Zeitpfeil intakt lassen. Auch Claus Kiefer, Physik-Professor an der Universität Köln, ist skeptisch: „Der Erfolg einer neuen Idee hängt davon ab, ob man sie generell durch Experimente prüfen kann, und ob sie nicht nur irrelevante Spezialfälle behandelt. Hier bleibt Schulmans Szenario notgedrungen Stückwerk."

H. Dieter Zeh, emeritierter Physik-Professor an der Universität Heidelberg, und vielleicht der renommierteste Zeitpfeil-Experte weltweit, hegt ebenfalls Zweifel. „Die entscheidende Frage ist, ob Schulmans Beispiele für unser Universum realistisch sind. Er konnte seine Lösungen nur mit Versuch und Irrtum finden, durch das Aussortieren der passenden aus vielen möglichen Lösungen. Das mag für abgeschlossene Systeme mit wenigen möglichen Zuständen gelingen, nicht jedoch für realistische Systeme – nicht zuletzt wegen der quantenphysikalischen Verschränkung mit ihrer Umgebung." Das heißt, Schulmans Betrachtung könnte einfach zu grob sein, da er die Zustände durch makroskopische Parameter nur unvollständig charakterisieren kann. „Außerdem muss man annehmen, dass im kosmologischen Rahmen die Gravitation eine wichtige Rolle spielt." Daher stellt sich die Frage, ob die Anfangs- und End-

bedingungen wirklich miteinander kompatibel sind. Zehs
Rechnungen zeigen, dass dies viel schwieriger ist, als Schulmans Modell annimmt.

Paradoxe Gegenzeiten

Wenn Bereiche mit gegenläufigen Zeitpfeilen miteinander
wechselwirken können, ohne dabei ihre Zeitrichtungen zu zerstören, wäre im Prinzip eine Kommunikation zwischen ihnen
möglich. Dadurch entsteht jedoch das klassische Problem der
Zeitparadoxien. Und das versetzt Theoretische Physiker in
Alarmbereitschaft.

Angenommen, Alice sieht, dass Regen durch das geöffnete
Fenster in Bobs Zimmer prasselt. Der Zeitpfeil bei Bob ist dem
bei Alice entgegengesetzt, so dass für sie in Bobs Welt die Wirkungen vor den Ursachen kommen. Da Alice nicht möchte,
dass Bobs neuer Teppich beschädigt wird, könnte sie ihm fun-
ken, er solle sein Fenster schließen. Wenn Bob den Rat emp-
fängt und befolgt, bevor es bei ihm zu regnen beginnt, bliebe
sein Teppich verschont. Doch hätte Alice dann überhaupt beobachten können, wie es in Bobs Zimmer regnet? Und wenn
Bobs Fenster geschlossen gewesen wäre, hätte sie ihm keine
Nachricht senden müssen. Aber dann wäre er nicht vom Regen
gewarnt worden und hätte das Fenster offen gelassen, und
Alice hätte von der Überschwemmung doch erfahren ...

Solche Zeitparadoxien, die Ursache und Wirkung auf den
Kopf stellen, sind eine fundamentale Bedrohung für die Ordnung des Universums – oder jedenfalls der Physik. Wissenschaftler haben daher nach Auswegen gesucht. Auch Lawrence
Schulman, der mit seinen Computersimulationen für die Möglichkeit zeitverkehrter Kontakte argumentiert hat, will Zeitparadoxien nicht gelten lassen: Entweder sind wir vom Schicksal

verdammt, keine Paradoxien erzeugen zu können – „in mathematischer Hinsicht gibt es dann einfach keine Lösung". Das
heißt, die Widersprüche existieren in der Natur gar nicht, weil
zum Beispiel die Nachricht von Alice nicht durchkommt beziehungsweise Bob ihr nicht glaubt. Oder die Natur macht wider-
spruchsfreie Kompromisse: „Bob lässt das Fenster einen Spalt
weit offen, weil er frische Luft haben möchte, und nimmt dabei
in Kauf, dass sein Teppich ein bisschen feucht wird."

Aber ein solches Selbstkonsistenz-Prinzip, das auf den ersten Blick attraktiv ist und die Grundlage vieler origineller Sci-
ence-Fiction-Erzählungen über Zeitreisen darstellt, wirft bei
genauerer Betrachtung ebenfalls Probleme auf. „Es scheint
dem Zweiten Hauptsatz der Thermodynamik zu widersprechen. Alle irreversiblen Effekte, die bei Zeitparadoxien entstehen müssten, werden außer Acht gelassen", kritisiert H. Dieter
Zeh. Insofern ist die Widerspruchsfreiheit der Zeitreisen oft
trügerischer Schein. Die Widersprüche werden hier nur ver-
steckt, nicht beseitigt. „Für Schulmans Paradoxien ist dies natürlich trivial, denn er will den Zweiten Hauptsatz ja gebiets-
weise außer Kraft setzen. Dort geht es dann aber um die
Konsistenz zweier entgegengerichteter Zeitpfeile unter realis-
tischen Bedingungen, also um die Vereinbarkeit der Anfangs-
und Endbedingungen. Vollständige Anfangsbedingungen
würden die Endbedingungen freilich festlegen, wenn der Determinismus gilt."

Unter der Annahme, dass kein ominöser, antiphysikalischer
Freier Wille existiert, argumentiert Zeh – wie es in einem an-
deren Zusammenhang auch Stephen Hawking tat – für die
Unmöglichkeit von Zeitreisen und somit Zeitparadoxien: „Da
Geometrie und Materie laut Albert Einsteins Allgemeiner Re-
lativitätstheorie dynamisch miteinander verbunden sind, müs-
sen Randbedingungen, die zu einem Zeitpfeil führen, auch die
Zeitordnung schützen – also die Abwesenheit von Zeitschlei-

fen garantieren, die laut Allgemeiner Relativitätstheorie im Prinzip möglich wären. Außerdem ignorieren die exotischen klassischen Raumzeiten mit geschlossenen Zeitkurven wie viele clevere Detektivgeschichten einfach den Rest der Wirklichkeit – in diesem Fall die Quantentheorie."

Kiefer und Zeh glauben daher nicht, dass es im heutigen Universum zeitverkehrte Inseln aus der Zukunft gibt. Bei der Umkehrung zur Kontraktion sollte die alte Zeitrichtung auf Grund der physikalischen Wechselwirkungen vollständig zerstört werden. Informationsverarbeitende Systeme können dies nicht überstehen und daher auch keine Zeitumkehr beobachten – etwa das Stehenbleiben und Zurücklaufen von Uhren. Außerdem werden Informationen aus der Zukunft abgehalten, in unsere Zeit zu gelangen.

Big Brunch

„Wenn ihr in die Saat der Zeit schauen und sagen könnt, welches Samen-Korn wachsen wird, und welches nicht; so redet zu mir", hat Christoph Martin Wieland eine ergreifende Stelle aus William Shakespeares Anfang des 17. Jahrhunderts verfasster Tragödie *Macbeth* übersetzt („If you can look into the seeds of time, / And say which grain will grow and which will not, / Speak then to me"). Doch selbst wenn die Zukunft zu ihnen kommt, könnten Claus Kiefer und H. Dieter Zeh sie nicht voraussagen. Aber wie Lawrence Schulman meinen auch sie, dass in einem kollabierenden Universum die Zeit – relativ zu der im expandierenden Universum – rückwärts läuft, und dass dies niemand bemerken könnte, da auch die Astronomen dieser Epoche eine Ausdehnung des Weltraums beobachten würden. Eine eindeutige, objektive und immer in dieselbe Richtung fließende Zeit kann es daher nicht geben – beziehungsweise nur in formaler Hinsicht und in den klassischen, nichtquantisierten Theorien. Anfang und Ende des Universums wären, wenn das 1995 von Zeh und Kiefer veröffentlichte Modell zutrifft, wie exakte Spiegelbilder. „Das sind in der Theorie der Quantengravitation dieselben Zustände", sagt Zeh. Er verschmilzt daher die Begriffe „Big Bang" (Urknall) und „Big Crunch" (Endknall, „Das Große Knirschen") augenzwinkernd zum „Big Brunch".

„Urknall und Endknall lassen sich nur unterscheiden, wenn eine klassische Raumzeit existiert. Das ist gemäß der Theorie der Quantengravitation jedoch nicht der Fall", betont Claus Kiefer. Daher könnten – so die verblüffende Konsequenz – auch Schwarze Löcher nicht ewig weiterwachsen, sondern würden im kollabierenden Universum wieder zu Sternen, die von allen Seiten Licht einsammelten und sich schließlich in Urgas zurückverwandelten.

Solche Formulierungen sind allerdings problematisch. Denn aus der Innensicht eines solchen Universums kann man davon nichts bemerken. Auch die Zeit im Bewusstsein eines Beobachters muss dem kosmischen Zeitpfeil folgen. Und dessen Umkehr kann niemand erleben. Vielmehr übersteht kein Beobachter – und überhaupt kein informationsverarbeitendes System – den Zustand maximaler Ausdehnung. Hier ist nämlich buchstäblich das Ende der klassischen Welt. Der Grund liegt in einer besonders bizarren Eigenschaft der Quantentheorie: der Überlagerung von Zuständen (Superposition). Nicht nur einzelne Quantensysteme – das bekannteste Beispiel sind die Interferenzmuster beim schon erwähnten Doppelspalt-Versuch – kommen in zwitterhaften Überlagerungszuständen vor, sondern strenggenommen das ganze Universum. Wegen der Dekohärenz kann man das normalerweise nicht bemerken. Deswegen entsteht eine klassische Welt – für lokale Beobachter. Doch im Umkehrpunkt eines kollabierenden Universums wird diese vollständig ausgelöscht, zumindest in der Auffassung von Kiefer und Zeh. Schon vorher brechen Superpositions-Phänomene überall auf. Die verschiedenen Universen – bislang parallele Entwicklungszweige – interferieren gleichsam. Alle klassischen Eigenschaften verschwinden. Es ist, als würde die Welt, wie wir sie kennen, von einem unbarmherzigen Mechanismus ausradiert, Schwarze Löcher inklusive. Existierte kurz vorher noch intelligentes Leben, würde dies vermutlich nicht einmal etwas spüren, so rasch käme der Untergang. Auch gäbe es keinen Ausweg. Exitus.

Kiefer und Zeh begnügen sich also nicht mit thermodynamischen Begründungen wie Schulman, sondern stützen ihre Argumentation auf die viel tieferen, aber bislang nur in Ansätzen sichtbaren Fundamente der Quantenkosmologie. Dazu verwenden sie die Wheeler-DeWitt-Gleichung – die verallgemeinerte Schrödinger-Gleichung für die Wellenfunktion des ganzen Universums. Noch kennt niemand die Randbedingungen und exakte Lösung dieser „Formel für Alles". Doch die Forscher wissen bereits, dass die Zeit darin – im Gegensatz zum Raum – nicht auftaucht und also auch keine fundamentale Größe ist. Man kann nicht einmal von Anfangsbedingungen sprechen, da es streng genommen gar keinen Anfang gibt, sondern muss von allgemeineren Randbedingungen ausgehen. Eine besondere Rolle fällt dabei dem Expansionsparameter zu, der die Ausdehnung des Weltraums beschreibt. „Wegen der Struktur der Wheeler-DeWitt-Gleichung ist er in gewisser Weise die Zeit", sagt Zeh.

In der Kosmologie von Albert Einsteins Allgemeiner Relativitätstheorie kann man sich das Universum wie eine Kugel vorstellen. Würde man sie wie mit einem Eierschneider in Scheiben zerteilen – gewissermaßen Zeitscheiben begrenzt durch Breitengrade – hätte man verschiedene, aufeinander gestapelte Zustände des Universums bei unterschiedlichen

Radien. Dadurch wäre die Zeit gleichsam verräumlicht. Und als Maß für ihre Richtung lässt sich der Expansionsparameter – die Größe der Scheiben – verwenden. Zeh: „Die Einstein-Gleichungen legen den zeitlichen Abstand zwischen zwei Scheiben fest. Daher kann die heutige Geometrie nicht die von morgen sein."

Hawkings größter Fehler

Bereits ein Jahrzehnt vor Kiefer und Zeh kam Stephen Hawking ebenfalls zur Auffassung, dass Ur- und Endknall thermodynamisch äquivalent sein müssen, also ein quantenkosmologischer Big Brunch. Das war 1985, also nachdem er mit James Hartle sein eigenes Weltmodell – seine Lösung der Wheeler-DeWitt-Gleichung – veröffentlicht hatte. „Ich war der Meinung, das Universum müsse in einen gleichförmigen und geordneten Zustand zurückkehren, wenn es zu kollabieren begänne. Dann würden die Menschen in der Kontraktionsphase ihr Leben rückwärts leben. Sie stürben, bevor sie geboren würden, und würden jünger, während das Universum sich zusammenzöge."

Hawkings Modell war jedoch einfacher und beruhte auf anderen Voraussetzungen als das von Zeh und Kiefer. Und, wie sich herausstellte, viel zu einfach. Das erkannte schon bald Don N. Page, der heute Physik-Professor an der kanadischen University of Alberta in Edmonton ist und nach seiner Promotion bei Kip Thorne am California Institute of Technology, mit Hawking als Zweitgutachter, einige Jahre bei den Hawkings in Cambridge wohnte.

Hawking war nicht gleich überzeugt, sondern setzte seinen Studenten Raymond Laflamme auf das Problem an. Aber dessen Berechnungen widersprachen Hawkings Auffassung ebenfalls. „Er erklärte: ‚Nein, ich habe etwas anderes erwartet'", erinnerte sich Laflamme später, der heute am Perimeter Institute im kanadischen Waterloo forscht. „Ich erwiderte: ‚Aber ich habe das herausbekommen, Stephen.' Ich ging an die Tafel und erläuterte meine Lösung. Er fragt: ‚Haben Sie auch an diesen Sonderfall gedacht?' Darauf ich: ‚Oh – darauf bin ich gar nicht gekommen.' Ich ging also wieder fort und rechnete den Fall durch, auf den er mich aufmerksam gemacht hatte. Nach ein paar Wochen war ich wieder zur Stelle. Ich sagte: ‚Ich habe nichts anderes herausbekommen, Stephen. Ich habe immer noch die gleiche Lösung wie neulich.' Er erklärte: ‚Nein, nein, so geht das nicht. Haben Sie daran gedacht?' Und ich sagte: ‚Oh nein, den Fall habe ich vergessen.' Also machte ich mich wieder an die Arbeit und begann alles noch einmal durchzurechnen. Und wieder kam dieselbe Lösung heraus. Also suchte ich Stephen abermals auf. So ging das wohl zwei oder drei Monate weiter. Schließlich sagte er: ‚Vielleicht ist eine Ihrer Näherungen nicht gültig.' Deshalb beschlossen ein Kollege und ich, die Sache mit Computern durchzurechnen. Es dauerte lange, die Programme zu schreiben und sie durchzuchecken. Aber am Ende erhielten wir wieder die gleiche Lösung. Da kam Don Page herein und sagte: ‚Ich bin daran sehr interessiert, Raymond, denn bei mir kommt ziemlich genau dasselbe raus, wenn auch auf einem ganz anderen Weg.' Deshalb verabredeten wir, Stephen davon zu überzeugen, dass wir in diesem speziellen Bereich Recht hatten." Und so gingen die beiden schrittweise vor. Sie machten Hawking zunächst die Ausgangsformeln plausibel, bevor sie ihm das Ergebnis mitteilten, damit er es nicht gleich wieder verwarf. „Gemeinsam bearbeiteten wir Stephen etwa einen Monat lang, bis wir ihn schließlich so weit überzeugt hatten, dass er uns Recht gab."

„Ich hatte meinen größten Fehler begangen, zumindest meinen größten Fehler in der Physik. Es stellte sich heraus, dass ich von einem zu einfachen Modell des Universums ausgegangen war", räumte Hawking im Rückblick ein. „Aus der Keine-Grenzen-Bedingung folgte, dass die Unordnung auch während der Kontraktionsphase zunehmen würde. Danach kommt es zu keiner Umkehrung des psychologischen und des thermodynamischen Zeitpfeils während der Kontraktion des Universums oder im Innern Schwarzer Löcher." Und er ergänzte mit dem ihm eigenen Humor: „Die Zeit wird sich nicht umkehren, wenn das Universum in die Kontraktionsphase eintritt. Die Menschen werden auch weiterhin älter werden, so dass es zwecklos ist, auf den Kollaps des Universums zu warten in der Hoffnung, zu seiner Jugend zurückzukehren."

Laflamme erhielt 1988 seinen Doktortitel, und 1993 publizierte Hawking mit ihm und Glenn W. Lyons vom Los Alamos National Laboratory in New Mexico den ausführlichen Nachweis in der Fachzeitschrift *Physical Review*. Das Ergebnis entspricht den gängigen Vorstellungen von einem kollabierenden Universum, wie sie die britischen Physiker Martin Rees, Paul Davies und Roger Penrose entwickelt haben. Danach kehrt sich der Zeitpfeil nicht um, sondern bleibt erhalten. Hypothetische Astronomen der Zukunft würden also beobachten, wie die Galaxien sich immer näher kommen und die Temperatur des Weltraums steigt. Schwarze Löcher würden jedoch weiter Materie verschlingen und dabei ständig größer werden, bis sie im finalen Stadium des Universums verschmelzen und immer mehr Raum einnehmen. Der Endknall wäre somit kein Spiegelbild des gleichförmigen Urknalls, sondern extrem inhomogen. Auch die Entropie würde bis zum Schluss wachsen, denn ihr größter Anteil steckt in den Schwarzen Löchern.

„Was soll man tun, wenn man feststellt, dass man einen solchen Fehler begangen hat?", schrieb Hawking bereits in seiner *Kurzen Geschichte der Zeit*. „Manche Menschen geben nie zu, dass sie Unrecht haben, und finden ständig neue, oft sehr widersprüchliche Argumente, um ihren Standpunkt zu vertreten." Andere behaupten, sie hätten die falsche Auffassung niemals favorisiert oder nur, um ihre Unhaltbarkeit zu zeigen. „Mir erscheint es weit besser und klarer, wenn man schwarz auf weiß zugibt, dass man sich geirrt hat. Man denke an Einstein, der die Kosmologische Konstante, die er einführte, um ein statisches Modell des Universums aufrechterhalten zu können, als größten Fehler seines Lebens bezeichnete." Freilich ist es noch nicht ausgemacht, ob Hawkings Fehler wirklich einer ist – und auch Einsteins „größte Eselei" war insofern gar keine, als die Kosmologische Konstante ja doch in seinen Feldgleichungen vorkommt und heute sogar der einfachste Kandidat zur Erklärung der mysteriösen Dunklen Energie ist.

„Im Rahmen einer halbklassischen oder gar klassischen Theorie ist diese Betrachtungsweise konsistent", gibt Claus Kiefer Hawkings Revision Recht. „Der springende Punkt ist aber, dass die Wheeler-DeWitt-Gleichung in der Quantenkosmologie selbst prinzipiell keinen Unterschied zwischen Urknall und Endknall machen kann", widerspricht er. „Beide lassen sich nur unterscheiden, wenn eine klassische Raumzeit existiert. Das ist gemäß der Theorie der Quantengravitation jedoch nicht der Fall." Daher wachsen – so die verblüffende Konsequenz – auch Schwarze Löcher nicht ewig weiter, sondern werden im kollabierenden Universum wieder zu Sternen, die von allen Seiten Licht einsammeln und sich schließlich in Urgas zurückverwandeln. „Es hat den Anschein, dass Hawking ursprünglich gar keinen Fehler gemacht hat", sagt H. Dieter Zeh. „Sein Fehler war vielmehr, dass er wegen einer halbherzigen Verwendung der Quantentheorie einen Fehler sah und immer noch einen sieht, wo gar keiner ist."

Aber auch das ist umstritten, und so bleibt die Frage nach der Zeitumkehr vorläufig offen (und ob unser Universum jemals kollabiert, ist sowieso unklar). Fast ist man versucht zu sagen: Die Zeit wird es schon richten.

Teil VII

Rückwärtszeit

Die Welt ist seltsamer, als wir wissen.
Ja, sie ist seltsamer, als wir wissen können.

John B. S. Haldane (1892–1964),
britischer Genetiker

Krisen und Konsequenzen

„Die große Tragödie der Wissenschaft: die Ersetzung einer schönen Hypothese durch eine hässliche Tatsache." Diese markante Bemerkung des britischen Biologen Thomas Henry Huxley in einem Vortrag 1870 hat nichts von ihrem Charme verloren. Die Tatsache, dass wissenschaftliche Aussagen im Gegensatz zu Dogmen und Ideologien falsch sein können, ist – um die Bemerkung hier umzudrehen – nämlich außerordentlich hübsch. Darin liegt das Erfolgsrezept und Fortschrittspotenzial der Wissenschaft begründet. Denn aus Fehlern kann man lernen. Und die Möglichkeit von Überprüfungen, die die wissenschaftliche Methode insgesamt auszeichnet, birgt die Gefahr von Widerlegungen in sich, was aber zugleich ein Vorteil ist, denn so werden Irrtümer ausgeräumt und Sackgassen vermieden. Schade um eine schöne Theorie mag es trotzdem sein, und ihre Schöpfer fühlen sich oft nicht gerade glücklich dabei.

Als Stephen Hawking und Jim Hartle den Urknall mithilfe der imaginären Zeit zu erklären vorschlugen, gingen sie von einem geschlossenen Universum mit sphärischer Metrik und einem künftigen Kollaps im Endknall aus. Das hatte mehr theoretische und ästhetische als empirische Gründe. Denn für eine hinreichend hohe Materiedichte von umgerechnet mehr als etwa fünf Wasserstoff-Atomen pro Kubikmeter – die Voraussetzung für einen Kollaps –, gab es keine guten Indizien. Aber mit sphärischen Weltmodellen lässt sich besser rechnen, da der Raum hier nicht unendlich groß ist. In den 1990er Jahren mehrten sich jedoch die Messdaten, die für ein offenes Universum sprachen mit einer Materiedichte von nur etwa einem Drittel des kritischen Werts. Ein solches Universum ist aber unendlich groß und dehnt sich ewig aus. Und wenn seine Geometrie nicht flach, sondern hyperbolisch (sattelförmig) ist,

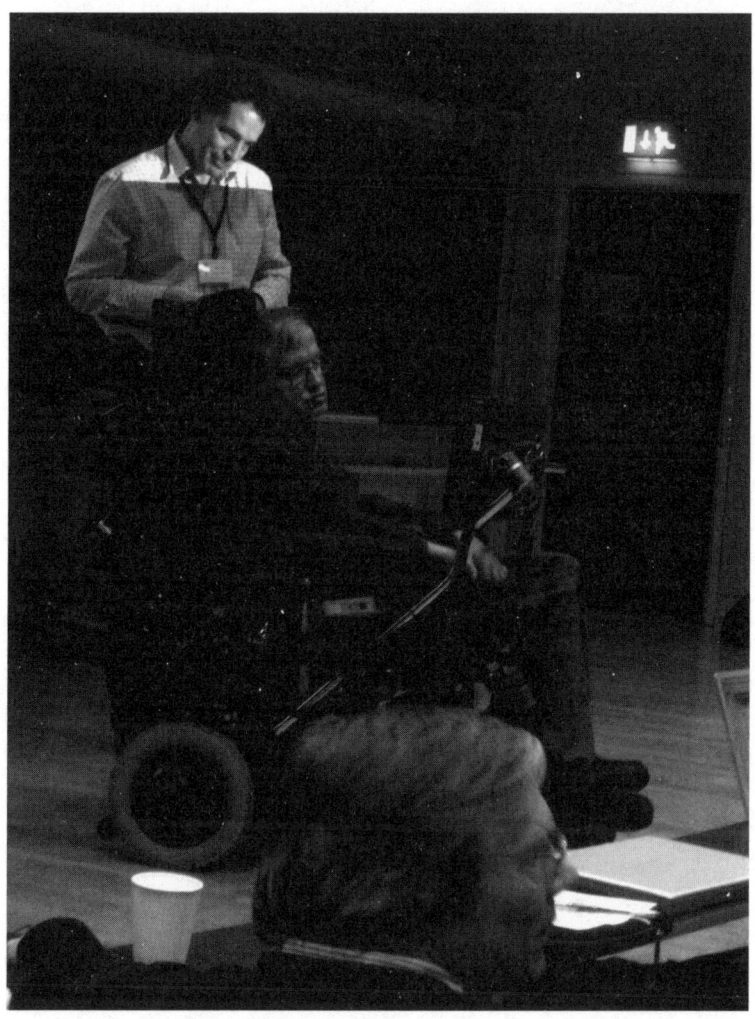

Kosmische Giganten: *Auf der Konferenz „The Very Early Universe –
25 Years On" in Cambridge trafen sich im Dezember 2007 die führenden
Forscher. Stephen Hawking stellte dort sein neues Weltmodell vor. Hinter
ihm steht sein früherer Mitarbeiter Neil Turok, im Vordergrund sitzt Alan
Guth, der die Kosmische Inflation entdeckt hat.*

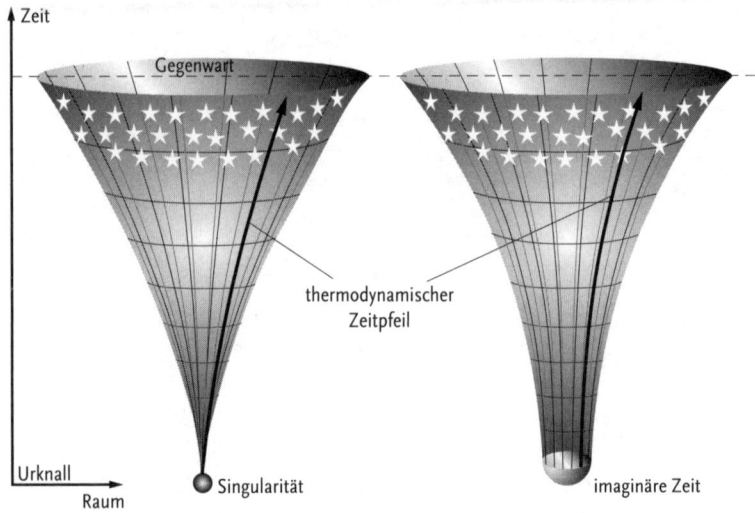

klassisches Urknall-Modell
von Hawking und Penrose

altes singularitätsfreies Modell
von Hawking und Hartle

Zeit

Gegenwart

thermodynamischer
Zeitpfeil

Urknall

Raum

Singularität

imaginäre Zeit

Vier Weltmodelle: *Das Universum begann im Rahmen plausibler Annahmen der Allgemeinen Relativitätstheorie mit einer ominösen Urknall-Singularität (links) – wie Stephen Hawking und Roger Penrose zwischen 1965 und 1970 bewiesen haben. 1983 gelang es Hawking mit James Hartle, diese Singularität in einem geschlossenen quantenkosmologischen Modell durch ein „Instanton" mit imaginärer Zeit als Beginn zu ersetzen (Mitte links). Damit wäre der Urknall erklärbar. Das Modell hatte jedoch Probleme. 1998 schlug Hawking mit Neil Turok deshalb ein neues Instanton-Modell vor, das offene Universen beschreibt (Mitte rechts), aber auch nicht mehr zu astronomischen Beobachtungen passt. 2007/8 entwickelten Hawking und Hartle mit Thomas Hertog ein realistischeres Modell (rechts): Auch dieses beschreibt den Urknall mithilfe eines Instantons – doch zuvor existierte möglicherweise ein kollabierendes Universum. Der Urknall wäre dann ein Übergang (Bounce) zu diesem Vorläufer, in dem die Zeit kurioserweise die umgekehrte Richtung hat.*

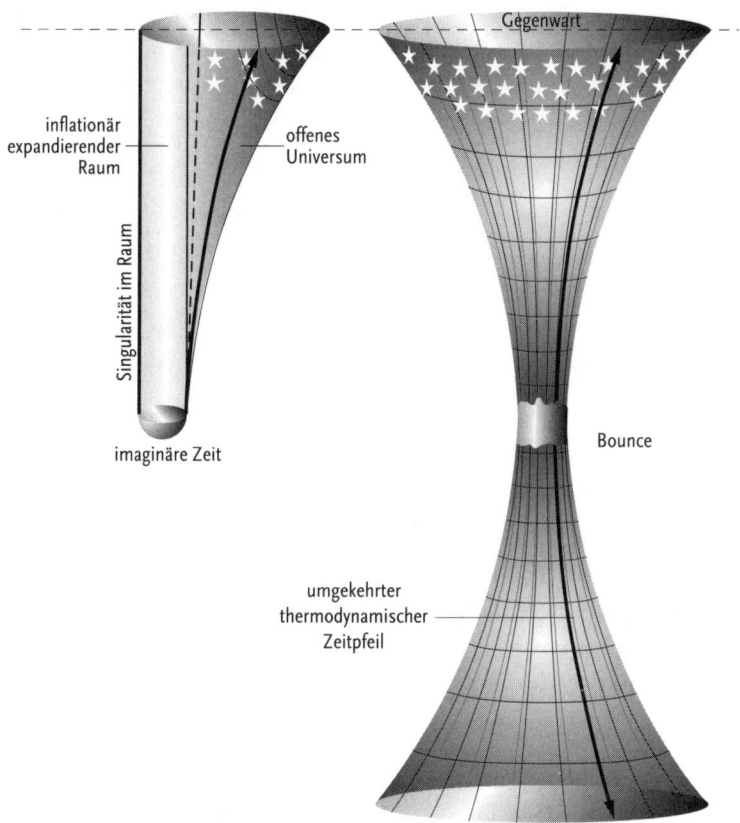

altes singularitätsfreies Modell
von Hawking und Turok

neues singularitätsfreies Modell
von Hawking, Hartle und Hertog

Gegenwart

inflationär
expandierender
Raum

offenes
Universum

Singularität im Raum

imaginäre Zeit

Bounce

umgekehrter
thermodynamischer
Zeitpfeil

haben auch die Inflationsmodelle Schwierigkeiten, weil es einiger Tricks oder unplausibler Annahmen bedarf, um die Kosmische Inflation mit einer hyperbolischen Geometrie zu vereinbaren.

Hawking war sich dieser Schwierigkeiten bewusst und fand mit Neil Turok einen engagierten Mitstreiter. Turok, 1958 in Südafrika geboren, hatte in London promoviert und war nach diversen Stationen in England und den USA 1997 nach Cambridge gekommen, wo er 1998 Professor für Mathematische Physik wurde. Im selben Jahr veröffentlichte er mit Hawking den Artikel *Open Inflation without false vacua* in der Fachzeitschrift *Physics Letters B*. Damit versuchten die beiden Kosmologen, zwei Fliegen mit einer Klappe zu schlagen: Sie zeigten, dass ein sich ewig ausdehnendes, massearmes Universum sowohl mit der Vorstellung von der Kosmischen Inflation als auch mit der Keine-Grenzen-Annahme kompatibel sein kann. (Eine unschöne Singularität hat das Modell zwar, aber diese sei relativ harmlos, weil einerseits unbeobachtbar weit entfernt sowie andererseits nur ein Punkt im Raum und somit nicht der Anfangspunkt von allem oder die Urknall-Singularität, so Hawking und Turok, und durch eine geeignete Wahl bestimmter Variablen verschwinde sie sogar.)

Die beiden Forscher mussten allerdings das Anthropische Prinzip bemühen – eine mathematische Notlösung, wie sie zugaben –, um die Fülle der möglichen Randbedingungen der Inflation auf ein Modell für ein lebensfreundliches Universum einzugrenzen. „Wer akzeptiert, dass die Anzahl der Beobachter der limitierende Faktor ist, kann sagen, dass eine Inflation zu einem offenen Universum unendlich viel wahrscheinlicher ist, weil sie zur Existenz unendlich vieler Galaxien führt", schrieben Hawking und Turok. „Wir sind mit dieser Argumentationslinie jedoch nicht einverstanden, denn dann könnte man auch sagen, dass es viel wahrscheinlicher ist, dass wir Ameisen sind, weil es viel mehr Ameisen als Menschen gibt." Deshalb hatten sie nicht die Anzahl der Galaxien, sondern die Wahrscheinlichkeit ihrer Entstehung in einer bestimmten Region der Raumzeit als Ausgangspunkt für ihre Überlegungen gewählt. Allerdings hatte dieses Weltmodell allenfalls ein Zwanzigstel der Gesamtmasse des beobachtbaren Universums. Doch Hawking und Turok sahen in ihrer Arbeit zunächst einen theoretischen Durchbruch und waren davon überzeugt, dass sich dieses Problem mit ausgereifteren Inflationstheorien beheben ließe: „Die Masse dürfte sich mit Berücksichtigung weiterer Felder oder zusätzlicher Dimensionen noch erhöhen."

Die Fachkollegen reagierten eher zurückhaltend. „Ich bin noch immer davon überzeugt, dass die Dichte des Universums exakt den kritischen Grenzwert zwischen ewiger Expansion und Kollaps besitzt", beharrte Alan Guth – aus heutiger Sicht völlig korrekt. Andrei Linde machte den Einwand, dass die Galaxien in dem Modell so weit voneinander entfernt sein müssten, dass wir eigentlich gar keine mehr sehen dürften. „Ein solches Universum wäre praktisch strukturlos", erklärte er und bot in einem Artikel der Fachzeitschrift *Physical Review* einen alternativen Ansatz an. Außerdem polemisierte er in seiner lustigen Art, indem er das Modell, das grafisch dargestellt eine gewisse Ähnlichkeit mit einem Hochseedampfer hat, in einer Karikatur unter der Golden Gate Bridge durchfahren ließ. Hawking und Turok hielten Lindes Ansatz für verwirrend und „mathematisch inkonsistent" und hatten ihn in einem weiteren Artikel zu entkräften versucht. Doch mangels einer Theorie der Quantengravitation sind die Annahmen dieser Modelle und Gegenmodelle schwer zu bewerten. „Das ist alles noch sehr, sehr spekulativ und unvollständig", sagte Hermann Nicolai, Direktor am Max-Planck-Institut für Gravitationsphysik in Potsdam. „In diesem Formelwerk kann man an vielen Schrauben drehen. Am Ende bleiben wieder alle Fragen offen und von konkreten Überprüfungen sind wir noch weit entfernt." Und Gerhard Börner vom Max-Planck-Institut für Astrophysik in Garching bei München sprach sogar von einem „Herumstochern in unbekanntem Gelände" und „zweifelhaften mathematischen Tricks – solange eine Theorie der Quantengravitation fehlt, bleiben je nach Temperament Unbehagen oder wohlwollendes Interesse."

Die Theorie war immerhin testbar, und tragischerweise folgte eine hässliche Tatsache schon wenige Monate später: Die Entdeckung der Dunklen Energie – unklar, ob in Form von Albert Einsteins Kosmologischer Konstante oder anderen Möglichkeiten, etwa neuen Feldern. Denn, so ergaben Messungen, die inzwischen sehr gut bestätigt sind, der Weltraum dehnt sich immer schneller aus und die Dunkle Energie summiert sich mit der Materie im All ziemlich genau zum kritischen Grenzwert – also zu einem flachen Universum. Damit war das Hawking-Turok-Modell aber überflüssig beziehungsweise nicht mehr anwendbar. Pech gehabt!

Hawkings Blick von oben

„Es ist eine gute Morgengymnastik für einen Wissenschaftler, jeden Tag vor dem Frühstück eine Hypothese zu verwerfen. Das hält ihn jung", war der Verhaltensbiologe Konrad Lorenz überzeugt. Und hielt es mit dem romantischen Dichter Novalis: „Hypothesen sind Netze; nur der wird fangen, der auswirft."

Mit einer solchen Einstellung fahren Wissenschaftler am besten, denn sie schützt sowohl vor festgefahrenen Dogmen als auch vor Langeweile, Beliebigkeit und Resignation. Die Keine-Grenzen-Hypothese erschien Hawking und Hartle gleichwohl gewichtig und interessant genug, um sie nicht so schnell zu verwerfen. Besser ist es, nach zusätzlichen Hypothesen zu fischen, um vielleicht in der Kombination mit dem alten Ansatz einen großen Fang zu machen. Und die Chancen dafür stehen jetzt gut. Denn zusammen mit Jim Hartle und seinem ehemaligen Doktoranden Thomas Hertog, der inzwischen an Instituten in Paris und Brüssel forscht, hat Hawking nun ein neues Weltmodell vorgeschlagen. Es ist noch nicht vollendet,

Viele Geschichten des Universums:

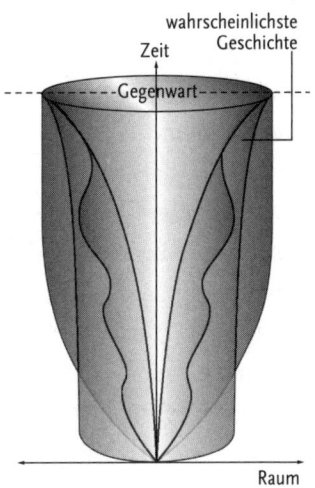

wahrscheinlichste Geschichte

Zeit

Gegenwart

Raum

In Stephen Hawkings Quantenkosmo-
logie hat das Universum nicht nur eine
Geschichte, sondern viele möglichen
Geschichten, die sich alle überlagern.
Sie lassen sich berechnen und haben
verschiedene Wahrscheinlichkeiten.
Die Beobachtung der Eigenschaften des
Alls heute erlauben dann Rückschlüsse
auf die Vergangenheit – vielleicht sogar
darauf, wie es zum Urknall kam. Die-
ser „Top-down"-Ansatz von Hawking
arbeitet sich gleichsam von der Gegen-
wart in die Tiefe der Zeit hinab. Er steht im Gegensatz zu den üblichen
„Bottom-up"-Ansätzen, die einen bestimmten Anfangszustand im Urknall
postulieren und untersuchen, ob sich dieser mit den Beobachtungen heute
vereinbaren lässt.

also „work in progress". Und es ist ebenfalls spekulativ, besteht aber keineswegs in bloßen Behauptungen und schönen Worten. Dahinter stecken vielmehr anspruchsvolle mathematische Konzepte und theoretische Annahmen: neben der der bewährten Pfadintegral-Methode und imaginären Zeit auch der neue „Top-down-Ansatz".

Erste Ideen dazu hat Hawking bereits 2003 auf einer Konferenz im kalifornischen Davis vorgestellt und – schon im Vortragstitel – *Cosmology from the top down* genannt. Das steht im Gegensatz zu den üblichen „Bottom-up-Ansätzen", die einen Anfangszustand des Universums postulieren und dann zu berechnen versuchen, inwiefern sich die kosmische Entwicklung daraus mit den Beobachtungsdaten heute in Übereinstimmung bringen lässt. Der Top-down-Ansatz hingegen geht von unserer gegenwärtigen Beobachterperspektive aus und berücksichtigt alle möglichen quantenphysikalischen Entwicklungsgeschichten. „Diese Geschichten des Universums hängen davon ab, was beobachtet wird – im Gegensatz zur üblichen Annahme, dass das Universum eine einzigartige, beobachterunabhängige Geschichte hat", sagt Hawking. „In einem bestimmten Sinn führt der Top-down-Ansatz daher zu einem kosmologischen Rahmen, in dem unsere Existenz – oder wenigstens, damit einhergehende Eigenschaften des Universums wie eine klassische Raumzeit – wieder in eine zentrale Position gelangt."

Das Universum hängt gleichsam von uns ab. Jedenfalls in dem Sinn, dass unsere Existenz eine Raumzeit voraussetzt, die klassisch und groß ist – ein Weltraum eben, der Sterne beherbergen kann. Und das ist in der Quantenkosmologie keine triviale Annahme.

Diese Spielart des Anthropischen Prinzips, das die menschliche Perspektive in den Mittelpunkt rückt, ist unter Kosmologen sehr umstritten. Auch die von Jim Hartle und Murray Gell-Mann entwickelte Viele-Historien-Interpretation der Quantenphysik, die hinter Hawkings Überlegungen steckt, ist nicht jedermanns Sache.

Der Mensch gleichsam als Maß aller Dinge? Das klingt extravagant und ist es auch. Denn hinter dem aufwendigen mathematischen Apparat sitzt gleichsam ein auf uns – oder andere intelligente Beobachter – bezogener Selektionseffekt: Vieles ist möglich – die vielen Geschichten der Quantenphysik –, aber nur weniges wird ausgewählt, das heißt ist relevant.

Aber so esoterisch, wie sich der Top-down-Ansatz vielleicht anhört, ist er gar nicht. Das macht ein Vergleich mit Charles Darwins Evolutionstheorie deutlich: Auch sie erlaubt nicht die Vorhersage – die ja zeitlich gesehen eine Nachhersage wäre –, dass sich die Spezies Mensch mit großer Wahrscheinlichkeit auf der Erde entwickelt haben muss, sondern gibt eine evolutionsbiologische Erklärung für diese zur Tatsache gewordene Existenz. Der Top-down-Ansatz steckt also nicht einfach das ins Modell hinein, was er am Ende wieder herausbekommen möchte, sondern formuliert eine theoretische, auf Beobachtungen beruhende Einschränkung, die die kosmologische Modellbildung vereinfacht oder, wie Hawking vielleicht eher sagen würde, überhaupt erst ermöglicht.

Erst kürzlich hat Hawking sogar zwei für ihn anthropozentrische Interpretationen des Anthropischen Prinzips kritisiert: Zum einen das „Prinzip der Mittelmäßigkeit" seines Kollegen Alexander Vilenkin, der mit der Annahme, wir seien typische Beobachter, kosmologische Parameter zu erklären versucht. Hawking: „Das wäre, als müsste ich sagen, dass ich ein Chinese bin, weil es viel mehr Chinesen als Briten gibt." Zum anderen die Vorstellung, unser Weltall wäre das lebensfreundlichste aller möglichen Universen: „Wir hätten einen besseren Ort haben können."

Damit aber nicht genug. Auch wenn der Top-down-Ansatz seinen Blick von „oben" – aus der Perspektive unserer Gegenwart – hinab in die Tiefe der Zeit bis zum Urknall richtet, bleibt doch das Rätsel des Anfangs selbst bestehen. In den letzten Monaten haben Hawking, Hartle und Hertog lange daran gearbeitet, den Top-Down-Ansatz mit dem Keine-Grenzen-Vorschlag zusammenzubringen – mit Erfolg.

Hawkings neues Universum

Stephen Hawkings Keine-Grenzen-Vorschlag war ein konzeptueller Durchbruch und wurde von vielen Forschern aufgegriffen. Aber er hatte auch einige Schwächen:

- Zum einen gibt es noch keine durch Beobachtungen bestätigte Theorie der Quantengravitation. Hawkings Vorschlag beruht daher auf einigen spekulativen Annahmen. Doch das gilt auch für alle konkurrierenden Modelle.

- Zum anderen passen die inzwischen gemessenen kosmologischen Parameter nicht mehr zu dem ursprünglichen Modell von Anfang der 1980er-Jahre. Dieses ging von einer aus heutiger Sicht zu hohen Materiedichte aus und hat auch die ominöse Dunkle Energie nicht berücksichtigt, die gegenwärtig für eine beschleunigte Ausdehnung des Weltraums sorgt. Die Indizien dafür haben Astronomen erst 1998 entdeckt. Sie machten auch das Modell von Hawking und Turok aus demselben Jahr obsolet, das von einem offenen Universum ausging.

- Eine dritte Schwierigkeit war, dass Hawkings ursprüngliches Modell nicht gut zum Szenario der Kosmischen Inflation passte, das damals gerade entwickelt worden war. Obwohl nicht ganz unumstritten, sind die meisten Forscher – auch Hawking und seine Mitarbeiter – davon überzeugt, dass eine solche Inflation unser Universum erst groß gemacht hat. Doch das Keine-Grenzen-Modell sagte (im Gegensatz zum konkurrierenden Tunnel-Modell von Alex Vilenkin) voraus, dass der wahrscheinlichste Anfangspunkt ein Universum mit der kleinstmöglichen Vakuumenergie und der größtmöglichen Ausdehnung sei. „Dass ein unendlich großer, leerer und flacher Raum am wahrscheinlichsten aus dem Nichts entstanden sein soll, kann ich kaum glauben", kritisierte Vilenkin mehrfach.

Trio H³: *Die Kosmologen James B. Hartle, Stephen Hawking und Thomas Hertog (von links) arbeiten schon seit vielen Jahren zusammen. Nun haben sie ein Urknall-Modell entwickelt, bei dem unser Universum ein Vorläufer-Universum mit umgekehrter Zeitrichtung besitzt.*

Diese Probleme ließen Hawking keine Ruhe. Immer wieder griff er sie mit verschiedenen Kollegen auf. Vor einigen Jahren kam ihm dann die Idee, die „kurze Geschichte der Zeit" mit einem neuen methodischen Ansatz zu (be)schreiben – oder alle Geschichten. Und diesen Top-down-Ansatz verbinden Hawking, Hartle und Hertog seit Neuestem mit dem Keine-Grenzen-Vorschlag. Ein Vorteil ihres aktuellen Modells besteht darin, das Szenario der Inflation zu integrieren. Und die ominöse Dunkle Energie findet im Modell ebenso einen Platz. Sie wird einfach als zusätzliches Skalarfeld beschrieben, wie es auch viele andere Forscher tun.

Ende November 2007 veröffentlichten die drei Kosmologen einen kurzen, bis zum Februar 2008 noch mehrfach überarbeiteten Artikel in der einschlägigen Internet-Datenbank arXiv mit dem Titel *The No-Boundary Measure of the Universe*, der dann gedruckt im 100. Band der Fachzeitschrift *Physical Review Letters* erschien. Im Dezember 2007 stellten sie ihre Überlegungen auf der hochkarätigen *The Very Early Universe*-Konferenz in Cambridge der Fachwelt vor. Und im März 2008 folgte die 46-seitige Abhandlung *The Classical Universes of the No-Boundary Quantum State* mit ausführlichen Berechnungen. Darin wird gezeigt, wie sich ein Universum mit Kosmologischer Konstante, Materie und klassischer Raumzeit mit der Kosmischen Inflation und einem Instanton vereinbaren lässt. Mehr noch: Die klassische Raumzeit heute, die mit der Allgemeinen Relativitätstheorie beschrieben wird, macht die Inflation sogar zwingend notwendig, wenn man eine von Hawking eingeführte statistische Gewichtung der Beobachtungsdaten in den Top-down-Ansatz einspeist. „Was wir fanden ist, dass Entwicklungsgeschichten mit Inflation die höchste Wahrscheinlichkeit besitzen", fasst Thomas Hertog eines der Hauptresultate zusammen.

Das ist schon für sich ein bemerkenswertes Ergebnis. Aber die neuen Rechnungen zeigen noch mehr.

Der Urschwung

Im Gegensatz zu dem Hawking-Hartle-Instanton-Modell von 1982 gibt es jetzt auch Modelle, bei denen das Instanton eine Art Übergang beschreibt – einen Urknall als „Brücke" zwischen einem kontrahierenden Vorgängeruniversum und unserem expandierenden All. Ein solcher Übergang wird in der Kosmologie traditionell „Bounce" genannt, was sich im Deutschen mit „Umschwung" oder sogar „Urschwung" (in der Entsprechung zu „Urknall") wiedergeben lässt.

Solche singularitätsfreien Bounce-Modelle existieren auch in der Allgemeinen Relativitätstheorie. Wolfgang Priester von der Universität Bonn hat mit Hans-Joachim Blome, der heute an der Fachhochschule Aachen lehrt, schon in den 1990er-Jahren argumentiert, dass eine hinreichend große positive Kosmologische Konstante ein solches Modell nahe legt. Damals war die Dunkle Energie noch nicht entdeckt, obwohl Priester und seine Mitarbeiter trotz mancher Widerstände bereits verschiedene Gründe für eine Kosmologische Konstante anführten – sie waren ihrer Zeit um einige Jahre voraus. Allerdings ist die Energiedichte des Vakuums zu klein, um lediglich damit den Urknall mit einem Bounce ohne Quantengravitation zu erklären, also allein im Rahmen der Allgemeinen Relativitätstheorie. (Das ist kein absolutes K.o.-Argument, denn vielleicht war die Kosmologische Konstante einst größer – und dass zumindest die Vakuumenergie viel größer war, muss sowieso jeder akzeptieren, der an eine Epoche der Inflation „glaubt".)

Wenn das Universum beim Urschwung eine gewisse Mindestgröße besaß – freilich viel kleiner als der Durchmesser eines Atomkerns –, haben quantengravitative Effekte also möglicherweise gar keine Rolle gespielt. Das würde den Kosmologen das Leben sehr erleichtern. Sie könnten dann viel einfacher überprüfbare Voraussagen ableiten und wären nicht unbedingt auf eine „Weltformel" angewiesen, wie sie beispielsweise mit der String- oder M-Theorie angestrebt wird. „Die Stringtheorie wäre dann nicht nötig für die Kosmologie", sagt Stephen Hawking. Dennoch wäre eine Theorie der Quantengravitation keineswegs überflüssig, wie er auch betont. Denn ohne sie bleibt unerklärlich, was im Zentrum der Schwarzen Löcher geschieht oder im Endstadium ihrer Zerstrahlung. Und davon hängt auch ab, was aus der physikalischen Information der verschluckten Materie wird – ein Problem, das Hawking schon seit Jahrzehnten beschäftigt und das er nun mit der Pfadintegral-Methode lösen möchte.

Aber auch im Rahmen der Quantenkosmologie und -gravitation haben einige Kosmologen seit Ende der 1980er-Jahre Bounce-Modelle vorgeschlagen. Solche Szenarien, obgleich im Detail sehr verschieden, scheinen sogar aus sehr vielen unterschiedlichen theoretischen Annahmen und Grundlagen zu folgen. (Für Experten: Prominente aktuelle Beispiele sind das Pre-Big-Bang-Modell von Gabriele Veneziano und Maurizio Gasperini im Rahmen der Stringtheorie und die Loop Quantum Cosmology von Martin Bojowald, Abhay Ashtekar und anderen im Rahmen der Schleifen-Quantengravitation.)

Wenn der Urknall tatsächlich ein Bounce war, also ein Übergang zwischen einem kollabierenden und einem (unserem) expandierenden Universum, dann stellt sich die Frage: Was war davor geschehen? Vielleicht lässt sich das niemals herausfinden. Doch ein wie auch immer erhärtetes kosmologisches Modell könnte durchaus gewisse Aussagen machen. Mehr noch: Vielleicht existieren im All sogar noch Spuren des Vorgängeruniversums – eingraviert beispielsweise im Gravitationswellenhintergrund oder, indirekt, im Temperaturverteilungsmuster der Kosmischen Hintergrundstrahlung. Andere Modelle, die den Urknall als Übergang beschreiben, haben dies vorausgesagt (besonders das Prä-Big-Bang-Modell sowie Steinhardts und Turoks Modell vom Zyklischen Universum).

Hawking und seine Kollegen sind jedoch skeptisch, was solche kosmischen Fossilien betrifft. Zum einen ist es schwierig, die Natur der Instanton-Beschreibung zu interpretieren. Da das Instanton zeitlos ist – beziehungsweise nur die imagi-

Erkenntnisschmiede: *Das Centre of Mathematical Science im Westen von Cambridge an der Wilberforce Road, hier der Haupteingang zum Hörsaalgebäude, ist Stephen Hawkings Wirkungsstätte – und die viele anderer hochkarätiger Forscher.*

näre, also verräumlichte Zeit hat –, wird die Rede von einem „Davor" in gewisser Hinsicht sogar sinnlos. Außerdem bleibt die Frage nach der Realität eines Vorgängeruniversums.

In einem Vortragsmanuskript vom Juli 2007 formulierte Hawking einen Vergleich mit der experimentell gut erforschten Paarerzeugung von Elektronen und Positronen in einem elektrischen Feld. Normalerweise interpretiert man sie als Entstehung der Teilchen aus Energie. Mathematisch lässt sich aber auch sagen, dass beide Teilchen sich aus dem Unendlichen kommend begegnen und wieder entfernen. Dies wäre dann eine Analogie zum Vorgängeruniversum. „In einer ähnlichen Weise sollte man der Kontraktionsphase des Universums keine physikalische Bedeutung zuschreiben, sondern einfach sagen, das Universum wurde beim Bounce quantenphysikalisch erzeugt", meinte Hawking.

In den jüngsten Artikeln mit Hartle und Hertog ist davon jedoch nicht mehr die Rede. Vielmehr wird die Realität eines Universums vor dem Bounce ernsthaft erwogen – „zumindest im gleichen Sinn von Realität, wie andere Modelle von anderen Universen sprechen, die mit der Inflation entstanden sind und nicht mit unserem wechselwirken", schrieben die Forscher salomonisch.

Seltsame Gegenzeit

Von einem Aspekt wurden die Kosmologen beim Lösen ihrer Gleichungen und den Näherungsrechnungen im Computer freilich selbst überrascht: Die Zeitrichtung des Vorläuferuniversums ist der in unserem Universum entgegengesetzt, wenn man sie wie üblich als Zunahme der Entropie definiert. „Die thermodynamischen Pfeile zeigen vom Bounce in verschiedene Richtungen", sagte Hartle im Dezember 2007 in Cambridge und demonstrierte dies mit zwei dicken roten Pfeilen, die er in das Raumzeit-Modell des kontrahierenden und expandierenden Universums eingezeichnet hatte. „Ereignisse der einen Seite haben kaum einen Effekt auf die Ereignisse der anderen."

Dieser Gedanke ist neu. Hawking hatte ihn in dem Vortrag vom Juli 2007 sogar noch als mathematisches Artefakt interpretiert. Er kam auch in den früheren Bounce-Modellen und Vorläuferuniversum-Hypothesen nicht vor. Bei diesen läuft die Zeit immer in derselben Richtung, auch durch den Urknall hindurch.

Den offiziellen Veröffentlichungen von Hawking, Hartle und Hertog zufolge entsprang der Urknall aber einem Bounce. Ob dabei gleichsam zwei temporal gegenläufige Universen miteinander kollidierten oder das Vorläuferuniversum seine Zeitrichtung wechselte und zu unserem wurde, lässt sich schwer sagen. Vielleicht sprangen ja beide Universen auch aus der Zeitlosigkeit ins Dasein und entwickelten sich im strengen Wortsinn voneinander weg. Das neue Weltmodell wirft also noch viele fundamentale Fragen auf. Und die hängen wesentlich davon ab, was eigentlich die Zeit ist – wenn sie für sich genommen überhaupt existiert.

Spuren des Vorläuferuniversums

Fest steht: Die kosmische Rückwärtszeit versperrt den Blick ins Vorläuferuniversum. Im jüngsten Artikel wird das neue Szenario – typisch Hawking – folgendermaßen formuliert: „Könnten wir Informationen von außerirdischen Intelligenzen empfangen, die vor dem Bounce lebten, und die sie mittels Gravitationswellen, Neutrinos oder Kisten aus extrem haltbarer Materie geschickt haben?" (Eine solche besondere Materie wäre nötig, weil infolge der hohen Temperaturen im Bounce keine Atomkerne existierten.)

Was es jedoch im Bounce gegeben haben müsste, so lassen es die Rechnungen vermuten, sind winzige Energieschwankungen. Diese Quantenfluktuationen wuchsen jedoch in die entgegengesetzten Zeitrichtungen an. In unserem Universum wurden sie durch die Kosmische Inflation extrem aufgeblasen und erzeugten die bis heute beobachtbaren Temperaturschwankungen in der Kosmischen Hintergrundstrahlung, die Keimzellen der Galaxienbildung. Wenn die thermodynamischen Zeitpfeile auch die Kausalität anzeigen, also die Richtung von

Ursache und Wirkung, dann scheint das Vorgängeruniversum keine Auswirkungen auf unser Universum zu haben: „Sie müssten sich sonst gleichsam in der Zeit zurückbewegen können", argumentieren die Forscher. „Wir meinen das wirklich ernst", betont Hertog auf Nachfrage. Aber im Fachartikel ist das gleichwohl mit einem Augenzwinkern formuliert: „Wenn nicht intelligente Außerirdische einen Weg finden, Informationen über Jahrmilliarden in der Zeit zurückzusenden, ist es sehr unwahrscheinlich, dass wir Botschaften von ihnen empfangen. Genauso, wie wir auch keine von intelligenten Aliens aus unser eigenen Zukunft erhalten."

Himmlische Botschaften zu erhalten, wäre ja auch zu schön, um wahr zu sein – oder aber Ausdruck einer verzweifelten Hoffnung, auf diese Weise der Wahrheit des Weltanfangs auf die Schliche zu kommen. Dennoch könnte der Himmel ein Einsehen haben. Denn darin – genauer: in den Mikrowellen der Kosmischen Hintergrundstrahlung – sind vielleicht bis heute Zeugnisse des Urschwungs eingraviert. Im Frühjahr und Sommer 2008 haben Hawking, Hartle und Hertog Berechnungen angestellt, um diese Spuren zu charakterisieren. Eine genaue Voraussage und deren Bestätigung durch astronomische Messungen – vielleicht schon mit den Teleskopen und Forschungssatelliten der nächsten Generation – wäre ein Triumph des menschlichen Geistes.

* * *

Der Gedanke ist nur ein Blitz zwischen zwei langen Nächten;
aber dieser Blitz ist alles.

Henri Poincaré (1854–1912),
französischer Mathematiker

Publizistische Paralleluniversen

Lesestoff vom Anfang bis zum Ende des Alls:

Ashtekar, A. (Hrsg.): 100 Years of Relativity. World Scientific. New Jersey 2005.

Blome, H. J., Hoell, J., Priester, W.: Kosmologie. In: Bergmann, L., Schaefer, C., Raith, W. (Hrsg.): Lehrbuch der Experimentalphysik. Bd. 8: Sterne und Weltraum. Berlin 2002, 2. Aufl., S. 439–582.

Boerner, G.: The Early Universe. Springer. Berlin 2003, 4. Aufl.

Boslough, J.: Jenseits des Ereignishorizonts. Rowohlt. Reinbek bei Hamburg 1985.

Carr, B. (Hrsg.): Universe or Multiverse? Cambridge University Press. Cambridge 2007.

Ellwanger, U.: Vom Universum zu den Elementarteilchen. Springer. Berlin 2008.

Ferguson, K.: Das Universum des Stephen W. Hawking. Econ. Düsseldorf 1992.

Filk, T., Giulini, D.: Am Anfang war die Ewigkeit. Beck. München 2004.

Filkin, D.: Stephen Hawking's Univrse. BBC Books. London 1997.

Genz, H.: Nichts als das Nichts. Wiley. Weinheim 2004.

Gibbons, G. W., Hawking S. W., Siklos S. T. C. (Hrsg.): The Very Early Universe. Cambridge University Press. Cambridge 1983.

Gibbons, G. W., Hawking, S. (Hrsg.): Euclidean Quantum Gravity. World Scientific. Singapur 1993.

Gibbons, G. W., Shellard, E. P. S., Ranking, S. J. (Hrsg.): The Future of Theoretical Physics and Cosmology. Cambridge University Press. Cambridge 2003.

Greene, B.: Der Stoff, aus dem der Kosmos ist. Siedler. Berlin 2004.

Guth, A.: Die Geburt des Kosmos aus dem Nichts. Droemer. München 1997.

Hawking, J.: Music to Move the Stars. Mcmillan. London 1999.

Hawking, S., Ellis, G. F. R.: The Large Scale Structure of Space-Time. Cambridge University Press. Cambridge 1973.

Hawking, S., Rocek, M. (Hrsg.): Superspace and Supergravity. Cambridge University Press. Cambridge 1981.

Hawking, S., Israel, W. (Hrsg.): General Relativity. Cambridge University Press. Cambridge 1979.

Hawking, S., Israel, W. (Hrsg.): Three hundred years of gravitation. Cambridge University Press. Cambridge 1987.

Hawking, S.: Die kurze Geschichte der Zeit. Rowohlt. Reinbek bei Hamburg 1988.

Hawking, S. (Hrsg.): Stephen Hawkings kurze Geschichte der Zeit. Rowohlt. Reinbek bei Hamburg 1992.

Hawking, S.: Einsteins Traum. Rowohlt. Reinbek bei Hamburg 1993.

Hawking, S.: Die illustrierte kurze Geschichte der Zeit. Rowohlt. Reinbek bei Hamburg 1997.

Hawking, S., Penrose, R.: Raum und Zeit. Reinbek bei Hamburg 1998.

Hawking, S.: Das Universum in der Nußschale. Hoffmann und Campe. Hamburg 2001.

Hawking, S. (Hrsg.): Die Klassiker der Physik. Hoffmann und Campe. Hamburg 2004.

Hawking, S. (Hrsg.): Giganten des Wissens. Weltbild. Augsburg 2005.

Hawking, S., Mlodinow, L.: Die kürzeste Geschichte der Zeit. Rowohlt. Reinbek bei Hamburg 2006.

Hawking, S., Hawking, L.: Der geheime Schlüssel zum Universum. cbj. München 2007.

Kanitscheider, B.: Kosmologie. Reclam. Stuttgart 2002, 3. Aufl.

Kiefer, C.: Quantum Gravity. Oxford University Press. Oxford 2007, 2. Aufl.

Knox, K. C., Noakes, R. (Hrsg.): From Newton to Hawking. Cambridge University Press. Cambridge 2006.

Kragh, H.: Cosmology and Controversy. Princeton University Press. Princeton 1996.

Larsen, K.: Stephen Hawking. Greenwood Press. Westport 1995.

Livio, M.: Das beschleunigte Universum. Kosmos. Stuttgart 2001.

Mainzer, K.: Hawking. Herder. Freiburg im Breisgau 2000.

Mania, H. (Hrsg.): Das große Stephen Hawking Lesebuch. Rowohlt. Reinbek bei Hamburg 2003.

Müller, H. A. (Hrsg.): Kosmologie. Vandenhoeck & Ruprecht. Göttingen 2004.

Penrose, R.: The Road to Reality. Vintage. London 2005.

Petkov, V. (Hrsg.): Relativity an the Dimensionality of the World. Springer. Dordrecht 2007.

Price, H.: Time's Arrow and Archimedes' Point. Oxford University Press. Oxford.

Rees, M.: Das Rätsel unseres Universums. Beck. München 2003.

Sammartino McPherson, S.: Stephen Hawking. Twenty-First Century Books. Minneapolis 2007.

Schulman, L. S.: Time's Arrow and Quantum Measurement. Cambridge University Press. Cambridge 1997.

Singh, S.: Big Bang. Hanser. München, Wien 2005.

Steinhardt, P. J., Turok, N: Endless Universe. Doubleday. New York 2007.

Susskind, L.: The Cosmic Landscape. Little, Brown. New York 2005.

Thorne, K. S.: Gekrümmter Raum und verbogene Zeit. Droemer Knaur. München 1996.

Vaas, R.: Neue Wege in der Kosmologie. Naturwissenschaftliche Rundschau, Bd. 47, S. 43-58 (1994).

Vaas, R.: Stephen Hawkings Weltmodell. bild der wissenschaft, Nr. 5, S. 102-104 (1998).

Vaas, R.: Die flache Welt. bild der wissenschaft, Nr. 6, S. 42–60 (2001).

Vaas, R.: Vor dem Urknall. bild der wissenschaft, Nr. 12, S. 42–60 (2001).

Vaas, R.: Zeit und Gehirn. In: Lexikon der Neurowissenschaft. Spektrum Akademischer Verlag. Heidelberg, Berlin 2001, Bd. 4, S. 154–167.

Vaas, R.: Der Streit um die Willensfreiheit. Universitas Nr. 672 u. 674, S. 598–612 u. 807–819 (2002).

Vaas, R.: Hawking & Co: Die Meister des Urknalls. bild der wissenschaft, Nr. 5, S. 44–63 (2002).

Vaas, R.: Wenn die Zeit rückwärts läuft. bild der wissenschaft, Nr. 12, S. 46–54 (2002).

Vaas, R.: Die Zeit vor dem Urknall. bild der wissenschaft, Nr. 4, S. 60–67 (2003).

Vaas, R.: Naturgesetze – Was die Welt zusammenhält. bild der wissenschaft, Nr. 12, S. 38–56 (2003).

Vaas, R.: Andere Universen. In: Böhmert, F.: Die Traumkapseln. Heyne. München 2003, S. 255–318.

Vaas, R.: Das Duell: Strings gegen Schleifen. bild der wissenschaft, Nr. 4, S. 44–49 (2004).

Vaas, R.: Der umgestülpte Urknall. bild der wissenschaft, Nr. 4, S. 50–55 (2004).

Vaas, R.: Einstein und die Quantenwelt. bild der wissenschaft, Nr. 8, S. 38–53 (2004).

Vaas, R.: Jenseits von Anfang und Ewigkeit. bild der wissenschaft, Nr. 10, S. 30–46 (2004).

Vaas, R.: Ein Universum nach Maß? In: Hübner, J., Stamatescu, I.-O., Weber, D. (Hrsg.): Theologie und Kosmologie. Mohr Siebeck. Tübingen 2004, S. 375–498.

Vaas, R.: Time before Time. 2004. http://arxiv.org/abs/physics/0408111

Vaas, R.: Inflation der Universen. bild der wissenschaft, Nr. 11, S. 50–65 (2005).

Vaas, R.: Tunnel durch Raum und Zeit. Kosmos. Stuttgart 2006, 2. Aufl.

Vaas, R.: Die 5 größten Rätsel der Astronomie. bild der wissenschaft, Nr. 6, S. 36–55 (2006).

Vaas, R.: Nichts. bild der wissenschaft, Nr. 10, S. 48–59 (2006).

Vaas, R.: Das Münchhausen-Trilemma in der Erkenntnistheorie, Kosmologie und Metaphysik. In: Hilgendorf, E. (Hrsg.): Wissenschaft, Religion und Recht. Logos. Berlin 2006, S. 441–474.

Vaas, R.: Dark Energy and Life's Ultimate Future. In: Burdyuzha, V. (Hrsg.): The Future of Life and the Future of our Civilization. Springer: Dordrecht 2006, S. 231–247.
http://arxiv.org/abs/physics/0703183

Vaas, R.: Kosmos. der blaue reiter, Journal für Philosophie, Nr. 23, 80–83 (2007).

Vaas, R.: Urknall auf Erden. bild der wissenschaft, Nr. 9, S. 42–47 (2007).

Vaas, R.: Zeit ist nur eine Illusion. bild der wissenschaft, Nr. 1, S. 46–63 (2008).

Vaas, R.: Zu Gast bei Stephen Hawking. bild der wissenschaft, Nr. 3, S. 50–51 (2008).

Vaas, R.: Phantastische Physik: Sind Wurmlöcher und Paralleluniversen ein Gegenstand der Wissenschaft? In: Mamczak, S., Jeschke, W. (Hrsg.): Das Science Fiction Jahr 2008. Heyne. München 2008, S. 661–743.

Vaas, R.: Stephen Hawking. bild der wissenschaft, Nr. 7, S. 36–55 (2008).

Vaas, R. (Hrsg.): Beyond the Big Bang. Springer. Heidelberg 2009.

Vilenkin, A.: Kosmische Doppelgänger. Springer. Heidelberg 2007.

White, M., Gribbin, J.: Stephen Hawking. Viking. London 1992.

Zeh, H. D.: The Direction of Time. Springer. Heidelberg 2007, 5. Aufl.

Informationen aus dem großen weiten Kosmos des Internets:

Homepage von Stephen Hawking:
- http://hawking.org.uk

Lukasischer Lehrstuhl für Mathematik:
- http://www.lucasianchair.org

Centre for Theoretical Cosmology:
- http://www.ctc.cam.ac.uk

Department of Applied Mathematics:
- http://www.damtp.cam.ac.uk/

Perimeter Institute for Theoretical Physics:
- http://www.perimeterinstitute.ca

Akutelles Lexikon der Astronomie und Kosmologie:
- http://www.wissenschaft-online.de/astrowissen/

Einführungen in die Kosmologie:
- http://www.astro.uni-bonn.de/~peter/cosmo_short.html
- http://homepage.univie.ac.at/Franz.Embacher/Rel/

Einführung in die Relativitätstheorie:
- http://www.einstein-online.info/de/index.html

Einführungen in die Quantengravitation:
- http://www.damtp.cam.ac.uk/user/gr/public/qg_home.html
- http://www.qgravity.org
- http://superstringtheory.com
- http://cgpg.gravity.psu.edu/research/poparticle.shtml

Konferenz: The Very Early Universe – 25 Years On:
- http://www.damtp.cam.ac.uk/user/gr/VEU/

Homepage von James Hartle:
- http://www.physics.ucsb.edu/~hartle/

Homepage von Neil Turok:
- http://www.damtp.cam.ac.uk/user/ngt1000/

Homepage von Andrei Linde:
- http://www.stanford.edu/~alinde/

Homepage von Paul Steinhardt:
- http://www.physics.princeton.edu/~steinh/

Portal zur einschlägigen Fachliteratur, ein Universum für sich:
- http://arxiv.org/

Dank

Abhay Ashtekar, Gerhard Börner, Hans-Joachim Blome, Martin Bojowald, George Ellis, Alan Guth, Jim Hartle, Stephen Hawking, Thomas Hertog, Bernulf Kanitscheider, Claus Kiefer, Brett McInnes, Laura Mersini, Wolfgang Priester (in memoriam), Andrei Linde, Don Page, Roger Penrose, Lawrence Schulman, Lee Smolin, Paul Steinhardt, Max Tegmark, Thomas Thiemann, Kip Thorne, Neil Turok, Alex Vilenkin und H. Dieter Zeh danke ich für Erläuterungen, Hinweise, Beiträge und inspirierende Gespräche, Angela Lahee, André Spiegel, Christa und Bruno Vaas sowie Nela Varwig für so manche Unterstützung hier oder überhaupt. Michael Vogel und ganz besonders Sven Melchert haben das Buch sorgsam lektoriert, engagiert realisiert sowie mit Verständnis und Geduld sekundiert. Die Zeit mag eine Illusion sein, aber wieso fehlt sie dann so oft, und wieso sind die Deadlines so hartnäckig und real?

Rüdiger Vaas
Tunnel durch Raum und Zeit
Einsteins Erbe

€/D 16,95; €/A 17,50; sFr 31,30
ISBN 978-3-440-09360-3

„Wer Lust auf wissenschaftliche Science Fiction hat, dem sei das Buch wärmstens empfohlen."

Astronomie heute

Sind Zeitreisen möglich? Öffnen Schwarze Löcher den Weg zu anderen Universen? Kann man doch schneller fliegen als das Licht?
Was gestern noch wie Science-Fiction klang, wird heute ernsthaft erforscht. Der Wissenschaftsjournalist Rüdiger Vaas berichtet über die verwegenen Theorien von Einstein, Hawking & Co., von der Suche nach einer „Weltformel" und den neuesten Erkenntnissen über Schwarze Löcher, Zeitschleifen und den Urknall.